高等学校计算机专业"十二五"规划教材

C++面向对象程序设计

李 兰　任凤华　和温　编著

西安电子科技大学出版社

内容简介

面向对象程序设计是目前流行的软件开发方法。本书根据"面向对象程序设计"课程的基本教学要求，针对面向对象的本质和特性，系统地讲解了面向对象程序设计的基本理论和基本方法，阐述了用 C++语言实现面向对象基本特性的关键技术。本书的内容主要包括：面向对象程序设计概述、C++语言基础、封装性、继承性、运算符重载、多态性、模板和 STL、输入/输出流、异常处理等。

本书可作为高等院校计算机及相关专业"C++面向对象程序设计"课程的教材，也可作为从事计算机开发和应用的工程技术人员的参考书。同时，也适合初学程序设计或有一定编程实践基础、希望突破编程难点的读者作为自学教材。

图书在版编目(CIP)数据

C++面向对象程序设计 / 李兰主编.

—西安：西安电子科技大学出版社，2010.9(2014.8 重印)

高等学校计算机专业"十二五"规划教材

ISBN 978−7−5606−2444−0

Ⅰ. ① C⋯ Ⅱ. ① 李⋯ ② 任⋯ Ⅲ. ① C 语言—程序设计—高等学校—教材

Ⅳ. ① TP312

中国版本图书馆 CIP 数据核字(2010)第 151557 号

策　　划　陈　婷

责任编辑　许青青　陈　婷

出版发行　西安电子科技大学出版社(西安市太白南路 2 号)

电　　话　(029)88242885　88201467　邮　　编　710071

网　　址　www.xduph.com　　　电子邮箱　xdupfxb001@163.com

经　　销　新华书店

印刷单位　陕西华沐印刷科技有限责任公司

版　　次　2010 年 9 月第 1 版　　2014 年 8 月第 2 次印刷

开　　本　787 毫米×1092 毫米　1/16　印张 22.75

字　　数　535 千字

印　　数　3001～5000 册

定　　价　38.00 元

ISBN 978 − 7 − 5606 − 2444 − 0 / TP・1218

XDUP 2736001−2

高等学校计算机专业"十二五"规划教材

编审专家委员会

前　言

　　C++语言为面向对象技术提供了全面支持，是目前应用较广的一种优秀的高级程序设计语言，也是一个可编写高质量的用户自定义类型库的工具。C++保留了对传统的结构化程序设计方法的支持，同时又增加了对面向对象程序设计方法的完全支持，但后者是其主要特色和应用。C++语言是一种具有代表性的面向对象的程序设计语言，它具有丰富的数据类型和各种运算功能，带有庞大的函数库和类库，既支持面向过程的程序设计，又支持面向对象的程序设计。

　　目前，国内外许多高等院校计算机专业和相关专业都开设了"面向对象程序设计"课程，其目的是让学生掌握面向对象程序设计的概念和方法，深刻理解面向对象程序设计的本质，并用面向对象技术来开发软件。

　　本书力求在内容、编排顺序和教学方法上有所创新和突破，以帮助学生快速理解与程序设计相关的基本概念，掌握程序设计语言的基本知识，建立程序设计的基本思想，并通过实际动手领会和掌握 C++的精髓，最终获得面向对象 C++程序设计的真实本领，为今后的进一步学习和开发应用打下坚实的基础。

　　基于这些理念，本书对 C++语言的基本概念、原理和方法的叙述由浅入深，条理分明、循序渐进；以"概念—语法—举例"的形式进行讲解，并指出了学生常犯的错误和容易混淆的概念；各章均配有大量的习题，以帮助学生深入理解面向对象语言和 C++的性质。

　　本书的主要特色体现在以下几个方面：

　　(1) 内容精练，语言严谨。编者综合了教学及软件设计经验，使得本书既具有较强的理论性，又具有较强的实用性。书中采用最新的 C++标准，对庞杂的知识进行了认真的取舍，对概念进行了清楚准确的解释，并结合实例及作者的教学经验进行了说明讲解。

　　(2) 知识介绍深入浅出、简明易懂。对 C++语言的基本概念、原理和方法的叙述由浅入深，条理分明，循序渐进地介绍了 C++面向对象程序设计的相关知识。各个章节层层展开、环环相扣，目的是希望读者通过对本书的学习，能够编写出规范、稳定的程序。

　　(3) 强调理论与实践紧密结合。为了使读者能快速掌握 C++相关知识的应用方法，不仅说明了知识点，更重要的是表明了其应用方法，以激发读者对程序设计的兴趣，使读者可以在有趣、高效的应用中学习枯燥的语法。

　　(4) 强调"练中学"。初学者考试时往往会感到茫然而不知所措，为了巩固其中灵活、难解的语法知识，每章都有配套习题，习题包括选择题、填空题、判断题、阅读程序和编程题。

　　(5) 本书各章提供了常见编程错误，这部分内容对初学者及长期编程的人都很有用。

　　(6) 本书配有全部的程序源文件和电子教案。

　　总之，本书信息量大，综合面广，实用性强，可读性好，具有鲜明的特色。

　　本书的编者长期从事面向对象程序设计的教学，具有丰富的教学、实践经验和独到的见解，这些经验和见解都已融入到了本书的内容之中。全书共 9 章。第 1 章面向对象程序设计概述，阐述了 C++的主要特点；第 2 章 C++语言基础，讲述了各种常见的数据类型，各种表达式及其求值，表达式的优先级、结合性，顺序结构、选择结构和循环结构三种基本结构及其相应的控制语句，变量的存储和作用域，程序的文件结构及编译预处理命令；第 3 章函数，主要介绍了 C++中函数的定义与声明、函数调用、函数重载和内联函数等内容；第 4 章类与对象，讲解了 C++中类的定义、对象的创建、对象成员的访问，以及友元与静态成员等基本内容；第 5 章继承，着重介绍了 C++的基类和派生类，单继承、多继承等继承方法，二义性和虚基类等；第 6 章多态与虚函数，介绍了多态性，重点介绍了运算符重载、虚函数和抽象类；第 7 章模板，介绍了模板编程方法，并对模板容易出现的编程问题进行了详细的讨论；第 8 章输入/输出(I/O)流，重点讨论了标准输入/输出流类、文件操作与文件流类；第 9 章异常处理，主要介绍了 C++中异常的概念、基本原理以及异常处理方法和多路捕获。本书前 3 章属于基础部分，后 6 章属于面向对象的程序设计部分。为满足不同层次的教学需求，教师可采取多种方式，根据学生的背景知识以及课程的学时数对内容进行取舍。

本书由李兰主编并统稿。李兰编写第 1、2、3、5、6、7 章，任凤华编写第 4 章及第 8、9 章的部分内容，王金龙参与编写第 8、9 章的初稿，熊晓芸编写部分章节的常见错误。本书在修订过程中和温提出了许多宝贵意见。在此，编者要感谢一起工作的同事们，他们对本书的编写给予了极大的关注和支持；感谢本书所列参考文献的作者；感谢为本书出版付出辛勤劳动的西安电子科技大学出版社的工作人员，他们为本书的出版倾注了大量热情；感谢使用本书的读者。希望各位读者能够提出宝贵的意见或建议，并将对本教材的建议或意见寄给编者，您的意见将是我们再版修订时的重要参考。

尽管作者力求严谨，并尽了最大努力，但由于水平有限，时间仓促，疏漏与不妥之处在所难免，敬请各位读者不吝赐教。

在使用本书时如遇到问题需要与编者交流，或想索取本书例题的源代码与电子讲稿，请与编者联系。编者的电子信箱为：lqdlanli@163.com。

编 者

2010 年 6 月

目　录

第 1 章　面向对象程序设计概述

(Introduction to Object-Oriented Programming)

****

【学习目标】

  📖 了解计算机语言的发展。

  📖 理解结构化程序设计和面向对象程序设计的特点。

  📖 了解面向对象程序设计语言中的基本概念。

  📖 掌握程序开发的过程。

  📖 理解名称空间的概念，学会运用名称空间。

  📖 掌握 C++程序的基本结构。

****

1.1　计算机程序设计语言的发展

(Computer Programming Languages Development)

1.1.1　程序设计语言概述(Introduction to Programming Languages)

计算机的每一步发展几乎都会在软件设计和程序设计语言中得到充分体现。随着软件开发规模的扩大和开发方式的变化，人们开始将程序设计语言作为一门科学来对待，程序设计方法和技术在各个时期的发展直接导致了一大批风格各异的程序设计语言的诞生。

众所周知，在用计算机解决某一个问题之前，必须先把求解问题的步骤描述出来，这种描述称为算法。算法不能直接输入到计算机中，因为用自然语言表达的算法，计算机并不理解。正如人与人之间通过语言进行沟通一样，要计算机做某事，就要用计算机能够理解的语言将其表述出来，这种语言称为计算机语言。将算法用某种特定的计算机语言表达出来，输入到计算机，这便是计算机编程。

计算机的工作体现为顺序执行程序。程序是控制计算机完成特定功能的一组有序指令的集合。编写程序所使用的语言称为程序设计语言，它是人与计算机之间进行信息交流的工具。计算机程序设计语言是计算机可以识别的语言，用以描述解决问题的方法，供计算机阅读和执行，与一般语言一样，它具有一套语法、词法规则系统。

从 1946 年世界上第一台计算机诞生以来，短短的 60 多年计算机科学得到了迅猛发展，程序设计语言的发展也从低级到高级，经历了机器语言、汇编语言、高级语言、面向对象语言等多个阶段。

1.1.2 机器语言与汇编语言(Machine Language and Assemble Language)

1. 机器语言

最基本的计算机语言是机器语言。机器语言(也称为第一代语言)使用二进制位来表示程序指令。计算机的硬件系统可以直接识别和执行的二进制指令(机器指令)的集合称为这种计算机的机器语言。每种计算机都有自己的机器语言，并能直接执行用机器语言所编写的程序。虽然绝大多数计算机完成的功能基本相近，但不同计算机的设计者都可能会采用不同的二进制代码集来表示程序指令。所以，不同种类的计算机使用的计算机语言并不一定相同，但现代计算机都是以二进制代码的形式来存储和处理数据的。

在早期的计算机应用中，程序都是用机器语言编写的，程序员需要记住各种操作的机器语言指令。同时，为了存取数据，程序员还必须记住所有数据在内存中的存储地址。例如，字母 A 表示为 1010，数字 9 表示为 1001。由于机器语言的指令码可能有多种形式，还要考虑运算中的进位、借位和符号溢出等各种情况，因此更增加了程序员的记忆负担。这种需要记住大量的编码指令来编写程序的方法不仅难以实现，而且非常容易出错。直接使用机器语言来编写程序是一种相当复杂的手工劳动，它要求使用者熟悉计算机的有关细节，一般的工程技术人员是难以掌握的。

2. 汇编语言

汇编语言(也称为第二代语言)的出现简化了编程人员的工作。汇编语言将机器指令映射为一些可以被人读懂的助记符，如 ADD、MOV 等，它实际上是与机器语言相对应的语言。汇编语言的主要特征是可以用助记符来表示每一条机器指令。汇编语言同机器语言相比，并没有本质的区别，只不过是把机器指令用助记符号代替。由于汇编语言比机器语言容易记忆，因此其编程效率比机器语言前进了一大步，而且改进了程序的可读性和可维护性。直到今天，仍然有人用汇编语言进行编程。但汇编语言程序的大部分语句还是和机器指令一一对应的，与机器的相关性仍然很强。

由于计算机只能执行机器指令，因此汇编语言需要在编译后才能被识别，这一过程称为汇编。也就是说，用汇编语言编好的程序还需要由相应的翻译程序(称为汇编程序)将其翻译成计算机可执行的机器语言程序。用程序设计语言写成的程序称为源程序。源程序可以在具有这种语言编译系统的不同计算机上使用。源程序必须翻译成机器语言才能执行。逐条翻译并执行的翻译程序称为解释程序，而将源程序一次翻译成目标程序然后再执行的翻译程序称为编译程序。早期的计算机由于速度慢、内存小，因此衡量程序质量高低最重要的指标是机器执行的效率。但是，随着计算机技术的发展，机器硬件的性能大幅度提高，程序的复杂度也在增加，人们越来越希望把简单、重复性的工作交给机器去做，而人更多地从事创造性的工作，因此，程序的可读性和可维护性渐渐成为衡量程序质量高低的最重要的指标。

虽然汇编语言较机器语言已有很大的改进，但仍是低级语言，它有以下两个主要缺点：

(1) 涉及细节太多；

(2) 与具体的计算机相关。

所以，汇编语言也被称为面向机器的语言。为了进一步提高编程效率，改进程序的可读性、可维护性，又出现了许多高级语言(也称为第三代语言)。

1.1.3　高级语言(Advanced Language)

20 世纪 60 年代，出现了高级语言。既然机器语言和汇编语言都是计算机可以理解的语言，使用它们可以完全控制计算机的行为，那么为什么人们还要创造并使用高级程序设计语言呢？因为机器语言和汇编语言都是低级语言，是面向机器的，与具体的计算机相关，学习起来困难，编程效率也低，可读性、可维护性也差，而高级语言编写的程序借助于编译器就可以在特定的机器上运行。高级语言编写的程序由一系列语句(或函数)组成，其中每一条语句都对应着几条、几十条甚至上百条机器指令的序列，这样一条语句的功能显然增强了，所以用它开发程序比用低级语言开发效率高得多。同时，由于高级语言的编写方式更接近人们的思维习惯，因此用高级语言编写的程序易读、易懂、易于维护。

高级语言的另一个优点是：编写的程序具有一定的通用性。低级语言涉及到计算机硬件细节，所以不具有通用性。要使用高级语言编写的程序在某一计算机上运行，只要该计算机提供该语言的翻译系统即可。

既然高级语言有着低级语言无法比拟的优势，那么是不是可以完全放弃低级语言呢？回答是否定的。首先，机器语言是最终操作计算机硬件的语言，任何高级语言程序要在计算机上执行，必须翻译成机器指令；其次，虽然高级语言具有众多优点，但是执行速度比不上同样功能的低级语言，并且在对硬件的操作上，也不如低级语言灵活，所以在对程序速度要求高的场合(如过程控制的实时系统中或者编写某种新硬件的驱动程序时)，仍然可以看到低级语言(主要是汇编语言)的影子。

使用高级语言编程，一般不必了解计算机的指令系统和硬件结构，只需掌握解题方法和高级语言的语法规则，就可以编写程序。高级语言在程序设计时着眼于问题域中的过程，是一种面向过程的语言。这使得在书写程序时可以联系到程序所描述的具体事物，使计算机的编程语言前进了一大步。

1.1.4　面向对象语言(Object-Oriented Programming Language)

20 世纪 80 年代，出现了面向对象的编程语言。面向对象的编程语言与以往各种编程语言的根本不同点在于：它的设计出发点就是为了能更直接地描述客观世界中存在的事物(即对象)以及它们之间的关系。面向对象语言是比面向过程语言更高级的一种高级语言。面向对象语言的出现改变了编程者的思维方式，使程序设计的出发点由问题域中的过程转向问题域中的对象及其相互关系，这种转变更加符合人们对客观事物的认识。因此，面向对象语言更接近于自然语言，是人们对于客观事物更高层次的抽象。

面向对象的语言分为几大类别：一类是纯面向对象的语言，如 SmallTalk 和 Eiffel；另一类是混合型的面向对象语言，如 C++ 和 Objective C；还有一类是与人工智能语言相结合形成的语言，如 LOOPS、Flavors、CLOS 以及适合网络应用的 Java 语言等。

C++ 语言是由 AT&T 公司贝尔实验室的 Bjarne Stroustrup 博士开发的, 是在 C 语言的基础上扩展而来的一门高效、实用的混合型程序设计语言。它包括两部分内容: 一部分是支持面向过程部分, 该部分以 C 语言为核心; 另一部分是支持面向对象部分, 是 C++ 对 C 的扩充部分。这样一来, 它既支持面向对象程序设计方法, 又支持面向过程的结构化程序设计方法, 具有广泛的应用基础和丰富的开发环境的支持。因此 C++ 语言在短短的几年内迅速流行, 成为当今面向对象程序设计的主流语言, 同时也大大促进了面向对象编程的应用和发展。

1.2　程序设计方法

(Programming Methodology)

计算机程序设计方法的发展经历了面向过程的方法和面向对象的方法两个阶段。

1.2.1　结构化程序设计方法(Structured Programming)

结构化程序设计(Structured Programming, SP)方法是由 E.W.Dijkstra 等人于 1972 年首先提出的, 它建立在 Bohm、Jacopini 证明的结构定理的基础之上。该结构定理指出: 任何程序逻辑都可以用顺序、选择和循环三种基本结构来表示。结构化程序设计方法是从程序结构和风格上来研究程序设计。用结构化程序设计方法编写出来的程序不仅结构良好、易读易写, 而且其正确性易于证明。

结构化程序设计方法是为了解决早期计算机程序难于阅读、理解和调试, 难于维护和扩充, 以及开发周期长、不易控制程序的质量等问题而提出的, 它的产生和发展奠定了软件工程的基础。

结构化程序设计方法强调程序结构的规范性, 即强调程序设计的自顶向下、逐步求精的演化过程。在这种方法中, 待解问题和程序设计语言中的过程紧密相联。

结构化程序设计方法的优点如下:

(1) 自顶向下, 逐步细化。结构化程序设计方法的主要思想是功能分解并逐步求精。当一些任务复杂以致无法描述时, 可以将它拆分为一系列较小的功能部件, 直到这些完备的子任务小到易于理解的程度, 这种方法叫"自顶向下, 逐步细化"。

(2) 模块化设计。在程序设计中常采用模块化设计的方法, 尤其是当程序比较复杂时, 更有必要。模块化是指在拿到一个程序模块(实际上是程序模块的任务书)以后, 根据程序模块的功能将它划分为若干个子模块, 如果这些子模块的规模仍较大, 则可以划分为更小的模块。这个过程采用自顶向下的方法来实现。结构化程序设计方法可以解决人脑思维能力的局限性和所处理问题的复杂性之间的矛盾。

(3) 结构化编码。在设计好一个结构化的算法之后, 还要善于进行结构化编码, 即用高级语言语句正确地实现顺序、选择、循环三种基本结构。

此外, 各模块可以分别编程, 使程序易于阅读、理解、调试和修改; 新功能模块的扩充较为方便; 功能独立的模块可以组成子程序库, 有利于实现软件复用等。因此, 结构化程序设计方法出现以后, 很快被人们接受并得到了广泛应用。

结构化程序设计方法以解决问题的过程作为出发点, 其方法是面向过程的。它把程序定义为"数据结构+算法",程序中数据与处理这些数据的算法(过程)是分离的。这样对不同的数据结构作相同的处理,或对相同的数据结构作不同的处理,都要使用不同的模块,从而降低了程序的可维护性和可复用性。同时,这种分离导致了数据可能被多个模块使用和修改,难于保证数据的安全性和一致性。因此,对于小型程序和中等复杂程度的程序来说,结构化程序设计方法是一种较为有效的技术,但对于复杂的、大规模的软件的开发来说,它就不尽如人意了。

通过上面的分析可以看出,结构化程序设计方法的核心思想是功能的分解,其特点是将数据结构与过程分离,着重点在过程。随着程序规模与复杂性的增长,面向过程的结构化程序设计方法存在明显的不足之处:

(1) 数据安全性问题。

(2) 可维护性及可重用性差。

(3) 图形用户界面的应用程序很难用过程来描述和实现,开发和维护也都很困难。

1.2.2　面向对象程序设计方法(Objected-Oriented Programming)

面向对象程序设计方法建立在结构化程序设计方法的基础之上,避免了结构化程序设计方法中所存在的问题。

面向对象是一种认识世界的方法,也是一种程序设计方法。面向对象的观点认为,客观世界是由各种各样的实体,也就是对象组成的。每种对象都有自己的内部状态和运动规律,不同对象间的相互联系和相互作用就构成了各种不同的系统,并进而构成了整个客观世界。按照这样的思想设计程序,就是面向对象的程序设计。"面向对象"不仅仅作为一种技术,更作为一种方法贯穿于软件设计的各个阶段。

面向对象的方法是把软件系统分解成为相互协作而又彼此独立的对象的集合。对象是数据结构和算法的封装体,每个对象在功能上相互之间保持相对独立,即每个对象有自己的数据、操作和功能,对象被看做由数据及可以施加在这些数据上的操作所构成的统一体。当对象的一个成员函数被调用时,对象执行其内部的代码来响应这个调用,这使对象呈现出一定的行为,行为及其结果就是该对象的功能。根据这个定义,在对象中,不但存有数据,而且存有代码,使得每个对象在功能上相互之间保持相对独立。当然,对象之间存在各种联系,但它们之间只能通过"消息"进行通信。程序可表示为:

$$程序 = 对象 + 类 + 继承 + 消息通信$$

通过这个等式可以知道面向对象程序的基本结构。

面向对象程序设计着重于类的设计。类正是面向对象语言的基本程序模块,通过类的设计可完成实体的建模任务。一般情况下,面向对象程序都由三部分构成:类的声明、类的成员的实现和主函数。

面向对象程序设计是在面向过程程序设计的基础上的质的飞跃。面向对象方法的产生是计算机科学发展的要求。面向对象的技术在系统程序设计、数据库及多媒体应用等领域都得到了广泛应用。

【例 1-1】　用 C++ 语言描述,用结构化程序设计方法计算三角形的面积(已知一个三角形的 3 个顶点的坐标)。

分析：要想计算三角形的面积，就必须知道三角形的 3 条边长，而边长可以通过坐标求得。假定 3 个坐标点分别为 a(x1，y1)、b(x2，y2)、c(x3，y3)，所以 3 条边长可用下面的公式求出：

$$ab = \sqrt{(x1-x2)^2 + (y1-y2)^2}$$

$$ac = \sqrt{(x1-x3)^2 + (y1-y3)^2}$$

$$bc = \sqrt{(x2-x3)^2 + (y2-y3)^2}$$

求面积之前先计算边长和的一半：

$$s = \frac{ab+ac+bc}{2}$$

面积的计算公式为：

$$area = \sqrt{s(s-ab)(s-ac)(s-bc)}$$

由上述分析可得出，求给定 3 个顶点坐标的三角形的面积其算法描述如下：

(1) 输入 3 个顶点的坐标。

(2) 计算三角形的 3 条边的边长。

(3) 计算 3 条边长和的一半，求三角形的面积。

(4) 输出三角形的面积。

根据上述问题分析和算法描述，很容易写出求解问题的 C++ 源程序代码。由于求三角形的边长要计算 3 次，因此可编写一个计算边长的函数。因为在程序中要用到输入/输出流和数学函数，所以在程序的开始处必须包含相关的以 .h 为扩展名的头文件。编写其源程序如下：

```cpp
#include<iostream>                                    //包含输入/输出流
#include<cmath>                                       //包含数学函数的头文件
using namespace std;
double edge(double x1,double x2,double y1,double y2)
{                                                     //求三角形的边长
    double len;
    len=sqrt((x1-x2)*(x1-x2)+(y1-y2)*(y1-y2)); //求边长
    return len;
}
int main()
{
    double x1,x2,x3,y1,y2,y3,s,area,ab,ac,bc;         //说明变量
    cin>>x1>>x2>>x3;
    cin>>y1>>y2>>y3;                                  //输入坐标值
```

```
        ab=edge(x1,x2,y1,y2);              //求边长
        ac=edge(x1,x3,y1,y3);
        bc=edge(x2,x3,y2,y3);
        s=(ab+ac+bc)/2;                    //求边长和的一半
        area=sqrt(s*(s-ab)*(s-ac)*(s-bc)); //计算面积
        cout<<"area= "<<area<<'\n';        //输出三角形面积
        return 0 ;
    }
```

由例 1-1 的程序代码可以看到，功能函数和数据变量的定义是分开的。在面向对象的程序设计中，功能函数和数据变量的说明被封装在一个称为"类"的特殊类型中，定义为这个特殊类型的一个变量就叫做"对象"，而所有的操作都是以对象为基础的。

面向过程的程序设计方法就是以函数设计为基础的，它使用的是功能抽象，而面向对象的程序设计不仅能进行功能抽象，还能进行数据抽象。"对象"实际上是功能抽象和数据抽象的统一。

【例 1-2】　用面向对象的程序设计方法计算矩形面积。

例 1-1 是采用传统的"面向过程"的程序设计方法实现的，而本例要求用"面向对象"方法实现。源程序如下：

```
    #include <iostream>
    using namespace std;
    //类的声明
    class RectangleArea
    {
        public:
            void SetData(float L,float W);     //输入长、宽值
            float ComputeArea();               //计算面积
            void OutputArea();                 //输出面积
        private:
            float length,width,area;           //定义长、宽、面积
    };
    void RectangleArea::SetData(float L,float W)
    {
        length=L;
        width=W;
    }
    float RectangleArea::ComputeArea()
    {
        area=length*width;
        return area;
    }
```

```
void RectangleArea::OutputArea()
{
        cout<<"area="<<area<<endl;
}
int main()
{
        RectangleArea Rectangl;            //声明对象
        Rectangl.SetData(8,9);
        Rectangl.ComputeArea();
        Rectangl.OutputArea();
        return 0;
}
```

设计 RectangleArea 类，这个类的属性有 length、width、area。它表现的行为是初始化这些属性值，对于不同的对象，具有不同的属性值(即不同的 length、width、area 值)。这个点类能向外界提供自己的属性值，并能移动坐标点、输出坐标等。由此，可以定义这个 RectangleArea 类。读者可能暂时看不懂，不过没关系，在后面还会详细介绍。

在上面的类定义中，class 是类类型定义的标识；RectangleArea 是类名；public 下面定义了 3 个成员函数；private 下面是长、宽、面积的数据，称为属性(也称数据成员)。

有了这个类定义之后，就可以在程序中定义关于该点类的对象，进行相关操作以实现实际问题的要求。

例 1-2 比例 1-1 看起来要繁琐一些。但是，如果以 RectangleArea 类为基础，则通过继承可以很方便地派生出长方体等新的几何体，实现代码重用。

1.3 面向对象程序设计的基本特点
(Basic Feature of Object-Oriented Programming)

面向对象程序设计方法提供了软件重用、解决大问题和复杂问题的有效途径，具有抽象性、封装性、继承性和多态性等特点。面向对象程序设计的基本特点如下所述。

1.3.1 抽象(Abstract)

抽象是人类认识客观世界的最基本的思维方法。面向对象程序设计中的抽象是对具体问题(对象)进行概括，抽出对象的公共性质并加以描述的过程，其一般方法是：首先找出某类对象的属性或状态(即此类对象区别于彼类对象的特征物理量)并加以描述，称为数据抽象；然后找出某类对象的共同行为特征进行描述，称为代码抽象或行为抽象。

事实上，对问题进行抽象的过程就是一个分析问题、认识问题的过程。例如，在计算机上实现圆的计算问题时，应对圆进行分析，用 3 个整型数分别表示圆心坐标、半径和面积，这是数据抽象；然后设置圆心坐标、半径，显示圆的半径、面积和周长等，这是对圆的行为抽象。用 C++ 语言可以描述如下：

　　矩形面积(RectangleArea);

　　数据抽象：float length,width,area;

　　代码抽象：void SetData(float L,float W);　　　//输入长、宽值

　　　　　　　float ComputeArea();　　　　　　　//计算面积

　　　　　　　void OutputArea();　　　　　　　　//输出面积

　　需要说明的是，对于同一个研究对象，由于所研究问题的侧重点不同，因此可能产生不同的抽象结果，即使对于同一个问题，解决问题的方式不同，也可能产生不同的抽象结果。面向对象程序设计鼓励程序员以抽象的观点看待程序，即程序是由一组对象组成的，这样我们可以将一组对象的共同特征进一步抽象出来，从而形成"类"的概念。

1.3.2　封装(Encapsulation)

　　封装就是把对象的属性和操作结合成一个独立的系统单位，并尽可能隐蔽对象的内部细节。通过对抽象结果进行封装，将一部分行为作为外部访问的接口与外部发生联系，而将数据和其他行为进行有效隐藏，就可以达到对数据访问权限的合理控制。通过这种有效隐藏和合理控制，就可以增强数据的安全性，减轻开发软件系统的难度。

　　利用封装特性编写面向对象程序时，对于已经定义好的对象，可以不必了解其内部实现的具体细节，只需要通过外部接口，依据特定的访问规则就可以访问对象了。在 C++ 中，对一个具体问题进行抽象分析的结果是通过类的形式实现封装。

　　例如，例 1-2 中的类 RectangleArea 就是在抽象的基础上，将矩形的数据和功能结合起来而构成的封装体。声明的私有成员 length、width 和 area 外部无法直接访问，外界可通过公有行为 SetData()、ComputeArea() 和 OutputArea() 与类 RectangleArea 发生联系。

　　由此可见，封装要求一个对象应具备明确的功能，并具有接口以便和其他对象相互作用。同时，对象的内部实现(代码和数据)是受保护的，外界不能访问它们。封装使得一个对象可以像一个部件一样应用在各种程序中，而不用担心对象的功能受到影响。

　　数据封装一方面使得程序员在设计程序时可以专注于自己的对象，同时也切断了不同模块之间数据的非法使用，减少了出错的可能性。

　　在类中，封装是通过存取权限实现的。例如，将每个类的属性和操作分为私有的和公有的两种类型，对象在类的外部，只能访问对象的公有部分，不能直接访问对象的私有部分。

1.3.3　消息(Message)

　　消息是面向对象程序设计中用来描述对象之间通信的机制。一个消息就是一个对象要求另一个对象实施某种操作的一个请求。

　　前面所提到的"接口"规定了能向某一对象发出什么请求。也就是说，类对每个可能的请求都定义了一个相关的函数，当向对象发出请求时，就调用这个函数。这个过程通常概括为向对象"发送消息"(提出请求)，对象根据这个消息决定做什么(执行函数代码)。

　　例如，外界与 RectangleArea 类进行通信，可以通过下面的 C++ 语句来描述：

　　//创建一个 Rectangle 对象

RectangleArea Rectangle；

//通过对象调用 ComputeArea()函数

Rectangle.ComputeArea();

先通过声明语句 RectangleArea Rectangle 为 RectangleArea 类创建一个 Rectangle 对象，然后向这个对象发出消息，如 Rectangle.ComputeArea()来计算矩形面积，再通过对象调用 OutputArea()来输出矩形面积，对象依据请求调用相应的函数。这种由消息驱动程序执行的形式完全符合客观实际。

1.3.4　继承(Inheritance)

在面向对象程序设计中，继承性是指从已有的对象类型出发建立一种新的对象类型，使这种新对象类型继承原对象的特点和功能，同时又拥有自己特殊的特点和功能。这种思想是面向对象设计对程序设计方法的主要贡献之一。

抽象和封装是面向对象程序设计的初步工作。要想提高软件开发的效率，必须解决代码重用的问题。继承是面向对象技术中实现软件复用的重要机制，如上所述，其定义是：特殊的对象拥有其一般类的全部属性和服务，称做特殊类对一般类的继承。运用抽象的原则就是舍弃对象的特殊性，提取其一般性，从而得到适合一个对象集的类。如果在这个类的基础上，再考虑抽象过程中被舍弃的一部分对象的特性，则可形成一个新的类，这个类具有前一个类的全部特征，又有自己的新特征，形成一种层次结构，即继承结构。

继承是一个对象可以获得另一个对象的特性的机制，它支持层次类这一概念。例如，水果类包括香蕉、苹果、橘子和菠萝等，而苹果类又有富士苹果、国光苹果、金帅苹果等。通过继承，低层的类只需定义特定于它的特征，而共享高层类中的特征。

在面向对象软件技术中，继承是子类自动地共享基类中定义的数据和方法的机制。例如，在圆类的定义中已经定义了圆心坐标、半径及其行为属性，因为弧类除了拥有圆类的属性外还有起始角度和终止角度，所以定义弧类时从圆类继承，只需要定义其特有的属性和行为，如起始角度和终止角度，其他属性从圆类继承即可。

在软件开发过程中，继承进一步实现了软件模块的可重用性。继承意味着"自动地拥有"，即特殊类中不必重新定义已在一般类中定义过的属性和行为，而是自动地、隐含地拥有其一般类的属性与行为。当这个特殊类又被它更下层的特殊类继承时，它继承来的和自己定义的属性和行为又被下一层的特殊类继承下去。不仅如此，如果将开发好的类作为构件放到构件库中，则在开发新系统时便可直接使用或继承使用。

继承具有重要的实际意义，它简化了人们对事物的认识和描述。C++ 语言允许单继承和多继承。继承是面向对象语言的重要特性。一个类可以生成它的派生类，派生类还可以再生成它的派生类。派生类继承了基类成员，另外它还可以定义自己的成员。继承是实现抽象和共享的一种机制。继承具有传递性，一个类实际上继承了它所在的类等级中在它上层的全部基类的所有描述。

继承性使得相似的对象可以共享程序代码和数据结构，从而大大减少了程序中的冗余信息，便于扩充，满足逐步细化的原则。

C++ 提供类的继承机制，允许程序员在保持原有类的基础上，进行更具体、更详细的定义。关于继承与派生，将在第 5 章详细介绍。

1.3.5　多态(Polymorphism)

继承讨论的是类与类间的层次关系；多态则考虑的是这种层次关系以及类自身成员函数之间的关系问题，用于解决功能与行为的再抽象问题。

一个消息可以产生不同的响应效果，这种现象叫做多态。多态即"多种形态"。具体到程序语言，多态则有以下两个含义：

(1) 相同的语言结构可以代表不同类型的实体，即一名多用或重载(Overloading)。

(2) 相同的语言结构可以对不同类型的实体进行操作。

例如，如果发送消息"双击"，则不同的对象就会有不同的响应。比如，"文件夹"对象收到双击消息后，会打开该文件夹，而"音乐文件"对象收到双击消息后，会播放该音乐。显然，打开文件夹和播放音乐需要不同的函数体。但是，它们可以被同一条消息"双击"所引发。这就是多态。

不同的对象可以调用相同名称的函数，并可导致完全不同的行为的现象称为多态性。C++ 语言支持多态性。例如，允许函数重载和运算符重载，定义虚函数并通过它来支持动态联编等。其中，函数的重载就是定义具有相同名字的函数来实现不同的功能。利用多态性，程序中只需进行一般形式的函数调用，而函数的实现细节留给接受调用的对象。这大大提高了我们解决复杂问题的能力。在面向对象软件技术中，同样的消息既可以发送给父类对象，也可以发送给子类对象，并会得到不同的处理。在类等级的不同层次中可以共享一个行为(方法)的名字，然而不同的层次中的每个类却各自按自己的需要来实现这个行为，当对象接收到发送给它的消息时，根据该对象所属的类动态地选用该类中定义的实现算法。例如，将两个数"相加"，这两个数可以是整数或实数，将"+"看做一个特殊函数，则 5+9 和 3.6+6.8 都是使用"+"来完成两个数相加的功能的，只不过前者完成的是整数相加，而后者完成的是浮点数相加，这就是"+"体现的多态性。多态的作用是提高程序的扩充性，便于实现高层软件的复用。在 C++语言中多态性是通过重载函数和虚函数等技术来实现的，这将在第 6 章详细讨论。

1.4　简单的 C++程序

(Simple C++ Programs)

下面是两个简单的 C++程序的例子。

【例 1-3】　编写程序求两个从键盘输入的整型数之和。

程序如下：

```cpp
//功能为求两个整型之和
#include <iostream>
using namespace std;              //使用名字空间
void main()                       //主函数
{
```

```
        int    x,y,z;                          // int 表示定义 3 个整型变量
        cout<<"please input two int number:";
        cin>>x>>y;                             //从键盘输入两个数
        z=x+y;
        cout<<"x+y="<<z<<endl;                 //输出两个数的和
    }
```

执行该程序，屏幕上出现如下提示：

```
    please input two int number:22    36✓
```

输入两个用空格分隔的整型数后，按回车键，得输出结果为

```
    x+y=58
```

【例 1-4】   用一个调用函数和一个主函数编写程序实现例 1-3 的编程要求。

程序如下：

```
//利用函数求两整数之和
#include <iostream>                    //C++的预编译命令，其中的 iostream 是 C++
                                       //定义的一个头文件，用于设置 C++风格的 I/O 环境
using namespace std;                   //使用名字空间
int add(int a, int b);                 //函数原型的声明
int main()                             //主函数
{
        int x,y,sum;                   //定义三个整型变量
        cout<<"Enter two number:";     //提示用户输入两个数
        cin>>x>>y;                     //从键盘输入变量 x,y 的值
        sum=add(x,y);                  //调用函数 add 计算 x+y 的值并将其赋给 sum
        cout<<"x+y="<<sum<<"\n";       //输出 sum 的值
        return 0;
}
int add(int a, int b)                  //定义 add 函数，函数值为整型
{
    int c;                             //定义一个整型变量
    c=a+b;                             //计算两个数的和
    return c;                          //将 c 的值返回，通过 add 带回调用处
}
```

编译运行该程序，屏幕上将出现与例 1-3 相同的提示，当输入两个整型数(22 和 36)后，按回车键，同样可得输出结果：

```
    x+y=58
```

通过上面的两个例子可以看出，一个简单的 C++ 程序一般都由注释、编译预处理和程序主体等几部分构成。程序主体主要是由一个主函数和若干个子函数组成的。一般情况下，一个 C++ 语言程序被存储在一个程序文件中。当然，一个 C++ 语言程序也可以存储在几个不同的程序文件中。

说明：

(1) C++ 程序从 main()函数的第一个"{"开始，依次执行后面的语句。如果在执行过程中遇到其他函数，则调用其他函数；调用完后返回，继续执行下一条语句，直到最后一个"}"为止。在标准 C++中，如果 main()函数没有显式提供返回语句，则默认返回 0。

(2) 程序由语句构成，每条语句由";"作为结束符。注意：语句中的引号、分号等应采用英文模式，如果输入的是中文模式则会出错。

(3) cin 和 cout 是系统预定义的流类对象，这里知道 cin 表示键盘、cout 表示屏幕即可。"<<"表示输出(如输出到屏幕)，">>"表示输入(如从键盘输入)。这些对象和操作都是在标准库中定义的。

1．注释

注释是程序员为读者做的说明，是提高程序可读性的一种手段。在 C++ 语言中，有两种注释方法供选择使用：序言注释和注解性注释。前者用于程序开头，说明程序或文件的名称、用途、编写时间、编写人及输入/输出说明等；后者则用于程序中难以理解的地方。在前面的例题中用了两种注释形式：一种是用"/*……*/"，这是 C 语言中使用的注释，它表示从 /* 开始到 */ 为止的所有内容都是注释，在 C++ 中同样可以使用，一般用来作为连续几行或多行的注释；另一种是用"//"来表示从该双斜杠开始到当前行的行末为止的文字为注释内容，一般用在语句的后面作为对语句的说明，它是 C++ 中增加的。注释的作用是对程序进行注解和说明，以便于阅读。编译系统在对源程序进行编译时不理会注释部分，所以注释内容不会增加最终产生的可执行代码的大小。

2．编译预处理

程序中每个以符号"#"开头的行称为预处理行，一般都写在程序的最前面几行中。预处理命令"#include <iostream>"的作用是：将头文件"iostream"中的代码嵌入该命令所在的位置，即在编译之前将文件 iostream.h 的内容增加(包含)到当前程序中，作为该程序的一部分，因为在程序体中要用到其中的输入(cin)/输出(cout)流来进行输入和输出操作。注意：新标准 C++ 的头文件名没有后缀，而带后缀".h"的头文件是老版本的，老版本的库中没有定义名称空间 std。使用#include 命令时，如果包含的是 C++ 系统头文件，则用一对尖括号将文件名括起来，目的是告诉编译器直接到系统目录下寻找；如果包含的是用户自己定义的头文件，则用一对双引号将文件名括起来，目的是告诉编译器先搜索当前目录，如果找不到则再搜索系统目录。

3．使用名字空间

过去一直使用后缀".h"标识头文件，但在前面的两个例子中，没有使用后缀，原因是新的 C++ 标准了新的标准类库的头文件载入方式，即省略".h"。不过，这时必须同时使用语句："using namespace std;"来表示使用名字空间。所谓名字空间，是一种将程序库名称封装起来的方法，它可以提高程序的性能和可靠性。当然，也可以不使用名字空间，而是在包含的每个头文件名之后都加上后缀".h"。

std 是标准 C++ 预定义的名字空间，其中包含了对标准库中函数、对象、类等标识符的定义，包括对 cin、cout、endl 的定义。程序中 using 指令的作用是：声明 std 中定义的所有标识符都可以直接使用。如果没有"using namespace std;"这句声明，则要在 cin、cout、endl 的前面加上"std::"进行限制。

4．程序主体

程序主体由一个名为 main()的主函数和若干个子函数构成。子函数可有，也可以没有，但 main()函数不能没有，而且只能有一个。函数名 main 全都由小写字母构成。在 C++程序中所有系统给定的关键字必须都用小写字母拼写，程序中其他名字的大小写是要特别注意的。

一个较为复杂的 C++ 程序一般由若干个程序文件组成，每个文件又由若干个函数组成，因此，可以认为 C++ 的程序就是函数串，即由若干个函数组成，函数之间是相互独立且并行的，函数之间可以调用。在这些组成 C++ 程序的若干个文件的所有函数中必须有一个且只能有一个主函数 main()。

一个函数是由若干条语句组成的。语句是组成程序的基本单元，而语句由单词组成，单词间用空格分隔，单词又由 C++ 的字符所组成。C++ 程序中的语句必须以分号结束。

本 章 小 结

(Chapter Summary)

计算机程序设计语言是计算机可以识别的语言，用于描述解决问题的方法，供计算机阅读和执行。计算机语言经历了机器语言、汇编语言、高级语言和面向对象语言的发展过程。软件开发方法也经历了面向机器的方法、面向过程的方法和面向对象的方法。

编程者要想得到正确并且易于理解的程序，必须采用良好的程序设计方法。结构化程序设计和面向对象程序设计是两种主要的程序设计方法。结构化程序设计建立在程序的结构定理基础之上，主张只采用顺序、循环和选择三种基本的程序结构和自顶向下逐步求精的设计方法，实现单入口、单出口的结构化程序；面向对象程序设计主张按人们通常的思维方式建立问题区域的模型，设计尽可能自然的表现客观世界和求解方法的软件。对象、消息、类和方法是为实现这一目标而引入的基本概念。面向对象程序设计的基本点在于对象的封装性和继承性以及由此带来的实体的多态性。

C++语言既支持面向过程，又支持面向对象，是目前应用最广、最成功的面向对象语言。

习 题 1

(Exercises 1)

一、单项选择题

1．最初的计算机编程语言是(　　)。

　　A．机器语言　　　　B．汇编语言　　　　C．高级语言　　　　D．低级语言

2．下列各种高级语言中，(　　)不是面向对象的程序设计语言。

　　A．Java　　　　　　B．PASCAL　　　　C．C++　　　　　　D．Delphi

3．结构化程序设计的基本结构不包含(　)。

　　A．顺序　　　　　　　B．选择　　　　　　　C．跳转　　　　　　　D．循环

4．(　)不是面向对象系统所包含的要素。

　　A．继承　　　　　　　B．对象　　　　　　　C．类　　　　　　　　D．重载

5．下列关于 C++ 与 C 语言的关系描述中，(　)是错误的。

　　A．C++ 和 C 语言都是面向对象的

　　B．C 语言与 C++ 是兼容的

　　C．C++ 对 C 语言进行了一些改进

　　D．C 语言是 C++ 的一个子集

6．下列(　)不是面向对象程序设计的主要特征。

　　A．封装　　　　　　　B．继承　　　　　　　C．多态　　　　　　　D．结构

7．下列关于对象概念的描述中，(　)是错误的。

　　A．对象就是 C 语言中的结构变量

　　B．对象代表着正在创建的系统中的一个实体

　　C．对象是一个状态和操作(或方法)的封装体

　　D．对象之间的信息传递是通过消息进行的

8．下列关于类的概念描述中，(　)是错误的。

　　A．类是抽象数据类型的实现

　　B．类是具有共同行为的若干对象的统一描述体

　　C．类是创建对象的样板

　　D．类就是 C 语言中的结构类型

9．程序必须包含的部分是(　)。

　　A．头文件　　　　　　B．注释

　　C．高级语言　　　　　D．数据结构和算法

10．C++ 对 C 语言作了许多改进，下列描述中(　)使 C++语言成为面向对象的语言。

　　A．增加了一些新的运算符

　　B．允许函数重载，并允许函数有默认参数

　　C．引进了类和对象的概念

　　D．规定函数说明必须用原型

二、填空题

1．语言处理程序主要包括 _____、_____、_____三种。

2．汇编程序的功能是将汇编语言所编写的源程序翻译成由_____组成的目标程序。

3．编译过程一般分成 5 个阶段：_____、语法分析、_____、代码优化和目标代码生成。

4．目前有两种重要的程序设计方法，分别是：_____和_____。

5．在 C++ 中，封装是通过_____来实现的。

6．C++ 程序一般可以分为 4 个部分：_____、全局说明、_____、用户自定义的函数。

7. 任何程序逻辑都可以用＿＿＿＿＿、＿＿＿＿＿和＿＿＿＿＿等三种基本结构来表示。

二、判断题(正确的划 √，错误的划×)

1. 机器语言和汇编语言都是计算机能够直接识别的语言。( )

2. 面向对象方法具有 3 大特性：封装性、继承性和多态性。( )

3. 编译预处理命令的执行是在一般编译过程之后连接处理之前进行的。( )

4. 在 C++ 中，可以使用注释符(//)，也可以使用 C 语言中的注释符(/*…*/)。( )

5. C++ 是一种以编译方式实现的高级语言。( )

6. C++ 程序中，在函数的最后一条语句结束时不需要加一个分号(;)。( )

7. C++ 中标识符内的大小写字母是有区别的。( )

8. C++ 源程序只能在编译时出现错误信息，而在链接中不会出现错误信息。( )

9. C++ 中不允许使用宏定义的方法定义符号常量，只能用 const 来定义符号常量。( )

三、简答题

1. 面向对象程序设计的基本思想是什么？面向对象程序设计有哪些重要特点？

2. 面向对象与面向过程程序设计有哪些不同？

3. 什么是面向对象方法的封装性？它有何优缺点？

4. 面向对象程序设计为什么要应用继承机制？

5. 什么是面向对象程序设计中的多态性？

6. 面向对象分析要做的主要工作包括哪些方面？

第 2 章　C++语言基础

(C++ Language Basics)

****

【学习目标】

  📖 掌握 C++字符集、关键字、数据类型、常量、变量。
  📖 掌握各种类型的数值的表示。
  📖 掌握常量、变量的表示和使用方法。
  📖 掌握常用运算符及其表达式。
  📖 掌握程序的基本控制结构。

****

对于不同的程序设计语言，其数据类型的规定和处理方法各不相同。C++ 语言为程序员提供了丰富的数据类型和运算符。C++ 语言中的数据类型分为基本数据类型和自定义数据类型。基本数据类型是 C++ 编译系统内置定义的，而自定义数据类型则是程序员根据需要在程序中自行定义的。

2.1　C++字符集和关键字

(C++ Character Set and Keywords)

C++ 程序是由一定字符集的字符构成的，是一组字符序列。C++ 字符是构成程序语句的基本成分，也是 C++ 程序设计的基础。

2.1.1　字符集(Character Set)

C++ 语言的字符集由下列字符组成：

(1) 52 个大小写英文字母：a～z 和 A～Z。

(2) 10 个数字字符：0～9。

(3) 其他字符：空格、!、#、%、^、&、*、_(下划线)等。

2.1.2　标识符(Identifier)

标识符是程序设计人员用来对程序中的一些实体进行标识的一种单词。它是由若干个字符组成的具有一定意义的最小词法单元。通常使用标识符来定义函数名、类名、对象名、变量名、常量名、类型名和语句标号名等。C++ 规定：标识符是由大小写字母、数字字符和下划线符号组成的以字母或下划线开头的字符集合。

定义标识符时注意如下几点：

(1) 标识符中的大小写字母是有区别的。例如，NAME、Name、name 等都是不同的标识符。

(2) 标识符的长度(即组成一个标识符的字符个数)理论上是不受限制的。但是，有的编译系统所能识别的标识符长度是有限的。例如，有的系统只识别前 32 个字符。

(3) 在实际应用中，尽量使用有意义的单词作标识符。但是，不得用系统中已预定义的标识符，即关键字。

对一个可读性好的程序，必须选择恰当的标识符，取名应统一规范，使读者一目了然。

2.1.3 关键字(Keywords)

关键字用来说明 C++ 语言中某一固定含义的字。例如，float 是关键字，它用来说明浮点类型的对象(变量)。

下面是部分常用关键字：

auto	const	else	goto	new	short	this	unsigned
break	continue	enum	if	operator	sizeof	throw	using
bool	default	extern	int	private	struct	true	virtual
case	delete	false	inline	protected	signed	try	void
catch	defined	float	long	public	static	typedef	volatile
char	do	for	mutable	return	switch	typeid	while
class	double	friend	namespace	register	template	union	

这些关键字为 C++ 语言专用符号，不得赋予其他含义。C++ 语言中所有关键字都是由小写字母构成的。

2.1.4 其他标识(Other Identifiers)

除了上面提到的标识符和关键字以外，在程序中还会有以下几种标识。

1. 常量

C++ 语言中，常量分为数字常量、字符常量和字符串常量。在 C 语言程序中是用宏定义 #define 来定义常量的，而在 C++ 中则是用关键字 const 来定义各种不同类型的常量的。

2. 运算符

运算符是一些用来进行某种操作的单词，它实际上是系统预定义的函数名，这些函数作用于被操作的对象上将获得一个结果值。运算符是由一个或多个字符组成的单词。

C++ 语言的运算符除了包含 C 语言中的运算符外，还增加了一些新的运算符。C++ 语言的运算符还可以重载。

3. 特定字

特定字是指具有特定含义的标识符，主要有如下几个：

define、include、undef、ifdef、ifndef、endif、line、progma 和 error。

它们主要用在 C++ 语言的预处理程序中。这些标识符虽然不是关键字，但由于被赋予了特定含义，所以人们习惯上把它们看做关键字。因此，在程序中不能把这些特定字当作一般标识符使用。

4. 分隔符

分隔符被称为程序中的标点符号，用来分隔单词与程序正文，表示某个程序实体的结束和另一个程序实体的开始。

C++ 中常用的分隔符包括：

(1) 空格符：用作单词之间的分隔符。

(2) 逗号：用作变量之间或对象之间的分隔符，或者用作函数的多个参数之间的分隔符。

(3) 分号：用于 for 循环语句中，作为关键字 for 后面括号内的 3 个表达式之间的分隔符。

(4) 冒号：用作语句标号与语句间的分隔符以及 switch 语句中 case<常量表达式>与语句序列之间的分隔符。

(5) 花括号：用来为函数体、分程序等定界。

5. 注释符

注释在程序中起对程序注解和说明的作用，其目的是便于对程序进行阅读和分析。C++语言中的注释方法如下两种：

(1) 使用"/*"和"*/"括起来进行注释，在"/*"和"*/"之间的所有字符都为注释符。这种注释方法适用于多行注释信息的情况，是 C 语言中原有的注释方法。

(2) 使用"//"，从"//"后的字符开始，直到它所在行的行尾所有字符都被作为注释信息。这种方法适用于注释一行信息的情况，是在 C++ 中增加的注释方法。

这两种注释方法都可以放在程序的任一位置，即程序开头、结尾和中间任何位置都可以。前一种方法可以放在某一程序中语句行的前面或后面，甚至中间；后一种方法可以放在某一语句行的后面，而不能放在前面和中间。

2.2　基本数据类型和表达式

(Basic Data Types and Expressions)

数据是计算机程序处理的主要对象。数据类型是程序设计语言中非常重要的一个概念，它把一种程序设计语言所处理的对象按其性质不同分为不同的子集。对不同的数据类型，C++ 规定了不同的运算。数据不仅指数学中的自然数、整数、实数，还包括文字、图像、声音等。

在程序设计语言中，数据主要分为数值和非数值两大类。

2.2.1　C++ 的基本数据类型(C++ Basic Data Types)

1．基本数据类型

C++ 的基本数据类型有 4 种：整型(int)、浮点型(float)、字符型(char)、逻辑型(bool)。

整型数在计算机内部一般采用定点表示法，用于存储整型量(如 123、-456 等)。

和整型数不同的地方是，浮点数采用的是浮点表示法。也就是说，浮点数的小数点的位置不同，给出的精度也不相同。

字符型表示单个字符，一个字符用一个字节存储。

逻辑型也称布尔型，用于表示表达式的真(true)和假(false)。

一个数据类型定义了数据(以变量或常量的形式来描述)可接受值的集合以及对它能执行的操作。数据类型有 3 种主要用途：① 指明对该类型的数据应分配多大的内存空间；② 定义能用于该类型数据的操作；③ 防止数据类型不匹配。C++ 的数据类型如图 2-1 所示。

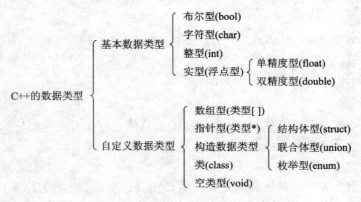

图 2-1　C++ 的数据类型

2．修饰符

在基本的数据类型前可以添加修饰符，以改变基本类型的意义。修饰符主要包括 signed(有符号)、unsigned(无符号)、short(短型)和 long(长型)。

(1) unsigned 和 signed 只用于修饰 char 和 int，且 signed 修饰词可以省略。当用 unsigned 修饰词时，后面的类型说明符可以省略。例如：

signed int n 与 int n 等价；

signed char ch 与 char ch 等价；

unsigned int n 与 unsigned n 等价；

unsigned char ch 与 unsigned ch 等价。

(2) short 只用于修饰 int，且用 short 修饰时，int 可以省略，即 short int n 与 short n 等价。

(3) long 只能修饰 int 和 double。当用 long 修饰 int 时，int 可以省略，即 long int n 与 long n 等价。

基本的数据类型及其表示范围如表 2-1 所示。

表 2-1　基本的数据类型及其表示范围

类型名	类型	字节	表 示 范 围
char(signed char)	字符型	1	$-128 \sim 127$
unsigned char	无符号字符型	1	$0 \sim 255$
int(signed int)	整型	4	$-2\ 147\ 483\ 648 \sim 2\ 147\ 483\ 647$
unsigned int	无符号整型	4	$0 \sim 4\ 294\ 967\ 295$
short int(signed short int)	短整型	2	$-32\ 768 \sim 32\ 767$
unsigned short int	无符号短整型	2	$0 \sim 65\ 535$
long int(signed long int)	长整型	4	$-2\ 147\ 483\ 648 \sim 2\ 147\ 483\ 647$
unsigned long int	无符号长整型	4	$0 \sim 4\ 294\ 967\ 295$
float	浮点型	4	$3.4 \times 10^{-38} \sim 3.4 \times 10^{38}$
double	双精度型	8	$1.7 \times 10^{-308} \sim 1.7 \times 10^{308}$
long double	长双精度型	10	$1.2 \times 10^{-4932} \sim 1.2 \times 10^{4932}$

2.2.2　常量(Constants)

常量就是指在程序运行的整个过程中值始终保持不变的量。

1．整型常量

整型常量就是以文字形式出现的整数，包括正整数、零、负整数，其表示形式有十进制、八进制、十六进制。

十进制表示为符号加若干个 0~9 的数字，但数字部分不能以 0 开头，如 132、–345。

八进制表示为符号加以数字 0 为开头的若干个 0~7 的数字，如 010、–0536。

十六进制表示为符号加以 0x 开头的若干个 0~9 的数字及 A~F 的字母，如 0x7A、–0X3de。

2．实型常量

C++ 提供了两种实型常量的表示形式：定点数形式、指数形式。

定点数形式：它由数字和小数点组成，如 0.123、.234、0.0 等。这种形式的常量必须有小数点。

指数形式：由"数字+E(或 e)+整数"构成。E 前必须有数字，E 后必须是整数，如 123e4、2.5E2。

默认实型常数为 double 型，后加 F 或 f 表示 float 型，后加 l 或 L 表示 long double 型。

3．字符常量

字符常量由一对单引号括起的一个字符表示，其值为所括起字符在 ASCII 表中的编码。

字符常量包括以下两种类型：

(1) 常规字符：单引号括起的一个字符，如 'a'、'x'、'?' 等。

(2) 转义字符：以 \ 开头的字符序列，如 \n、\b 等。常用的转义字符如表 2-2 所示。

表2-2 常用的转义字符

转义序列	对应值	对应功能或字符
\a	7	响铃
\b	8	退格
\f	12	换页
\n	10	换行
\r	13	回车
\t	9	水平制表
\v	11	垂直制表
\\	92	反斜线
\'	39	单引号
\"	34	双引号
\?	63	问号

4. 字符串常量

字符串常量是由一对双引号括起的字符序列，字符序列中可以包含空格、转义序列或任何其他字符。例如：

"C++ is a better C\n"

字符串常量实际上是一个字符数组。组成数组的字符除显示给出的外，还包括字符结尾处标识字符串结束的符号 '\0'，所以字符串 "abc" 实际上包含 4 个字符：'a'、'b'、'c' 和 '\0'。

需要注意的是 'a' 和 "a" 的区别，'a' 是一个字符常量，在内存中占一个字节的存储单元，而 "a" 是一个字符串常量，在内存中占两个字节，除了存储 'a' 以外，还要存储字符串结尾符 '\0'。表 2-3 所示为字符常量与字符串常量的区别。

表2-3 字符常量与字符串常量的区别

字 符 常 量	字 符 串 常 量
使用一个字符型变量存放	使用一维数组存放
用单引号括起	用双引号括起
字符没有结束符	字符串有一个结束符，该结束符用 "\0" 表示
字符常量'a'在内存中占用一个字节	字符串常量"a"在内存中占用两个字节
可进行加、减法运算	可进行连接、拷贝运算

5. 布尔常量

布尔(bool)常量仅有两个：true(真)和 false(假)。通常以 1 表示真，0 表示假。

6. 枚举常量

枚举指——列举变量的值，变量的值只能从所列举的值中取其一。

枚举声明：

enum <枚举名>{<枚举表>};

其中，<枚举表>由若干个枚举符组成。多个枚举符之间用逗号分隔。

枚举符是用标识符表示的整型常量，又称枚举常量。

枚举常量的值默认为最前边的一个为 0，其后的值依次加 1。枚举常量的值也可显式定义，未显式定义的则在前一个值的基础上加 1。例如：

```
enum day {Sun,Mon,Tue,Wed,Tur,Fri,Sat};
enum day {Sun=7,Mon=1, Tue,Wed,Tur,Fri,Sat};
```

2.2.3 变量(Variables)

在程序运行过程中，其值可以被改变的量称为变量。

1. 变量的声明

变量的命名规则：变量名是只能由英文字母、十进制数字符号和下划线组成的字符序列，该序列只能以字母或下划线开头。每个变量名标识符中的字符数可以任意，但只有前 32 个字符有效。如果超长，则超长部分被舍弃。变量有以下三个特征：

(1) 每一个变量有一个变量名。

(2) 每一个变量有一个类型。

(3) 每一个变量保存一个值。

变量在使用之前需要先声明其类型和名称。

变量声明语句的形式如下：

数据类型　变量名 1，变量名 2，…，变量名 n;

例如：

```
int i, j;
char a;
```

分别声明了两个整型变量 i、j 和一个字符型变量 a。

2. 变量赋值与初始化

在声明变量的同时，可以给它赋以初值，称为变量初始化。赋值形式如下：

数据类型　标识符 1(初始值 1)，…，标识符 n(初始值 n);

数据类型　标识符 1=初始值 1，…，标识符 n=初始值 n;

例如：

```
double price=15.5;
int size(100);
```

以上第一个语句表示定义双精度型变量 price，并将其初始值赋为 15.5；第二个语句表示定义整型变量 size，并赋值为 100。

3. 整型变量

整型变量可分为有符号短整型、无符号短整型、有符号整型、无符号整型、有符号长整型、无符号长整型。

例如：

```
int   a,b;              //指定变量 a、b 为整型
```

```
unsigned short int   c,d;        //指定变量 c、d 为无符号短整型
                                 //该语句中的 int 可不写，但上条语句中的 int 必须写
long e，f;                       //指定 e、f 为长整型
```

注意：对变量的定义一般放在一个函数的开头部分。

4. 实型变量

C++ 语言的实型变量可分为以下两种：

(1) 单精度型：类型关键字为 float，一般占 4 个字节。

(2) 双精度型：类型关键字为 double，一般占 8 个字节。

例如：

```
float   x,y;                     //指定 x、y 为单精度实型变量
double  w;                       //指定 w 为双精度实型变量
```

5. 字符变量

字符变量用来存储字符常量。注意：每个字符变量只能存放一个字符，一般一个字节存放一个字符，即一个字符变量在内存中占一个字节。将一个字符常量放到一个字符变量中，并不是把该字符本身放到内存单元中，而是将该字符的 ASCII 码值(无符号整数)以二进制的形式存储到内存单元中。字符变量的类型关键字为 char。

【例 2-1】 字符类型与数值类型间的转换。

程序如下：

```cpp
#include<iostream>
using namespace std;
int main()
{
    char    ch1, ch2;            //定义两个字符变量：ch1，ch2
    ch1= 'a';                    //给字符变量 ch1 赋值字母 a
    ch2='b';                     //给字符变量 ch2 赋值字母 b
    cout<< " ch1= "<<ch1<<'\t'<<" ch2 = "<<ch2<<" \n" ;
    cout<< " ch1="<<(int)ch1<<" ch2 = "<<(int)ch2<<" \n" ;
                                 //(int)类型强制转换为整型
    return 0;
}
```

运行结果：

```
ch1=a     ch2=b
ch1=97    ch2=98
```

C++ 语言还允许对字符型数据进行算术运算，此时就是对它们的 ASCII 码值进行算术运算。字符型数据与整型数据可以互相赋值。

【例 2-2】 字符型数据与整型数据互相赋值。

程序如下：

```cpp
#include<iostream>
```

```
using namespace std;
int main()
{
    char    ch1, ch2;
    ch1='a'; ch2='b';
    ch1=ch1-32;              //字符型数据 ch1 减掉 32 再重新赋给 ch1
    ch2=ch2-32;              //字符型数据 ch2 减掉 32 再重新赋给 ch2
    printf( "ch1= %c , ch2= %c\n", ch1, ch2 );
    printf( "ch1= %d , ch2= %d\n", ch1, ch2 );
    return 0;
}
```

运行结果：

ch1=A，ch2=B

ch1=65，ch2=66

可以看到，例 2-2 的作用是将小写字母 a 转换成大写字母 A，将小写字母 b 转换成大写字母 B。C++ 语言对字符型数据的这些处理增加了程序设计时的自由度。

2.2.4　表达式(Expressions)

表达式是计算求值的基本单位，它是由运算符和运算数组成的式子。运算符是表示进行某种运算的符号，运算数包含常量、变量和函数等。运算符具有优先级，当一个表达式中包含多个运算符时，先进行优先级高的运算，再进行优先级低的运算；当表达式中出现多个相同优先级的运算时，运算顺序就要看运算符的结合性了。所谓结合性，是指当一个操作数左右两边的运算符的优先级相同时，按什么样的顺序进行运算，是从左向右，还是从右向左。

(1) 一个表达式的值可以用来参与其他操作。

(2) 一个常量或标识对象的标识符是一个最简单的表达式，其值是常量或对象的值。

2.3　运算符与表达式

(Operators and Expressions)

运算符就是对数据(也称操作数，可以是常量或变量)进行指定操作、运算并产生新值的特殊符号。C++ 语言中定义了丰富的运算符，如算术运算符、关系运算符及逻辑运算符等。运算数包含常量、变量和函数等。

C++ 语言的运算符按其在表达式中与运算对象的关系(连接运算对象的个数)可分为以下三类：

(1) 单目运算(一元运算符，只需一个操作数)；

(2) 双目运算(二元运算符，需两个操作数)；

(3) 三目运算(三元运算符，需三个操作数)。

下面给出左值和右值的定义。

左值(left value，简写为 lvalue)是指只能出现在赋值表达式左边的表达式。左值表达式具有存放数据的空间，而且存放是允许的。例如：

```
int a=3;              //a 是变量，所以 a 是左值
const int b=4;        //b 是常量，所以 b 不是左值
```

显然，常量不是左值，因为 C++规定常量的值一旦确定就不能更改。

右值(right value，简写为 rvalue)是指只能出现在赋值表达式右边的表达式。左值表达式也可以作为右值表达式。例如：

```
int a,b=6;
a=b;                  // b 是变量，所以是左值，此处作为右值
a=8;                  // 8 是常量，只能作右值，不能作为左值
```

表达式可产生左值、右值或不产生值。例如：

```
int a;
(a=4)=28;
    //a=4 是左值表达式，可以被赋以值 28
    /* 28 是右值表达式，而 a=4 是左值表达式(C++ 的语法规定)，所以可以放在赋值语句的左边。
该语句表示将刚刚赋给 a 的值 4 用 28 代替*/
```

2.3.1 算术运算符与算术表达式(Arithmetic Operators and Arithmetic Expressions)

算术运算符在编写程序中是最常用的一种运算符。

1. 算术运算符

算术运算符有双目运算和单目运算两种，包括：

(1) +：加法运算符，也称正值运算符，如 12+2、+8。

(2) −：减法运算符，也称负值运算符，如 56−2、−8。

(3) *：乘法运算符，如 3*7。

(4) /：除法运算符，如 2/5。

(5) %：模运算符，也称求余运算符，如 7%3=1。

2. 算术表达式

算术表达式是由数值运算符和位操作运算符组成的表达式。算术表达式的值是一个数值。算术表达式的类型由运算符和运算数确定。例如，a+3*(b/2)就是一个算术表达式。

3. 算术类型转换

C++中算术类型转换有两类，即隐式类型转换和显式类型转换。

1) 隐式类型转换

隐式类型转换是由编译器自动完成的类型转换。当编译器遇到不同类型的数据参与同一运算时，会自动将它们转换为相同类型后再进行运算，赋值时会把所赋值的类型转换为与被赋值变量的类型一样。隐式类型转换按从低到高的顺序进行，如图 2-2 所示。

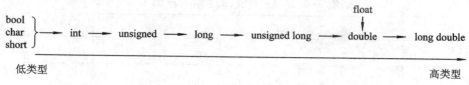

图 2-2　隐式类型转换

2) 显式类型转换

显式类型转换是由程序员显式指出的类型转换，其转换形式有以下两种：

　　类型名(表达式)

或

　　(类型名)表达式

这里的"类型名"是指任何合法的 C++ 数据类型，如 float、int 等。通过类型的显式转换可以将"表达式"转换成适当的类型。例如，"double f=3.6;"将 f 转换成 int 类型可以写成"int n=(int)f;"，这样 n 为 3。

2.3.2　关系运算与逻辑运算(Relation Operate and Logic Operate)

1．关系运算符

C++提供了一组关系运算符，以实现对数据的关系比较。C++中的关系运算符如下：

　　<(小于)，　　　　　<=(小于等于)，　　　　　>(大于)，

　　>=(大于等于)，　　==(等于)，　　　　　　　!=(不等于)

注意：

(1) 关系运算符用于两个值的比较，运算结果为 true(真)或 false(假)，分别用非零(true)或 0(false)表示。

(2) 关系运算符都是双目运算符，其结合性是从左到右的，<、<=、>、>=运算符的优先级相同，==和!=运算符的优先级相同，<、<=、>、>=的优先级高于==、!=。

(3) 关系运算符的优先级低于算术运算符。

　　例如：

　　　　a+b>c 等价于(a+b)>c；

　　　　a!=b>c 等价于 a!=(b>c)。

2．逻辑运算符

逻辑运算符用于进行复杂的逻辑判断。逻辑运算符的操作数类型为 bool 型，其返回类型亦为 bool 型。C++ 中的逻辑运算符如下：

　　&&(逻辑与)，　‖(逻辑或)，!(逻辑非)

注意：

(1) 逻辑表达式的结果为真则为 1，结果为假则为 0。

(2) 逻辑非(!)是单目运算符，逻辑与(&&)与逻辑或(‖)为双目运算符。

(3) 逻辑非的优先级最高，逻辑与次之，逻辑或最低。

C++ 中逻辑运算的真值表如表 2-4 所示。

表 2-4　C++中逻辑运算的真值表

a	b	a && b	a ‖ b	!a	!b
0	0	0	0	1	1
0	非 0	0	1	1	0
非 0	0	0	1	0	1
非 0	非 0	1	1	0	0

(4) C++对于二元运算符&&和‖可进行短路求值(short-circuit evaluation)。由于&&与‖表达式按从左到右的顺序进行计算，因此如果根据左边的计算结果能得到整个逻辑表达式的结果，那么右边的计算就不需要进行了，该规则叫短路求值。

① 当多个表达式用&&连接时，若一个为假，则整个连接为假。

例如：

```
int n=3,m=6;
if(n>4&&m++<10)
    cout<<"m should not changed.\n";
cout<<"m="<<m<<endl;
```

输出结果为 m=6。

由于 n>4 的比较值为 0，所以整个表达式的值不用看后面就知道为 0。因此，后面的表达式不被执行。这样 m 的值只是 6，而不是 7。

② 当多个表达式用 ‖ 连接时，若一个为真，则整个连接为真。

例如：

```
int i=l,j;
```

则表达式 i++ ‖ i++ ‖ i++的值为 1(真)，运算结束后，变量 i 的值为 2，而不是 4。因为进行第一个 i++运算时，其值为 1(真)，这时整个逻辑表达式的值为真已能确定，所以就不再进行后面的计算了。因此，变量只进行了一次自加运算，其值为 2。

2.3.3　赋值运算符与赋值表达式(Assignment Operator and Assignment Expression)

赋值运算用于实现对变量的赋值，即为已声明的变量赋一个特定值。C++中的赋值运算符除了对变量进行赋值以外，作为一种运算符，还具有运算的结果。赋值运算符是双目运算符。

1. 赋值运算

(1) 赋值运算符 "=" 的一般格式如下：

变量=表达式；

表示将其右侧的表达式求出结果，赋给其左侧的变量。例如：

```
int i;
i=3*(4+5);          //i 的值变为 27
```

(2) 赋值表达式本身的运算结果是右侧表达式的值，而结果类型是左侧变量的数据类型。例如：

```
int i=1.2*3;          //结果为 3，而不是 3.6
```

(3) 赋值运算符的结合性是从右至左的，因此，C++程序中可以出现连续赋值的情况。例如，下面的赋值是合法的：

```
int i,j,k;
i=j=k=10;          //i、j、k 都赋值为 10
```

(4) 复合运算符如下：

+= (加赋值)：a+=b 等价于 a=a+b。

-= (减赋值)：a-=b 等价于 a=a-b。

= (乘赋值)：a=b 等价于 a=a*b。

/= (除赋值)：a/=b 等价于 a=a/b。

%= (取模赋值)：a%=b 等价于 a=a%b。

<<= (左移赋值)：a<<=b 等价于 a=a<<b。

>>= (右移赋值)：a>>=b 等价于 a=a>>b。

&= (与赋值)：a&=b 等价于 a=a&b。

^= (异或赋值)：a^=b 等价于 a=a^b。

|= (或赋值)：a|=b 等价于 a=a | b。

例如：

```
int a=12;
a+=a;
```

表示 a=a+a=12+12=24。

又如：

```
int a=12;
a+=a-=a*=a;
```

表示：

```
a=a*a          //a=12*12=144
a=a-a          //a=144-144=0
a=a+a          //a=0+0=0
```

2. 自增与自减运算符

自增(++)、自减(--)运算符是 C++ 中使用效率很高的两个运算符，且都是单目运算符，为变量的增 1 和减 1 提供了紧凑格式。自增、自减运算符有以下四种应用格式：

```
int a=3;b=a++;          等价于          b=a;a=a+1;
int a=3;b=a--;          等价于          b=a;a=a-1;
int a=3;b=++a;          等价于          a=a+1;b=a;
int a=3;b=--a;          等价于          a=a-1;b=a;
```

上述应用格式中，前两种为运算符后置用法，代表先使用变量，再对变量增值，即后增量；后两种为运算符前置用法，代表先对变量增值，再使用变量，即前增量。

C++ 编译器在处理时尽可能多地自左向右将运算符结合在一起。

例如：a+++b 表示(a++)+b，而不是 a+(++b)。

在调用函数时，实参的求值顺序一般为自右向左。

例如：

```
int a=1;
cout<<a++<<" "<<a++<<" "<<a++<<endl;
```

输出的结果为 3，2，1，而不是 1，2，3。

由于 ++、-- 运算符内含了赋值运算，所以运算对象只能作用于左值，不能作用于常量和表达式。例如，5++、(x+y)++ 都是不合法的。

【例 2-3】 自增、自减运算符的用法与运算规则示例。

程序如下：

```
#include<iostream>
using namespace std;
int main()
{
    int x=6, y;
    cout<<"x=   "<<x<<endl;              //输出 x 的初值
    y = ++x;                            //前置运算，x 的值先增 1，再赋值给 y
    cout<<"x= "<<x<<"   y ="<<y<<endl;
    y = x--;                            //后置运算，x 先赋值给 y，再减 1
    cout<<"x="<<x<<"   y = "<<y<<endl;
    return 0;
}
```

运行结果：

```
x=6
x=7    y=7
x=6    y=7
```

2.3.4　条件运算符与逗号表达式(Condition Operator and Comma Expression)

1．条件运算符

在 C++中只提供了一个三目运算符，即条件运算符 "?:"，其一般形式如下：

表达式 1？表达式 2:表达式 3

条件运算的运算规则是：首先判断表达式 1 的值，若其值为真(非 0)，则取表达式 2 的值为整个表达式的值；若其值为假(0)，则取表达式 3 的值为整个表达式的值。例如：

max=((a>b)?a:b)

该例定义了两个数 a 和 b 中的最大值，其中运用了条件运算符。

【例 2-4】 用条件运算符判断成绩是否及格。

程序如下：

```
#include <iostream>
```

```
using namespace std;
int main()
{
        int score;
        cout<<"请输入一个成绩: ";
        cin>>score;
        cout<<"该成绩"<<(score>=60?"及格":"不及格")<<endl;
        return 0;
}
```

运行结果:

请输入一个成绩: 90✓

该成绩及格

注意:

(1) 条件运算符的结合性是自右向左的。例如, a>b?a:c>d?c:d 相当于 a>b?a:(c>d?c:d)。

(2) 条件运算符的优先级别高于赋值运算符, 低于关系运算符和算术运算符。例如, a>b?a-b:b-a 相当于 a>b?(a-b):(b-a)。

2. 逗号表达式

逗号运算符用于将多个表达式连在一起, 并按各表达式从左到右的顺序依次求值, 但只有其最右端的表达式的结果作为整个逗号表达式的结果。逗号表达式的一般格式如下:

表达式 1, 表达式 2, …, 表达式 n

例如:

```
int a=3,b=4,c=5;
a+b,b+c,c+a;
```

表示先求解 a+b, 再求解 b+c, 最后求解 c+a, 整个表达式的结果为 c+a 的结果。

注意:

(1) 逗号表达式还可以用于函数调用中的参数。例如:

```
func(n,(j=1,j+4),k)
```

该函数调用 3 个参数, 中间的参数是一个逗号表达式。括号是必需的, 否则, 该函数就有 4 个参数了。

(2) C++中, 如果逗号表达式的最后一个表达式为左值, 则该逗号表达式为左值。例如:

```
a=1,b,c+1,d=5;        //d=5
```

2.3.5　表达式的副作用和表达式语句(Expression Side-Effect and Expression Statement)

1. 运算符的优先级

运算符的优先级决定了表达式中各个运算符执行的先后顺序。若同一优先级的优先级别相同, 则运算次序由结合方向决定。例如, 1*2/3 中, * 和 / 的优先级别相同, 其结合方向为自左向右, 则等价于(1*2)/3。运算符的结合方式有两种: 左结合和右结合。大多数运算符都是从左到右计算, 只有单目、三目、赋值三类运算符的结合方向是从右到左。对于表达式：

  exp1 + exp2;

先计算 exp1 还是 exp2，不同的编译器有不同的做法。在 C++ 中，对简单的表达式，交换律是成立的，但对复合表达式，交换律未必成立。例如：

  int a=3, b=5, c=;

  c=a*b+ ++b;

与

  c=++b+a*b;

在 VC++中，前者的运行结果为 21，后者为 24。

  在表达式中，括号的优先级是最高的。C++ 中，对于简单的表达式，括号优先可以做到，但复合表达式未必如此，值顺序使括号失去作用。例如：

  int a=3,b=5,c;

  c=++b*(a+b);

在 VC++中，结果为 54，而不是 48，这是因为应先将括号外面的表达式求值。

2．求值次序与副作用

  在数学上，对于双目运算符，不论先计算哪一个操作数，都要求最终的计算结果一样。C++ 中，在计算一个操作数时，该计算会改变(影响)另一个操作数，从而导致因操作数的不同，产生不同的最终计算结果。因操作数计算次序不同而产生不同结果的表达式为带副作用的表达式。这种表达式在计算时会影响其他操作数的值。引起副作用的运算符为带副作用的运算符。例如，++、-- 以及各种赋值运算符都为带副作用的运算符。

  例如：

  x=1,(x+2)*(++x)

应先计算 x+2 表达式的值为 6。若先计算++x，则由于修改了 x+2 中 x 的值，因此计算结果为 8。

  C++中规定，应先计算逻辑与(&&)和逻辑或(||)的第一个操作数，再计算第二个操作数，以便进行短路求值。条件(?:)、逗号(,)运算符也规定了操作数的计算次序。除此以外，其他运算符没有规定操作数的计算次序，计算次序由具体的编译器决定。因此在含这些运算符的表达式中，应避免在操作数中引入带副作用的运算符。

3．副作用的消除

  在前面例子中产生歧义的原因主要是 ++x。++x 具有变量 x 的修改(副作用)和提供表达式值两个操作。同样，赋值表达式也会引起副作用。例如：

  int a,b=20;

  a=(b=25)+b;

  解决表达式副作用的方法是分解表达式语句，即将复合表达式语句写成几个简单的表达式语句。例如，下面的代码表示用多个语句代替前面有副作用的表达式语句：

  c=b+a*b;b++;

或者

  b++;c=b+a*b;

2.4　C++程序的基本控制结构

(Basic Control Structure of C++ Program)

2.4.1　程序的结构与控制(Program Structure and Control)

1. 程序结构

结构化程序设计强调程序设计风格和程序结构的规范化,规定了几种具有良好特性的"基本结构",将它们作为构成程序的基本单元,每一种基本结构可以包含一个或多个语句。这些基本结构具有以下特点:

(1) 只有一个入口。

(2) 只有一个出口。

(3) 结构内的每一部分都有机会被执行到。

(4) 结构内不存在"死循环"。

1) 顺序结构

顺序结构中,A 和 B 两个框是顺序执行的,即在执行完 A 框所指定的操作后,必然接着执行 B 框所指定的操作,如图 2-3 所示。

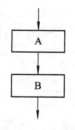

图 2-3　顺序结构

2) 选择结构

选择结构中必包含一个判断框,根据给定的条件 P 是否成立而选择执行 A 框或 B 框,即无论条件 P 是否成立,只能执行 A 框或 B 框,如图 2-4 所示。当然,A 或 B 可以有一个是空的,如图 2-5 所示。

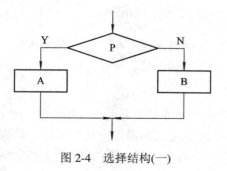

图 2-4　选择结构(一)

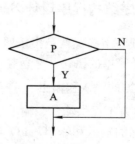

图 2-5　选择结构(二)

3) 循环结构

(1) 当型(while 型)循环结构。

当型循环结构中，在执行 while 语句时，首先计算表达式的值，当值为真(非 0)时，执行循环体语句，然后重复上述过程，直到循环条件表达式的值为假(0)时，循环结束，程序控制转至 while 循环语句的下一语句，如图 2-6 所示。

(2) 直到型(until 型)循环结构。

直到型循环结构中，do…while 语句首先执行循环体一次，再判别表达式的值，若为真(非 0)则继续循环，否则终止循环，如图 2-7 所示。

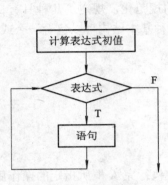

图 2-6　当型循环结构

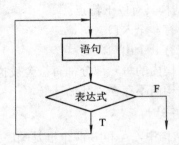

图 2-7　直到型循环结构

2．控制语句

控制语句用以完成一定的控制功能，C++有 9 种控制语句，分别如下：

(1) if()…else…：条件语句。

(2) for()…：循环语句。

(3) while()…：循环语句。

(4) do…while()：循环语句。

(5) switch：多分支选择语句。

(6) continue：结束本次循环。

(7) break：终止 switch 或循环语句。

(8) return：返回语句。

(9) goto：转向语句。

2.4.2　顺序结构程序设计(Sequence Structure Programming)

所谓顺序结构，就是指按照语句在程序中的先后次序一条一条地顺次执行。顺序控制语句是一类简单的语句，它包括表达式语句、输入/输出等。

1．数据的输入和输出

C++语言不提供输入、输出语句，而是提供一个面向对象的 I/O 软件包，用 I/O 流类库来实现数据的输入和输出。I/O 流是指数据从键盘流入到正在运行的程序或从程序流向屏幕、磁盘文件。C++定义了运算符"<<"和">>"的 iostream 类。这里只介绍如何利用 C++

的标准输入/输出流实现数据的输入/输出功能。

2. I/O 的基本格式

1) 输入语句

当程序需要执行键盘输入时，可以使用抽取操作符"＞＞"从输入流 cin 中抽取键盘输入的字符和数字，并把它们赋给指定的变量。cin 用于输入流操作，与抽取操作符"＞＞"配合可以实现从键盘输入数据。

输入语句的一般格式如下：

　　cin >> <变量名 1>[>> <变量名 2> >>…>> <变量名 n>];

例如：

```
#include<iostream>
using namespace std;
int main()
{
        int a;
        cin>>a;
        return 0;
}
```

注意：这里的抽取操作符"＞＞"与位移运算符"＞＞"是同样的符号，但这种符号在不同的地方其含义是不一样的。

2) 输出语句

当程序需要在屏幕上显示输出时，可以使用插入操作符"＜＜"向输出流 cout 中插入字符和数字，并把它们显示在屏幕上。cout 用于输出流操作，与插入操作符"＜＜"配合可以实现向屏幕输出数据。

输出语句的一般格式如下：

　　cout<< <表达式 1> [<< <表达式 2> <<…<< <表达式 n>];

例如：

```
#include<iostream>
using namespace std;
int main()
{
        cout<<"Hello.\n";
        return 0;
}
```

与输入一样，这里的插入操作符"＜＜"与位移运算符"＜＜"是同样的符号，但这种符号在不同的地方其含义是不一样的。

在 C++ 程序中，cin 与 cout 允许将任何基本数据类型的名字或值传给流，而且书写格式较灵活，可以在同一行中串联书写，也可以分写在几行，以提高可读性。例如：

```
cout<<"hello";
```

```
cout<<3;
cout<<endl;
```

等价于

```
cout<<"hello"<<3<<endl;
```

也等价于

```
cout<<"hello"            //注意：行末无分号
         <<3             //行末无分号
              <<endl;
```

又如：

```
int a;
double b;
cin>>a>>b;               //cin 可分辨不同的变量类型
```

3) I/O 流的常用控制符

用控制符(manipulators)可以对 I/O 流的格式进行控制。C++ 在头文件 iomanip 中定义了控制符对象，可以直接将这些控制符嵌入到 I/O 语句中进行格式控制。在使用这些控制符时，要在程序的开头包含头文件 iomanip.h。表 2-5 列出了 I/O 流的常用控制符。

表 2-5 I/O 流的常用控制符

控 制 符	描 述
dex	置基数为 10
oct	置基数为 8
hex	置基数为 16
setfill(w)	设填充字符为 w
setprecision(m)	设显示小数精度为 m 位
setw(m)	设域宽为 m 个字符
setiosflags(ios::fixed)	固定的浮点数显示
setiosflags(ios::scientific)	浮点数采用科学记数法表示
setiosflags(ios::right)	右对齐
setiosflags(ios::left)	左对齐
setiosflags(ios::skipws)	忽略前导空白
setiosflags(ios::lowercase)	十六进制数小写输出
setiosflags(ios::uppercase)	十六进制数大写输出
setiosflags(ios::showpoint)	强制显示小数点符号
seriosflags(ios::showpos)	强制显示符号

【例 2-5】 使用格式控制字符控制不同进制的输出示例。

程序如下：

```
#include<iostream>
#include<iomanip>
```

```
    using namespace std;
    #include<iomanip.h>
    void main()
    {
        int a=27;
         float x=3.14;
         cout<<"a="<<oct<<a<<" a="<<hex<<a<<endl;
                            //分别以八进制和十六进制的形式输出 a
         cout<<"x="<<x<<setw(10)<<"x="<<x<<endl;
         cout<<setiosflags(ios::fixed)<<"x="<<x<<endl;
    }
```

运行结果：

```
    a=33        a=1b
    x=3.14                 x=3.14
    x=3.140000
```

【例 2-6】　使用格式控制字符控制输出宽度和空位填充示例。

程序如下：

```
    #include<iostream>
    #include<iomanip>            //setfill 在头文件 iomanip 中定义
    using namespace std;
    void main()
    {
        cout<<setfill(' % ')<<setw(3)<<11<<endl<<setw(5)<<11<<endl;
        cout<<setfill('   ');
    }
```

运行结果：

```
    %11
    %%%11
```

【例 2-7】　使用格式控制字符控制输出精度和正、负号的显示示例。

程序如下：

```
    #include<iostream>
    #include<iomanip>
    using namespace std;
    void main()
    {
        double a=1.234567;
        cout<<setprecision(3)<<a<<endl;
        cout<<20.0/4<<endl;
        cout<<setiosflags(ios::showpoint)<<20.0/4<<endl;            //强制显示小数点
```

```
    cout<<20<<" "<<-30<<endl;
    cout<<setiosflags(ios::showpos)<<20<<" "<<-30<<endl;        //强制显示符号
}
```

运行结果：

1.23

5

5.00

20　　−30

+20　　−30

如果希望显示的数字是 1.23，即保留两位小数，则可用 setprecision(n)控制符加以控制，此时显示 3 位有效位。当小数位数截短显示时，进行四舍五入处理。C++ 默认的输出流数值的有效位是 6。

【例 2-8】　使用格式控制字符控制左右对齐示例。

程序如下：

```
#include<iostream>
#include<iomanip>
using namespace std;
void    main()
{
        cout<<setiosflags(ios::right)<<setw(4)<<4<<setw(4)<<5<<endl;
                                //右对齐
        cout<<setiosflags(ios::left)<<setw(4)<<6<<setw(4)<<7<<endl;
                                //左对齐

}
```

运行结果：

　　　　4　　　5

　　6　　7

默认情况下，C++程序的 I/O 流以左对齐方式显示输出的内容。使用控制符 setiosflags(ios::left)和 setiosflags(ios::right)，可以控制输出内容的左对齐和右对齐方式。setiosflags(ios::left)和 setiosflags(ios::right)控制符在头文件 iomanip.h 中定义。

3. 字符输入、输出函数

1) 字符输入函数 getch()、getche()和 getchar()

getch()：直接从键盘接收一个字符，如 char c1; c1=getch();表示将一个从键盘输入的字符赋给字符型变量 c1，在屏幕上不回显该字符。

getche()：直接从键盘接收一个字符，并在屏幕上回显该字符。

getchar()：从键盘接收一个字符，并在屏幕上回显该字符，在按回车键后该字符才进入内存。

【例 2-9】　输入、输出函数示例。

程序如下：

```
#include<iostream>
using namespace std;
#include<conio.h>
void main()
{
    char c1;
    c1=getch();
    cout<<"c1="<<c1<<endl;
    c1=getche();
    cout<<"c1="<<c1<<endl;
    c1=getchar();
    cout<<"c1="<<c1<<endl;
}
```

运行结果：

```
c1=A
Bc1=B
C
c1=C
```

注意：

当使用 getch()、getche()时，必须将有关的头文件 conio.h 包含进源文件。

2) 字符输出函数 putch()和 putchar()

putch()和 putchar()的功能是在屏幕上以字符形式显示字符变量 ch。例如：

```
char c1='M';
putch(c1);        /*在屏幕上显示字符 M，这里将 putch()换成 putchar()其结果是一样的*/
```

4. 顺序结构程序举例

【例 2-10】　编写程序计算圆的面积 s 和周长 1。

```
#include<iostream>
using namespace std;
const float PI=3.14159;
void main()
{
    float s,l,r;
    cout<<"Please Input r： ";
    cin>>r;
    s=PI*r*r;
    l=2*PI*r;
    cout<<"r="<<r<<" s="<<s<<" l="<<l<<endl;
```

```
}
```

运行结果：

```
Please Input r:10
r=10    s=314.159    l=62.8381
```

【例 2-11】 从键盘上输入一个三位数，然后逆序输出。例如，输入 123，输出 321。

程序如下：

```
#include<iostream>
using namespace std;
void main()
{
    int n,i,j,k;
    cin>>n;
    i=n/100;                //求百位上的数字
    n=n-i*100;
    j=n/10;                 //求十位上的数字
    n=n-j*10;               //求个位上的数字
    k=n;
    cout<<"逆序数为: "<<k<<j<<i<<endl;
}
```

运行结果：

```
123
```

逆序数：

```
321
```

【例 2-12】 已知三角形的两边 A、B 及其夹角 alfa，求第三边 C 及面积 S。

分析：根据三角形公式可知：

$$C = \sqrt{A^2 + B^2 - 2AB\cos(alfa)}$$

$$S = \frac{1}{2}AB\sin(alfa)$$

程序如下：

```
#include<iostream>
# include <cmath>
#define   PI   3.1415926
using namespace std;
void main()
{
    float   A，B，C，S，alfa;
    cin>>A>>B>>alfa;
    alfa=alfa*PI/180;
```

```
        C=sqrt(A*A+B*B-2*A*B*cos(alfa));
        S=0.5*A*B*sin(alfa);
        cout<<"A="<<A<<"B="<<B<<"alfa="<<alfa<<endl;
        cout<<"第三边长 C="<<C<<"面积 S="<<S<<endl;
    }
```

运行时输入为：12　43　30<CR>

运行结果：

　　A=12　B=43　alfa=0.532599

　　第三边长 C=33.1551 面积 S=129

2.4.3　选择结构程序设计(Branching Structure Programming)

通常计算机程序是按语句在程序中书写的顺序来执行的，然而在许多情况下，语句执行的顺序需要依赖于输入的数据或表达式的值。在这种情况下，必须根据某个变量或表达式的值作出判断以决定执行哪些语句或跳过哪些语句不执行，这种程序结构称为选择结构。在编写选择语句之前，应该首先明确判断条件是什么，并确定当判断结果为"真"或"假"时应分别执行什么样的操作(算法)。

为了实现选择结构程序设计，C++语言提供了条件语句(if 语句和 if…else 语句)和开关语句(switch 语句)。本节将介绍这两个语句及选择结构程序设计方法。

1．条件语句

1) if 语句

if 语句的语法格式为：

```
        if (条件表达式)
                语句;
```

或

```
        if (条件表达式)
        {
            语句序列;
        }
```

上述语句的意义为：如果条件表达式进行一次测试，且测试为真，则执行后面的语句。当语句序列只包含一条语句时，包围该语句序列的花括号可以省略。

【例 2-13】　读入三个数，按从小到大的顺序把它们打印出来。

程序如下：

```
    #include<iostream>
    using namespace std;
    void main()
    {
        double a,b,c,t;
        cout<<"请输入三个数:\n";
```

```
        cin>>a>>b>>c;
         if(a>b)
            {
                t=a;a=b;b=t;
            }
         if(a>c)
            {
                t=a;a=c;c=t;
            }
         if(b>c)
            {
                t=b;b=c;c=t;
            }
         cout<<a<<"\t"<<b<<"\t"<<c<<endl;
    }
```

2) 空语句

编译器必须在 if 条件表达式的后面找到一个作为语句结束符的分号";"，以标志 if 语句的结束。例如，下面的代码：

```
        if(条件表达式);            //空语句作 if 中的语句
         语句；
```

表示不管条件表达式为真或假，总是接着执行分号后的语句，即相当于 if 语句不做任何事。

3) if…else 语句

if…else 语句的语法格式如下：

```
        if(条件表达式)
            {
                语句序列 1;
            }
         else
            {
                语句序列 2;
            }
```

上述语句的意义为：如果"条件表达式"的判断结果为真，则执行语句序列 1；如果"条件表达式"的判断结果为假，则执行语句序列 2。

【例 2-14】　判断键盘输入的整数是否为偶数，若是则输出 is，若不是则输出 not。

程序如下：

```
    #include<iostream>
    using namespace std;
    void main()
```

```
    {
        int x;
        cout<<"请输入一个整数:\n";
        cin>>x;
        if (x%2==0 ) cout<<"is"<<endl;
        else cout<<"not"<<endl;
    }
```

4) 语句嵌套

当多个 if…else 语句嵌套时，为了防止出现二义性，C++ 语言规定，由后向前使每一个 else 都与其前面最靠近它的 if 配对。如果一个 else 的上面又有一个未经配对的 else，则先处理上面的(内层的)else 的配对。

例如，判断 a、b、c 三个数中的最大值：

```
    if (a>b)
      if(a>c)
        max=a;
    else
      max=c;
    else
      if(b>c)
        max=b;
    else
        max=c;
```

当多个 if…else 语句嵌套时，在容易误解的地方可以按照语法关系加上花括号来标识逻辑关系的正确性。上例可以改写如下：

```
    if (a>b)
      {
        if(a>c)
            max=a;
        else
            max=c;
      }
    else
      {
        if(b>c)
            max=b;
        else
            max=c;
      }
```

【例 2-15】 求一元二次方程 $ax^2+bx+c=0$ 的根。其中，系数 $a(a \neq 0)$、b、c 的值由键盘输入。

程序如下：

```cpp
#include <iostream>
#include <cmath>
using namespace std;
void main()
{
    float a, b, c, delta ,x1, x2;
    const float zero=0.0001;
    cout<<"输入三个系数 a(a!=0), b, c:"<<endl;
    cin>>a>>b>>c;
    cout<<"a="<<a<<'\t'<<"b="<<b<<'\t'<<"c="<<c<<endl;
    delta=b*b-4*a*c;
    if(delta==0)
{
    cout<<"方程有两个相同实根: ";
    cout<<"x1=x2="<<-b/(2*a)<<endl;
}
    else if(delta>0)
    {
        delta=sqrt(delta);
        x1=(-b+delta)/(2*a);
        x2=(-b-delta)/(2*a); cout<<"方程有两个不同实根:";
        cout<<"x1="<<x1<<'\t'<<"x2="<<x2<<endl;
    }
        else    cout<<"方程无实根!";              //delta<0
}
```

运行结果：

```
输入三个系数 a(a!=0), b, c:
1 –8 12
a=1           b=-8        c=12
方程有两个不同实根：x1=6    x2=2
```

2. switch 语句

switch 语句是多分支的选择语句。嵌套的 if 语句可以处理多分支选择，但是用 switch 语句更加直观。

switch 语句的语法格式如下：

switch (整数表达式)

```
    {
        case 常量表达式 1：<语句序列 1>；
        case 常量表达式 2：<语句序列 2>；
        …
        case 常量表达式 n：<语句序列 n>；
        default：<语句序列 n+1>；
    }
```

switch 语句的执行流程如图 2-8 所示。

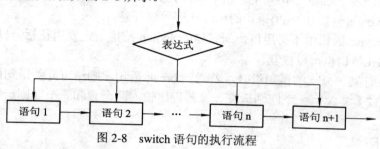

图 2-8　switch 语句的执行流程

switch 语句的执行顺序是：首先对"整数表达式"进行计算，得到一个整型常量结果，然后从上到下寻找与此结果相匹配的常量表达式所在的 case 语句，以此作为入口，开始顺序执行入口处后面的各语句，直到遇到 break 语句，才结束 switch 语句，转而执行 switch 结构后的其他语句。如果没有找到与此结果相匹配的常量表达式，则从 default：处开始执行语句序列 n+1。

【例 2-16】　根据考试成绩的等级输出百分制分数段。

程序如下：

```cpp
#include<iostream>
using namespace std;
void main()
{
    char grade;
    cout<<"请输入成绩等级：\n";
    cin>>grade;
    switch (grade)
    {
    case 'A': cout << "85～100\n";break;
    case 'B': cout << "70～84\n";break;
    case 'C': cout << "60～69\n";break;
    case 'D': cout << "<60\n";break;
    default: cout << "error\n";break;
    }
}
```

运行结果：

A

85～100

说明：

(1) default 语句是可缺省的。

(2) switch 后面括号中的表达式只能是整型、字符型或枚举型表达式。

(3) 各个分支中的 break 语句起退出 switch 语句的作用。

(4) case 语句起标号的作用。标号不能重名。

(5) 可以使多个 case 语句共用一组语句序列。

(6) 各个 case(包括 default)语句的出现次序可以任意。

(7) 每个 case 语句中不必用{ }，而整体的 switch 结构一定要用花括号{ }。

(8) switch 结构也可以嵌套。

(9) 在执行某一分支的语句组时，若遇到 break 语句，则结束开关语句的执行。

【例 2-17】 编写一个四则运算计算器程序输入两个数和一个四则运算符，输出运算结果。

程序如下：

```cpp
#include<iostream>
using namespace std;
void main()
{
    float operandl,operand2,result;
        char operato;
        cin>>operandl>>operato>>operand2;
        switch(operato)              //由 operato 的值决定执行哪一条 case 语句
        {
            case '+':   result=operandl+operand2;
                        cout<<"result="<<result<<endl;          break;
            case '-':   result=operandl-operand2;
                        cout<<"result="<<result<<endl;          break;
            case '*':   result=operandl*operand2;
                        cout<<"result="<<result<<endl;          break;
            case '/':   result=operandl/operand2;
                        cout<<"result="<<result<<endl;          break;
            default:    cout<<"Illegal operato, error!\n";
        }
}
```

运行结果：

18*3

result=54

2.4.4　循环结构程序设计(Looping Structure Programming)

若干个在一定的条件下反复执行的语句就构成了循环体，循环体连同对循环的控制就组成了循环结构。

C++提供了三种循环控制语句：while 语句、do…while 语句和 for 语句。这三种语句都由相似的三部分组成：进入循环的条件、循环体、退出循环的条件。它们完成的功能也类似。所不同的只是三者进入与退出循环的方式不同。

(1) while 语句：当条件满足时进入，重复执行循环体，直到条件不满足时退出。

(2) do…while 语句：无条件进入，执行一次循环体后判断是否满足条件，当满足条件时重复执行循环体，直到不满足条件时退出。

(3) for 语句：当循环变量在指定范围内变化时，重复执行循环体，直到循环变量超出了指定的范围时退出。

1．while 语句

while 语句的语法格式如下：

　　　　while (条件表达式)
　　　　　　循环体；

上述语句的含义为：首先对条件表达式进行判断，若判断结果为假(false，0)，则跳过循环体，执行 while 结构后面的语句，若判断结果为真(true，非 0)，则进入循环体，执行其中的语句序列。执行完一次循环体语句后，修改循环变量，再对条件表达式进行判断，若判断结果为真，则再执行一次循环体语句，依次类推，直到判断结果为假时，退出 while 循环语句，转而执行后面的语句，即"先判断后执行"方式。

while 循环由四个部分组成：循环变量初始化、判断条件、循环体、改变循环变量的值。

例如，计算 sum=1+2+3+…+10 的 while 循环结构如下：

```
sum=0;
i=1;                    //循环变量初始化
while (i<=10)           //判断条件
{                       //循环体
    sum=sum+i;
    i++;               //改变循环变量的值
}
```

注意：

(1) 如果循环体包含一个以上的语句，则应该用花括号括起来，以块语句形式出现。

(2) 仔细定义循环变量的初始值和判断条件的边界值。

(3) 对条件表达式的计算总是比循环体的执行多一次。这是因为最后一次判断条件为假时不执行循环体。

(4) 当循环体不实现任何功能时，要使用空语句作为循环体，表示如下：

　　　　while (条件表达式);

(5) 循环体中，改变循环变量的值很重要。如果循环变量的值恒定不变，或者条件表达式为一常数，则将会导致无限循环(也叫死循环)。若要退出一个无限循环，则必须在循环体内用 break 等语句退出。

2．do…while 语句

do…while 语句的语法格式如下：

```
    do
        循环体；
    while (条件表达式)；
```

上述语句的含义为：当流程到达 do 后，立即执行循环体语句，然后对条件表达式进行判断，若条件表达式的值为真(非 0)，则重复执行循环体语句，否则退出。do…while 语句为"先执行后判断"方式。do…while 语句与 while 语句的功能相似。

例如，计算 sum=1+2+3+…+10 的 do…while 循环结构如下：

```
    sum=0;
    i=1;                        //循环变量初始化
    do
    {                           //循环体
        sum=sum+i;
        i++;                    //改变循环变量的值
    } while (i<=10)             //判断条件
```

与 while 语句不同的是，while 语句有可能一次都不执行循环体，而 do…while 循环至少要执行一次，因为直到程序到达循环体的尾部遇到 while 时，才知道继续条件是什么。

do…while 结构与 while 结构中都有一个 while 语句，很容易混淆。为了明显区分它们，do…while 循环体即使是一个单语句，习惯上也使用花括号括起来，并且 while(表达式)直接写在花括号"}"的后面。

例如：

```
    do
    {
            sum+=i++;
    }    while (i<=100);
```

3．for 语句

for 语句的语法格式如下：

```
    for(表达式 1；表达式 2；表达式 3)
            循环体；
```

其中，表达式 1 称为初始化表达式，一般用于对循环变量进行初始化或赋初值；表达式 2 称为条件表达式，当它的判断条件为真时，执行循环体语句，否则终止循环，退出 for 结构；表达式 3 称为修正表达式，一般用于在每次循环体执行之后，对循环变量进行修改操作；循环体是当表达式 2 为真时执行的一组语句序列。

具体来说，for 语句的执行过程如下：

(1) 求解表达式 1。

(2) 求解表达式 2，若为 0(假)，则结束循环，并转到(5)。

(3) 若表达式 2 为非 0(真)，则执行循环体，然后求解表达式 3。

(4) 转回(2)。

(5) 执行 for 语句下面的一个语句。

例如，计算 sum=1+2+3+…+10 的 for 循环结构如下：

```
sum=0;
for (i=1;i<=10;i++)
//初始化、判断条件、修改方式、步长都在顶部描述
{
    sum+=i;        //循环体相对简洁
}
```

由此例可见，for 语句将循环体所用的控制都放在循环顶部统一表示，显得更直观。

除此之外，for 语句还充分表现了其灵活性。比如，表达式 3 并不仅限于修正循环变量的值，还可以是任何操作。例如，当 for(sum=0,i=1;i<=10; sum+=i,i++);时，for 语句没有循环体，即循环体是一个空语句。

有时表达式 2 被省略，即不判断循环条件，循环无终止进行下去，这时需要在循环体中有跳出循环的控制语句。

最简单的表示无限循环的方式如下：

```
for( ;  ; )          //分号不能省略
```

三个表达式都可省略，即不设初值，不判断条件(认为表达式 2 为真)，循环变量不变化，无终止执行循环体的语句。

4. 跳转语句

在 C++中，除了提供顺序执行语句、选择控制语句和循环控制语句外，还提供了一类跳转语句。这类语句的总体功能是中断当前某段程序的执行，并跳转到程序的其他位置继续执行。常见的跳转语句有三种：break 语句、continue 语句与 goto 语句。其中，前两种语句不允许用户自己指定跳转到哪里，而必须按照相应的原则跳转；后一种语句可以由用户事先指定欲跳转到的位置，按照用户的需要进行跳转。下面介绍 break 语句和 continue 语句。

1) break 语句

break 语句的作用是：结束当前正在执行的循环(for、while、do…while)或多路分支(switch)程序结构，转而执行这些结构后面的语句。在 switch 语句中，break 用来使流程跳出 switch 语句，继续执行 switch 后的语句。在循环语句中，break 用来从最近的封闭循环体内跳出。

例如，下面的代码在执行了 break 之后，继续执行 a+=1; 处的语句，而不是跳出所有的循环。

```
for ( ; ; )
{      …
    for ( ; ; )
    {
```

```
        ...
        if (i==1)
            break;
        ...
    }
    a+=1;          //break 跳至此处
    //...
}
```

2) continue 语句

continue 语句的作用是：结束当前正在执行的这一次循环(for、while、do…while)，接着执行下一次循环，即跳过循环体中尚未执行的语句，接着进行下一次是否执行循环的判定。在 for 循环中，continue 用来转去执行表达式 2；在 while 循环和 do…while 循环中，continue 用来转去执行对条件表达式的判断。

continue 语句和 break 语句的区别是：continue 语句只结束本次循环，而不是终止整个循环的执行；break 语句则是结束本次循环，不再进行条件判断。

例如，输出 1～100 之间不能被 7 整除的数。

```
for (int i=1; i<=100; i++)
{
    if (i%7==0)
    continue;
    cout << i << endl;
}
```

当 i 被 7 整除时，执行 continue 语句，结束本次循环，即跳过 cout 语句，转去判断 i<=100 是否成立。只有当 i 不能被 7 整除时，才执行 cout 函数，输出 i。

5．多重循环

循环嵌套是指循环语句的循环体内又包含另一个循环语句，即循环套循环。

【例 2-18】 九九乘法表。

程序如下：

```
#include<iostream>
using namespace std;
void main()
{
    int bcs,cs;
    for (bcs=1; bcs<=9; bcs++)          //bcs 表示行号
    {
        for (cs=1; cs<=bcs ;cs++)          //cs 表示列号
        cout<<bcs<<'*'<<cs<<'='<<bcs*cs<<' ';
        cout<<endl;
```

```
        }
    }
```

2.5　动态内存分配

(Dynamic Storage Allocation)

2.5.1　动态内存(About Dynamic Storage Allocation)

　　C++程序的内存格局通常分为四个区：全局变量、静态数据、常量存放在全局数据区(又称为静态存储区)，这部分内存在程序编译的时候就已经分配好，并在程序的整个运行期间都存在；所有类成员函数和非成员函数代码存放在代码区；为运行函数而分配的局部变量、函数参数、返回数据、返回地址等存放在栈区，函数执行开始时在栈上创建空间，执行结束时这些存储单元自动被释放，栈内存分配运算内置于处理器的指令集中，效率很高，但内存容量较为有限；剩余的空间都作为堆区，在堆上进行内存分配又称为动态内存分配。

　　在对大量数据进行处理时，由于无法确定数据的准确数目，一般定义尽可能大的数组长度，这样会在一定程度上造成内存空间的浪费，如果估计的数目偏小，则又会对数据处理带来影响。C++中的动态内存分配技术可以解决类似的问题，它能保证在程序运行过程中按照实际需要申请适量的内存，并在合适的地方自行释放。这种在程序运行过程中申请和释放的存储单元又称为堆对象，申请和释放过程一般称为建立和删除。

　　在 C++中通过 new 和 delete 两个运算符来实现堆对象的建立和删除。

2.5.2　new 和 delete 运算符(new and delete Operators)

1．new 运算符

　　new 运算符的功能是动态分配内存，其使用格式如下：

　　　　(类型名*)指针变量名=new 类型名(初值列表);

　　该语句在程序运行过程中申请分配用于存放 T 类型数据的内存空间，并使用初值列表中的值进行初始化，得到的内存空间赋值给左值为相同类型名的指针变量。

　　例如：

　　　　int * pa;

　　　　pa=new int(2);

动态分配了用于存放 int 类型数据的内存空间，并将初值 2 存入该空间，然后将这部分内存空间的首地址赋给了指针变量 pa。

　　使用 new 运算符也可以申请一段连续的某种类型数据的存储空间，创建该类型的数组，只是数组没用名字，其首地址被存放在相同基类型的指针变量中，可以通过指针来访问该段连续的内存。其使用格式如下：

　　　　(类型名*)指针变量名=new 类型名[长度];

　　例如：

```
    float *pf;
    pf=new float[10];
```

2. delete 运算符

delete 运算符的功能是释放由 new 动态分配的内存空间，其使用格式如下：

    delete 指针变量名；

例如，上述用 new 得到的 pa 指向的内存空间可以这样来释放：

    delete pa；

如果 delete 释放的是一段连续的存储空间，则其使用格式如下：

    delete []指针变量名；

上述用 new 得到的 pf 指向的内存空间释放的语句如下：

    delete []pf；

【例 2-19】   new 和 delete 运算符的使用。

程序如下：

```cpp
#include <iostream>
using namespace std;
int main()
{
    int *pi; float *pf; int *ps;
    pi=new int(6);
    pf=new float(5.893);
    ps=new int[5];
    for(int i=0;i<5;i++)
        ps[i]=i;
    cout<<"*pi="<<*pi<<endl;
    cout<<"*pf="<<*pf<<endl;
    cout<<"*ps 指向的数组元素依次为："<<endl;
    for(int j=0;j<5;j++)
        cout<<ps[j]<<" ";
    cout<<endl;
    delete pi;
    delete pf;
    delete []ps;
    return 0;
}
```

运行结果：

```
*pi=6
*pf=5.893
*ps 指向的数组元素依次为：
```

　　0 1 2 3 4

注意： 在使用 new 分配多个连续的存储空间时，分配成功得到的地址存放在基类型相同的指针变量中，该指针变量可以当作数组名来使用下标引用法对相应存储空间进行存取。

2.6　常见编程错误

(Common Programming Errors)

1. 变量未定义就直接使用。

调试器错误信息：error C2065: 'i' : undeclared identifier

C++语言中变量未经声明(或者说定义)，程序是无法通过编译的。

2. 在程序中使用中文标示符，如将英文";"错误输入成了"；"。

调试器错误信息：error C2018: unknown character '0xa3'

在 C++中，除程序注释可以采用中文外，其余字符要求使用英文。

3. 定义的变量类型与使用不对应，如声明为 float，但实际给与了一个 double 的值，例如：

```
float pi=3.412345245656245;
```

调试器错误信息：warning C4305: 'initializing' : truncation from 'const double' to 'float'

4. 变量在赋值之前就使用。例如：

```
int a, b, c; c=a+b; cin>>a>>b;
```

调试器错误信息：warning C4700: local variable 'a' used without having been initialized

5. 常量指针错误。例如：

```
const long *p1 = &40000;        //错误
const int *ip3 = &i;
i = 10;                         //没问题,约束的不是 i 的一般操作，而是通过 ip3 对 i 的操作
*ip3 = 10;                      //错误
```

6. 常量赋值错误。例如：

```
int i = 12;
const int ci = 12;
int *ip1 = &12;                 //错误
12 = 13;                        //错误
const int *ip2 = &ci;           //没问题
ci = 13;                        //错误
```

7. 编译程序在进行语法解析时，取大优先导致的错误。

```
a+++++b;                        //错误! 取大优先导致该语句解析成为"a++ ++ +b"
a+++ ++b;                       //没问题
```

D:\Program Files\Microsoft Visual Studio\MyProjects\test\test.cpp(8) : error C2105: '++' needs l-value

```
ptr->*m;                        //没问题
ptr-> *m;                       //错误
```

```
    list<vector<string>> lovos;            //错误! 在实例化语法里两个相毗邻的右半个尖括号被解释
                                           //成了一个右移位运算符
    list<vector<string> > lovos;           //正确
    void process(const char*=0);           //错误! 这个声明企图在形式参数列表里使用运算符*=
    void process(const char *processId = 0);    //正确
```

8. 操作符结合率引起的错误。例如：

```
    int a = 3, b =2, c = 1;
    // ...
    if (a > b > c)                         //合法，但很有可能是错的，表达式"3 > 2 > 1"的结果是 false
```

9. 指向常量类型的指针不当声明引起的错误。例如：

```
    int * const ptr2 = &size;              //错误
```

本 章 小 结

(Chapter Summary)

字符集是构成 C++程序语句的最小元素，程序中除了字符串常量外，所有构成程序的字母均取自字符集。

C++的基本数据类型包括布尔型、字符型、整数型、实数型、空值型，分别用 bool、char、int、float、void 表示。其中，float 类型对有些带小数的实数只能近似表示。各种数据类型都有自己的表示范围。在字符常量中，有些转义如\t、\n，常用在输出流中用来控制输出格式。整数(常量)的默认类型为 int，实数(常量)的默认类型为 double。给变量赋值的实质是将一个数放到变量名标识的内存单元中。在包含赋值运算的运算符中，操作数必须是一个左值。各种运算符种类繁多，且具有不同的优先级与结合性，大致优先顺序为：一元运算优先于二元运算；二元运算优先于三元运算；算术、移位、关系、按位、逻辑运算的优先级依次降低。复杂的运算式要多使用括号以方便阅读与理解。在表达式中，参加运算的数据如果类型不同，则可以自动转换。自动转换的规律是低类型向高类型转换，以不丢失数据、不降低精度为原则。 除了自动类型转换外，C++ 提供了多种强制类型转换方法，以供在特定的场合使用。在含操作数计算次序不定的运算符的表达式中，应该避免在其操作数中引入带副作用的运算符。带副作用的运算符有++、--以及各类赋值运算符等。

本章还讲解了 C++各种流程控制语句的用法，包括分支控制语句(if···else 语句)、多分支控制语句(switch 语句)和三种循环语句(for 语句、while 语句和 do···while 语句)。

习 题 2

(Exercises 2)

一、单项选择题

1. C++程序的执行总是从(　　)开始的。

　　　A. main 函数　　　　　　B. 第一行　　　　　　C. 头文件　　　　　D. 函数注释

2. 下面常数中( )不能作为常量。

　　　A. 0xA5　　　　　　　　　B. 2.5e-2　　　　　　C. 3e2　　　　　　　D. 0583

3. 不属于字符型常量的是( )。

　　　A. 'S'　　　　　　　　　　B. '\32'　　　　　　　C. '\n'　　　　　　　D. "L"

4. '\65'在内存中占( )个字节，"\65"在内存中占( )个字节。

　　　A. 1,4　　　　　　　　　　B. 1,2　　　　　　　　C. 1,1　　　　　　　D. 1,8

5. 字符串 "\\\" ABC\ "\\" 的长度是( )。

　　　A. 3　　　　　　　　　　　B. 5　　　　　　　　　C. 7　　　　　　　　D. 9

6. sizeof(double)的结果是( )。

　　　A. 8　　　　　　　　　　　B. 4　　　　　　　　　C. 2　　　　　　　　D. 出错

7. 设 x、y、z 均为实型变量，代数式 x / (yz)的正确写法是( )。

　　　A. x/y*z　　　　　　　　　B. x%y%z　　　　　　C. x%y*z　　　　　　D. x/y/z

8. 下列表达式中，( )是非法的。已知：

　　　int a=5; float b=5.5;

　　　A. a%3+b;　　　　　　　　　　　　　　　　　　　B. b*b&&++a;

　　　C. (a>b)+(int(b)%2);　　　　　　　　　　　　　D. -- -a+b

9. 下列关于类型转换的描述中，( )是错误的。

　　　A. 在不同类型操作数组成的表达式中，其表达式类型一定是最高类型 double 型

　　　B. 逗号表达式的类型是最后一个表达式的类型

　　　C. 赋值表达式的类型是左值的类型

　　　D. 在由低向高的类型转换中是保值映射

10. 下述关于循环体的描述中，( )是错误的。

　　　A. 循环体中可以出现 break 语句和 continue 语句

　　　B. 循环体中还可以出现循环语句

　　　C. 循环体中不能出现 goto 语句

　　　D. 循环体中可以出现开关语句

11. 下述关于 goto 语句的描述中，( )是不正确的。

　　　A. goto 语句可在一个文件中随意转向

　　　B. goto 语句后面要跟上一个它所转向的语句

　　　C. goto 语句可以同时转向多条语句

　　　D. goto 语句可以从一个循环体内转到循环体外

12. 下述关于 break 语句的描述中，( )是不正确的。

　　　A. break 语句可用于循环体内，它将退出该重循环

　　　B. break 语句可用于开关语句中，它将退出开关语句

　　　C. break 语句可用于 if 体内，它将退出 if 语句

　　　D. break 语句在一个循环体内可以出现多次

13. 下述关于开关语句的描述中，( )是正确的。

　　　A. 开关语句中 default 子句可以没有，也可以有一个

    B. 开关语句中每个语句序列中必须有 break 语句

    C. 开关语句中 default 子句只能放在最后

    D. 开关语句中 case 子句后面的表达式可以是整型表达式

14. 下列关于条件语句的描述中，( )是错误的。

    A. if 语句中只有一个 else 子句

    B. if 语句中可以有多个 else if 子句

    C. if 语句中的 if 体内不能是开关语句

    D. if 语句中的 if 体中可以是循环语句

二、填空题

1. 已知：

```
int a=3, b=100;
```

下面的循环语句执行 __(1)__ 次，执行后 a、b 的值分别为 __(2)__ 、 __(3)__ 。

```
while(b/a>5)
{
    if(b-a>25) a++;
    else b/=a;
}
```

2. 执行下面的程序段后，m 和 k 的值分别为 __(1)__ 、 __(2)__ 。

```
int m,k;
for(k=1,m=0;k<=50;k++)
{
    if(m>=10) break;
    if(m%2==0)
    {
        m+=5;
        continue;
    }
    m-=3;
}
```

3. 已知程序段：

```
if(num==1)    cout<<"Alpha";
else if(num==2)    cout<<"Bata";
    else if(num==3)    cout<<"Gamma";
        else cout<<"Delta";
```

当 num 的值分别为 1、2、3 时，上面程序段的输出分别为__(1)__ 、 __(2)__ 、 __(3)__ 。

4. 已知：

```
int x,y,n,k;
```

下面程序段的功能是四个选项中的 __(1)__ ，当 n=10,x=10 时打印结果是 __(2)__ 。

```
cin>>x>>n;
k=0;
do
{
    x/=2;
    k++;
}
while(k<n);
y=1+x;
k=0;
do
{
    y=y*y;
    k++;
}
while(k<n);
cout<<y<<endl;
```

A. $y = (1 + \dfrac{x}{n})^n$ 　　　　　　B. $y = (1 + \dfrac{x}{2^n})^{2^n}$

C. $y = (1 + \dfrac{x}{2^n})^n$ 　　　　　　D. $y = (1 + \dfrac{x}{2^{n+1}})^{2^n}$

三、判断题(正确的划 √，错误的划×)

1. C++各基本类型的字宽和所能表示的数的范围在各种计算机上都是相同的。( )
2. 不同类型的指针分配到的内存空间的大小是一样的。( )
3. 字符串可作为一个整体进行输入、输出，但不能作为整体进行赋值、比较等。( )
4. 在对数据进行强制类型转换时，可以不遵循隐式转换的原则。( )
5. C++中关系表达式和逻辑表达式的运算结果只有两种可能：零和非零。( )
6. C++中，for 语句只能用于已知循环次数的情况。( )
7. 任何字符常量与一个任意大小的整型数进行加减都是有意义的。( )
8. 转义序列表示法只能表示字符，不能表示数字。( )
9. 在命名标识符中，大小写字母是不加区别的。( )
10. C++程序中，对变量一定要先说明再使用，说明只要在使用之前就可以。( )

四、指出下列程序段中的错误并说明错误原因

1.
```
float level;
cin>>level;
switch(level)
{
        case 1:   cout << "one";
```

```
                break;
        case 1.5:  cout << "one and a half";
                break;
        case 2:  cout<<"two";
                break;
        default:  ;
    }
```

2. cin>>x>>y;

   if   x>y   cout << x

   else   cout << y;

3. int x=1;

   while (x++>0)

      cout<<"*";

4. 下面的程序段用于计算 23 除以 5 的余数：

     float x = 23, y = 5, z;

     z = x % y;

     cout<<"23 % 5 = " << z << endl;

5. int i=0, j=9;

     for (; i++ != j-- ;)

       cout << "hi" ;

6. 下面的程序段用于从键盘接收一个数，若此数为 1，则将 x 加上 10；若此数为 2，则将 x 减去 10；若此数为 3，则将 x 乘以 2；若为其他数，则什么也不做。

     int n;

     cin>>n;

     switch(n)

     {

         case   1:   x = x +10;

         case   2:   x = x-10;

         case   3:   x = x*2;

         default: ;

     }

五、程序阅读题

1. 分析下面程序的运行结果。

```
#include<iostream>
using namespace std;
void main()
{
        const double pi(3.1415926),e(2.7182818);
```

```
        double r=0.5;
            cout<<"(int)pi*r*r="<<(int)pi*r*r<<endl;
            cout<<"int(e*1000)="<<int(e*1000)<<endl;
            cout<<"pi="<<pi<<"  e="<<e<< endl;
    }
```

2. 分析下面程序的循环次数并写出运行结果。

```
    # include <iostream>
    using namespace std;
    void main()
    {
        int n=0 , total=0;
        do
        {
                total=total+n;
                n++;
        }
        while ( n++ < 20 );
        cout << "total=" << total << endl ;
    }
```

3. 分析下面程序的功能并写出程序的运行结果。

```
    # include <iostream.h>
    using namespace std;
    void    main()
    {
        int i=100, n=0;
         while (-- i)
        {
            if (i % 5 == 0 && i % 7 == 0)
            {
                cout << i << endl;
                n++;
            }
        }
        cout << "n=" << n << endl;
    }
```

4. 阅读程序，写出执行结果。

```
    #include<iostream>
    using namespace std;
    void main()
```

```
    {
        int    a = 1 , b = 2, x, y;
        cout << a++ + ++b << endl;
        cout<< a % b << endl;
        x = !a > b;    y = x-- && b;
        cout<< x << endl;
        cout<< y <<endl;
    }
```

5. 阅读程序，写出执行结果。

```
#include<iostream>
using namespace std;
void main()
{
    int x, y, z, f;
    x = y = z =1;
    f = --x || y--&& z++;
    cout<< "  x=  " << x <<endl;
    cout<< "  y=  " << y <<endl;
    cout<< "  z=  " << z <<endl;
    cout<< "  f=  " << f <<endl;
}
```

6. 阅读程序，写出执行结果。

```
#include<iostream>
using namespace std;
#define M 1.5
#define A(a) M*a
void main()
{
    int x(5),y(6);
    cout<<A(x+y)<<endl;
}
```

7. 阅读程序，写出执行结果。

```
#include<iostream>
using namespace std;
#define MAX(a,b) (a)>(b)?(a):(b)
void main()
{
    int m(1),n(2),p(0),q;
    q=MAX(n,n+p)*10;
```

```
        cout<<q<<endl;
    }
```

8. 阅读程序，写出执行结果。

```cpp
#include<iostream>
using namespace std;
#include "f1.cpp"
void main()
{
    int a(5),b;
    b=f1(a);
    cout<<b<<endl;
}
```

f1.cpp 文件的内容如下：

```cpp
#define M(m) m*m
f1(int x)
{
    int a(3);
    return –M(x+a);
}
```

9. 阅读程序，写出执行结果。

```cpp
#include<iostream>
using namespace std;
void main()
{
    int i(0);
    while(++i)
    {
        if(i= =10) break;
        if(i%3!=1) continue;
        cout<<i<<endl;
    }
}
```

10. 阅读程序，写出执行结果。

```cpp
#include<iostream>
using namespace std;
void main()
{
    int i(1);
    do{
```

```
                i++;
                cout<<++i<<endl;
                if(i= =7) break;
            }
            while(i= =3);
            cout<<"Ok!\n";
        }
```

11. 阅读程序，写出执行结果。

```
#include<iostream>
using namespace std;
void main()
{
    int i(1),j(2),k(3),a(10);
    if(!i)
    a--;
    else if (j)
            if(k) a=5;
    else
    a=6;
    a++;
    cout<<a<<endl;
    if(i<j)
        if(i!=3)
            if(!k)
                a=1;
            else if(k)
    a=5;
    a+=2;
    cout<<a<<endl;
}
```

六、简答题

1. 保留字与一般标识符有什么不同？
2. 什么是空语句？它有什么作用？
3. 什么是 C++中的块？主要用于什么地方？
4. 一个表达式中，各运算符的运算次序由什么决定？
5. break 语句的作用是什么？continue 语句的作用是什么？
6. C++提供了哪几种循环语句？各有什么特点？

七、编程题

1. 有一个函数：

$$y=\begin{cases} x & (x<1) \\ 2x-1 & (1\leqslant x\leqslant 10) \\ 3x-11 & (x\geqslant 10) \end{cases}$$

编写程序，输入 x，输出 y。

2. 编程求各位数字的和为偶数的三位数(例如 163)，并统计这样的数。

3. 编程输入一个长整数，并统计它的位数。

4. 编程输出如下图形：

```
            1
          2 2 2
        3 3 3 3 3
      4 4 4 4 4 4 4
```

5. 编程打印如下图形：

```
              *
          *   *   *
        *   *   *   *   *
      *   *   *   *   *   *   *
          *   *   *
          *   *   *
          *   *   *
```

6. 输入 n，求 1! + 2! + 3!+ … + n!。

7. 编程找出 1～500 之中满足除以 3 余 2，除以 5 余 3，除以 7 余 2 的整数。

8. 将 100 元换成用 10 元、5 元和 1 元的组合，共有多少种组合方法？

9. 两队选手每队 5 人进行一对一的比赛，甲队为 A、B、C、D、E，乙队为 J、K、L、M、N，经过抽签决定比赛配对名单。规定 A 不和 J 比，M 不和 D 及 E 比赛。列出所有可能的比赛名单。

10. 编程模拟选举过程。假定四位候选人：zhang、wang、li、zhao，代号分别为 1、2、3、4。选举人直接键入候选人代号，1~4 之外的整数视为弃权票，−1 为终止标志。打印各位候选人的得票以及当选者(得票数超过选票总数一半)名单。

第 3 章　函　　数

(Functions)

****

【学习目标】

  📖 掌握函数的定义和调用方法。

  📖 掌握函数参数值传递的方法。

  📖 理解内联函数的概念、作用，能够定义内联函数。

  📖 理解函数重载的概念、作用，能够熟练地定义和运用重载的函数。

  📖 理解递归的概念，并能运用递归的方法解决一些实际问题。

  📖 理解变量的作用域与生存期的概念，理解全局变量、局部变量、静态变量的概念和用法。

****

  本章首先介绍函数的定义、函数的调用、函数值的返回，然后介绍函数参数传送与数据原型说明，并给出函数嵌套调用的概念。在讲解函数递归调用时，重点介绍递归公式、结束条件、递归与倒推的过程。定义在函数内的默认存储类型的变量具有块作用域，是局部动态变量。定义在函数内存储类型为 static 的变量具有块作用域，是局部静态变量。定义在函数外的默认存储类型的变量具有文件作用域，是全局静态变量。

3.1　函数的定义和声明

(Function Definition and Declaration)

  一个 C++ 程序可由一个或多个源程序文件组成。一个源程序文件可由一个或多个函数组成。函数是构成 C++ 程序的基础，任何一个 C++ 源程序都是由若干函数组成的。C++ 中的函数分为库函数与自定义函数两类。库函数是由 C++ 系统提供的标准函数，自定义函数是需要用户自己编写的函数。本章主要讨论自定义函数的定义格式与调用方法。

  C++ 语言认为，函数是一个能完成某一独立功能的子程序，即程序模块。函数就是对复杂问题的一种"自顶向下，逐步求精"思想的体现。编程者可以将一个大而复杂的程序分解为若干个相对独立而且功能单一的小块程序(函数)，通过在各个函数之间进行调用来实现总体的功能。

3.1.1　函数的定义(Function Definition)

函数可以被看做是一个由用户定义的操作。函数用一个函数名来表示。

函数的操作数称为参数，由一个位于括号中并且用逗号分隔的参数表指定。

在 C++ 程序中，调用函数之前首先要对函数进行定义。如果调用此函数在前，定义函数在后，则会产生编译错误。

函数的结果称为返回值。返回值的类型被称为函数返回类型。不产生值的函数返回类型是 void，其含义是什么都不返回。

函数执行的动作在函数体中指定。函数体包含在花括号中，有时也称为函数块。

函数返回类型以及其后的函数名、参数表和函数体构成了函数的定义。

函数定义的一般形式有以下两种。

1．无参函数的一般形式

无参函数的一般形式如下：

　　　　类型说明符　函数名()
　　　　{
　　　　　　类型说明
　　　　　　语句
　　　　}

其中，类型说明符和函数名称为函数头。

类型说明符指明了本函数的类型。函数的类型实际上是函数返回值的类型。此处的类型说明符与第 2 章介绍的各种说明符相同。

函数名是由用户定义的标识符。定义函数名与定义变量名的规则是一样的，但应尽量避免用下划线开头，因为编译器常常定义一些下划线开头的变量或函数。函数名应尽可能反映函数的功能，它常常由几个单词组成。例如，**VC** 中按下鼠标左键的响应函数为 **OnLButtonDown**，这样就较好地反映了函数的功能。函数名后有一个空括号，其中无参数，但括号不可少。{} 中的内容称为函数体，一个函数的功能通过函数体中的语句来完成。在函数体中也有类型说明符，这是对函数体内部所用到的变量的类型说明。在很多情况下都不要求无参函数有返回值，此时函数类型说明符可以写为 void。

例如：

```
void Hello()
{
    cout<<"Hello world"<<endl;
}
```

Hello 函数是一个无参函数，当被其他函数调用时，输出 Hello world 字符串。

2．有参函数的一般形式

有参函数的一般形式如下：

　　　　类型说明符　函数名(形式参数表)
　　　　形式参数类型说明

```
    {
            类型说明
            语句
    }
```

有参函数比无参函数多了两项内容：其一是形式参数表(简称形参表)，其二是形式参数类型说明。

在形参表中给出的参数称为形式参数，用于向函数传送数值或从函数带回数值。每一个参数都有自己的类型，它们可以是各种类型的变量，各参数之间用逗号间隔。注意：形式参数不同于变量定义，因为几个变量可以定义在一起。在进行函数调用时，主调函数将赋予这些形式参数实际的值。形参既然是变量，当然必须给以类型说明。

例如，定义一个函数，用于求两个数中的大数，程序如下：

```
    int max(a,b)
    int a,b;
    {
            if (a>b) return a;
            else return b;
    }
```

第一行说明 max 函数是一个整型函数，其返回的函数值是一个整数，形参为 a、b。第二行说明 a、b 均为整型量。a、b 的具体值是由主调函数在调用时传送过来的。在{}中的函数体内，除形参外没有使用其他变量，因此只有语句，而没有变量类型说明。上述定义方法称为"传统格式"。这种格式不易进行编译系统检查，从而会引起一些非常细微而且难以跟踪的错误。新标准中把对形参的类型说明合并到形参表中，称为"现代格式"。

例如，max 函数用现代格式可定义如下：

```
    int max(int a,int b)
    {
            if(a>b) return a;
            else return b;
    }
```

【例 3-1】   max 函数的位置示例。

```
    #include <iostream>
    using namespace std;
    int max(int a,int b)
    {
            if(a>b)return a;
            else return b;
    }
    void main()
    {
            int max(int a,int b);
```

```
        int x,y,z;
        cout<<"input two numbers:"<<endl);
        cin>>x>>y;
        z=max(x,y);
        cout<<"maxmum= "<<z<<endl;
    }
```

现在我们可以从函数定义、函数说明及函数调用的角度来分析整个程序，从而进一步了解函数的各种特点。上述程序的第 1 行至第 7 行为 max 函数的定义。进入主函数后，因为准备调用 max 函数，故先对 max 函数进行说明(程序第 10 行)。函数定义和函数说明并不是一回事，在后面还要专门讨论。可以看出，函数说明与函数定义中的函数头部分相同，但是末尾要加分号。程序第 14 行为调用 max 函数，并把 x、y 中的值传送给 max 的形参 a、b。max 函数执行的结果 (a 或 b) 将返回给变量 z。最后由主函数输出 z 的值。

在 C++ 语言中，所有的函数定义(包括主函数 main 在内)都是平行的。也就是说，在一个函数的函数体内不能再定义另一个函数，即不能嵌套定义。但是函数之间允许相互调用，也允许嵌套调用。习惯上把调用者称为主调函数。函数还可以自己调用自己，称为递归调用。main 函数是主函数，它可以调用其他函数，而不允许被其他函数调用。因此，C++ 程序的执行总是从 main 函数开始，完成对其他函数的调用后再返回到 main 函数，最后由 main 函数结束整个程序。一个 C++ 源程序必须有且只能有一个主函数 main。

3.1.2　函数的声明(Function Declaration)

C++中函数声明又称为函数原型。标准库函数的函数原型都在头文件中提供，程序中可以用 #include 指令包含这些原型文件。对于用户自定义函数，程序员应该在源代码中说明函数原型。

在主调函数中，如果要调用另一个函数，则必须在本函数或本文件中的开头将要调用的函数事先作一声明。声明函数就是告诉编译器函数的返回类型、名称和形参表构成，以便编译系统对函数的调用进行检查。

函数原型是一条程序语句，它由函数首部和分号组成，其一般形式如下：

　　　<函数类型>　函数名(<形参列表>);

除了需在函数声明的末尾加上一个分号 "；" 之外，其他内容与函数定义中第一行(称为函数首部)的内容一样。

函数声明和函数首部的异同如下：

(1) 两者的函数名、函数类型完全相同。

(2) 两者中形参的数量、次序、类型完全相同。

(3) 函数声明中的形参可以省略名称，只声明形参类型，而函数首部不能。

(4) 函数声明是语句，而函数首部不是。

(5) 当函数定义在调用它的函数前时，函数声明不是必需的；否则，必须在调用它之前进行函数声明。

如例 3-1 中 max()函数定义在 main()函数前，所以可以不用函数声明。但是如果把 max()

函数定义在 main()函数之后，则应该写成如下形式：

```
#include <iostream>
using namespace std;
int max(int a,int b);            //函数声明
void main()                      //主函数
{
    int max(int a,int b);
    int x,y,z;
    cout<<"input two numbers:"<<endl;
    cin>>x>>y;
    z=max(x,y);
    cout<<"maxmum= "<<z<<endl;
}
int max(int a,int b)             //用户定义函数
{
    if(a>b)return a;
    else return b;
}
```

　　虽然函数声明有时候可以省略，但希望读者能书写函数声明。因为在一个复杂的程序中函数间的调用顺序是不可预见的，如果没有函数声明，则程序员必须考虑函数的定义顺序，甚至有些程序是不能完成的。

　　【例 3-2】　实现两个数相加。

　　程序如下：

```
#include <iostream>
using namespace std;
int add(int ,int);                  //函数原型
void main()
{
    int sum,x,y;
    cout<<"请输入被加数和加数:"<<endl;
    cin>>x>>y;
    sum=add(x,y);                   //函数调用
    cout<<"Sum="<<sum<<endl;
}
    int add(int a,int b)            //函数定义
{
    return a+b;
}
```

运行结果：

请输入被加数和加数：

213　625

Sum=838

3.1.3　函数值和函数类型(Function Values and Function Types)

1．函数返回值与函数类型

通常函数被调用总是希望得到一个确定的值，即函数的返回值。函数的返回值确定了函数的类型，即函数类型就是返回值的类型。因此，函数的类型可以有 int、float、char 等数据类型。函数也可以不明确声明和定义函数的类型，默认的函数类型为 int 型。

C++ 语言的函数兼有其他语言中的函数和过程两种功能。从这个角度看，又可把函数分为有返回值函数和无返回值函数两种。

1) 有返回值函数

此类函数被调用执行完后将向调用者返回一个执行结果，即函数返回值，数学函数即属于此类函数。由用户定义的返回函数值的函数必须在函数定义和函数说明中明确返回值的类型。

例如：

```
int sum(int a,int b)              //有返回值，返回类型为整型
{
    return (a+b);
}
```

2) 无返回值函数

此类函数用于完成某项特定的处理任务，执行完成后不向调用者返回函数值。这类函数类似于其他语言的过程。由于函数无需返回值，因此用户在定义此类函数时可指定它的返回为"空类型"，空类型的说明符为"void"。

例如：

```
void printsum(int a,int b)        //无返回值
{
    cout<<a+b<<endl;
}
```

2．return 语句

函数的返回值是通过 return 语句获得的。return 语句的一般格式如下：

```
return (表达式);
```

或

```
return  表达式;
```

或

```
return;
```

说明：

(1) 返回值可以用括号括起来，也可以不括起来，还可以没有返回值。如果没有返回值，则当程序执行到该 return 语句时，程序会返回到主调函数中，并且不带回返回值。

(2) 一个函数如果有一个以上 return 语句，则当执行到第一条 return 语句时函数返回确定的值并退出函数，其他语句不被执行。例如，下面函数的第二条 return 语句不能执行。

```
int    fun()
{
    int a,b;
    …
    return a;        //该语句执行且返回a的值
    return b;        //该语句不被执行
}
```

(3) return 语句可以返回一个表达式的值。

(4) 在无返回值的函数体中可以没有 return 语句，函数执行到函数体的最后一条语句，遇到花括号"}"时，自动返回到主调用程序。

(5) 如果 return 语句中表达式的值和函数的值其类型不一致，则以函数类型为准。如果能够进行类型转换，则进行类型转换，否则在编译时会发生错误。例如，如果函数类型为整型，而 return 返回值的类型为实型，则会自动将这个实型数据转换为整型数据，然后再返回。

(6) 如果没有使用 return 返回一个具体的值，而函数又不是 void 型，则返回值为一个随机整数。

在 C++ 语言中可从不同的角度对函数进行分类。

(1) 从函数定义的角度，函数可分为库函数和用户定义函数两种。

① 标准库函数：由系统提供，用户无需定义，也不必在程序中作类型说明，只需在程序前包含有该函数原型的头文件，即可在程序中直接调用。前面例题中反复用到的 cout、cin、getchar、putchar、gets、puts、strcat 等函数均属此类。使用此类函数时，仅需要包含相应的头文件即可。

② 用户定义函数：由用户按需要而写的函数。对于用户定义函数，不仅要在程序中定义函数本身，而且在主调函数模块中还必须对该被调函数进行类型说明，然后才能使用。

(2) 从主调函数和被调函数之间数据传送的角度，函数又可分为无参函数和有参函数两种。

① 无参函数：函数定义、函数说明及函数调用中均不带参数。主调函数和被调函数之间不进行参数传送。无参函数通常用来完成一组指定的功能，可以返回或不返回函数值。形参在该函数被调用时才初始化，即从主调函数获取数据。如果被调用函数不需要从调用函数那里获取数据，则该函数可为无参函数。

② 有参函数：也称为带参函数，在函数定义及函数说明时都有参数。在调用有参函数时必须给出参数，称为实际参数(简称为实参)。进行函数调用时，主调函数将把实参的值传送给形参，供被调函数使用。

3.2　函数的调用与参数传递

(Function Call and Parameter Passing)

3.2.1　函数的调用(Function Call)

函数调用用一个表达式来表示。函数调用的一般形式如下：

　　　函数名(实际参数表)

其中，函数名是由用户自定义或 C++ 提供的标准函数名；实际参数表是由逗号分隔的若干个表达式，每个表达式的值为实参。实参用来在调用函数时对形参进行初始化，实参与形参的个数相同，类型一致，顺序一致。调用无参函数时，无实际参数表。实际参数表中的参数可以是常数、变量或其他构造类型数据及表达式。

1．函数调用的格式

在 C++ 语言中，可以用以下几种方式调用函数。

1) 函数表达式

如果在函数定义时需要返回某个数值，则 return 语句后必须有表达式。此时，函数作为表达式中的一项出现在表达式中，以函数返回值参与表达式的运算。这种方式要求函数有返回值。当程序执行到函数体的 return 语句时，把 return 后面表达式的值带给主调函数，同时程序执行顺序返回到主调用程序中调用函数的下一条语句。例如，z=max(x,y)是一个赋值表达式，用于把 max 的返回值赋予变量 z。如果表达式的类型与函数的类型不相同，则将表达式的类型自动转换为函数的类型。在任何情况下，C++ 能自动将变量的类型转换为与参数一致的类型，这是 C++ 标准类型转换的一部分。任何非法的转换都会被 C++ 编译程序检测出来。

2) 函数语句

函数调用的一般形式加上分号即构成函数语句。

3) 函数实参

函数实参是指函数作为另一个函数调用的实际参数出现。这种情况是把该函数的返回值作为实参进行传送，因此要求该函数必须有返回值。

在函数调用中还应该注意的一个问题是求值顺序的问题。所谓求值顺序，是指对实参表中各量是自左至右使用，还是自右至左使用。对此，各系统的规定不一定相同。

如果在一个文件中有多个函数，则一般都将主程序或主函数放在其他所有函数的前面。在函数调用前进行函数原型的说明，被调用的函数定义放在后面。函数调用表达式的值是函数的返回值，其类型是函数类型。通常使用函数调用的返回值来给某个变量赋值。函数的返回值是在被调用函数中通过返回语句 return 来实现的。返回语句 return 有两个重要的作用：其一是使函数立即返回到主调程序，其二是返回某个值。

2．函数调用的过程

当调用一个函数时，整个调用过程分为以下三步进行：

(1) 函数调用。

① 将函数调用语句下一条语句的地址保存在一种称为"栈"的内存空间中，以便函数调用完后返回。将数据放到栈空间中的过程称为压栈。

② 对实参表从后向前，依次计算出实参表达式的值，并将值压入栈中。

③ 转跳到函数体处。

(2) 函数体执行，即逐条运行函数体中语句的过程。

① 如果函数中还定义了变量，则将变量压入栈中。

② 将每一个形参以栈中对应的实参值取代，执行函数的功能体。

③ 将函数体中的变量和保存在栈中的实参值，依次从栈中取出，以释放栈空间。

(3) 返回，即返回到函数调用表达式的位置。返回过程执行的是函数体中的 return 语句。

3.2.2 函数调用时的参数传递(Parameter Passing)

参数传递称为"实虚结合"，即实参向形参传递信息，使形参具有确切的含义(即具有对应的存储空间和初值)。这种传递又分为两种不同的方式：一种是按值传递，另一种是地址传递或引用传递。

1. 按值传递

以按值传递方式进行参数传递的过程为：首先计算出实参表达式的值，接着给对应的形参变量分配一个存储空间，该空间的大小等于该形参类型的长度，然后把已求出的实参表达式的值一一存入到为形参变量分配的存储空间中，成为形参变量的初值，供被调用函数执行时使用。这种传递是把实参表达式的值传送给对应的形参变量，故这种传递方式又称为"按值传递"。这种方式下，被调用函数本身不对实参进行操作。也就是说，即使形参的值在函数中发生了变化，实参的值也完全不会受到影响，仍为调用前的值。

【例 3-3】 按值传递。

程序如下：

```cpp
#include <iostream>
using namespace std;
void swap(int,int);
void main()
{
    int a=3,b=4;
    cout<<"a="<<a<<",b="
        <<b<<endl;
    swap(a,b);
    cout<<"a="<<a<<",b="
        <<b <<endl;
}
void swap(int x,int y)
{
```

```
    int t=x;
    x=y;
    y=t;
}
```

运行结果：

```
a=3, b=4
a=3, b=4
```

关于按值传递应当注意下面几个问题：

(1) 形参在没有被调用时，不占用存储空间。只有在发生函数调用时，才为形参开辟存储空间，并传递相应的值。当函数结束后，形参释放其所占用的存储空间，函数返回值。

(2) 调用函数时，应该注意函数的实参与形参类型一致，否则会出现错误。所以定义函数的形参时应当考虑所用到的数据类型。

(3) C++函数中参数的求值顺序为自右至左，即 C++函数中实参的值是从右到左确定的。

【例 3-4】　函数参数的传递顺序。

程序如下：

```
#include <iostream>
using namespace std;
int some_fun(int a,int b)
    {
    return a+b;
    }
void main()
    {
    int x,y;
    x=2;    y=3;
    cout<<some_fun(++x , x+y)<<endl;
    x=2;    y=3;
    cout<<some_fun(x+y , ++x)<<endl;
    }
```

运行结果：

```
8
9
```

2．地址传递

如果在函数定义时将形参的类型说明成指针，则对这样的函数进行调用时就需要指定地址值形式的实参，这时的参数传递方式即为地址传递方式。与按值传递不同，地址传递把实参的存储地址传送给对应的形参，从而使得形参指针和实参指针指向同一个地址。因此，被调用函数中对形参指针所指向的地址中内容的任何改变都会影响到实参。

【例 3-5】　地址传递。

程序如下：

```
#include <iostream>
using namespace std;
void swap(int *,int *);
void main()
{
    int a=3,b=4;
    cout<<"a="<<a<<",b="
        <<b<<endl;
    swap(&a,&b);
    cout<<"a="<<a<<",b="
        <<b<<endl;
}
void swap(int *x,int *y)
{
    int t=*x;
    *x=*y;
    *y=t;
}
```

运行结果：

```
a=3, b=4
a=4, b=3
```

3．引用传递

1）引用的概念

引用作为 C++ 提供的一种新的特性，在程序设计中给人们带来了很大的方便。引用可以看做变量(或对象)的别名，当建立引用时，程序用一个变量(或对象)的名字初始化它，这样引用就可以作为该变量(或对象)的别名来使用，对引用的改变其实就是对变量(或对象)的改变。

引用的语法格式如下：

数据类型& 引用名=数据类型变量名；

例如，定义一个整型变量的引用：

```
int a;
int& refa=a;
```

此时 refa 作为 a 的别名，系统没有为 refa 分配内存空间，它和 a 代表的是相同的内存空间，对 refa 的改变即是对 a 的改变。又如：

```
refa=100;
a=a-50;
cout<<a<<endl;
```

输出结果为 50。

说明：

(1) 定义时必须给引用初始化，即要指定是哪个变量(或对象)的别名，必须类型一致。

(2) 引用不是值，不占有内存空间。

(3) 引用一旦建立，就不能再被改变，即不能再作为另一变量(或对象)的别名。

【例 3-6】　引用的建立和使用。

```
#include <iostream>
using namespace std;
int main()
{
    int a=30,b=20;
    int &refa=a,&refb=b;
    refa=a+20;
    b=refb+10;
    cout<<refa<<" "<<a<<endl;
    cout<<refb<<" "<<b<<endl;

    refa=b;              //此时引用 refa 仍旧是 a 的别名，只是把 b 的值给了 a
    cout<<refa<<" "<<a<<endl;
    return 0;
}
```

运行结果：

50 50

30 30

30 30

2) 引用的传递方式

按值传递方式容易理解，但形参值的改变不能对实参产生影响。地址传递方式虽然可以使得形参的改变对相应的实参有效，但如果在函数中反复利用指针进行间接访问，则会使程序容易产生错误且难以阅读。如果以引用作为参数，则既可以使得对形参的任何操作都能改变相应实参的数据，又使函数调用显得方便、自然。引用传递方式是在函数定义时在形参前面加上引用运算符 "&"。

【例 3-7】　引用传递。

程序如下：

```
#include <iostream>
using namespace std;
void swap(int &,int &);
void main()
{
    int a=3,b=4;
    cout<<"a="<<a<<",b="
        <<b<<endl;
    swap(a,b);
```

```
        cout<<"a="<<a<<",b="
            <<b<<endl;
    }
    void swap(int &x,int &y)
    {
        int t=x;
        x=y;
        y=t;
    }
```

运行结果：

    a=3, b=4

    a=4, b=3

3.2.3　函数的嵌套调用和递归调用(Function Nesting Call and Recursion Call)

1．函数的嵌套调用

    若在一个函数调用中又调用了另外一个函数，则称这样的调用过程为函数的嵌套调用。程序执行时从主函数开始执行，遇到函数调用时，如果函数是有参函数，则系统先进行实参对形参的替换，然后执行被调用函数的函数体；如果函数体中还调用了其他函数，则再转入执行其他函数体。函数体执行完毕后，返回到主调函数，继续执行主调函数中的后续程序。C++中函数的定义是平行的，除了 main()外，都可以互相调用。函数不可以嵌套定义，但可以嵌套调用。比如，函数 1 调用了函数 2，函数 2 再调用函数 3，这便形成了函数的嵌套调用。

    【例 3-8】　函数的嵌套调用，求三个数中最大数和最小数的差值。

    程序如下：

```
    #include<iostream>
    using namespace std;
    int max(int x,int y,int z)
    {
        int t;
        t=x>y?x:y;
        return(t>z?t:z);
    }
    int min(int x,int y,int z)
    {
        int t;
        t=x<y?x:y;
        return(t<z?t:z);
    }
    int dif(int x,int y,int z)
```

```
    {
        return max(x,y,z)-min(x,y,z);
    }
    void main()
    {
        int a,b,c;
        cin>>a>>b>>c;
        cout<<"Max-Min="<<dif(a,b,c)<<endl;
    }
```

运行结果：

<u>5 -6 15</u>✓

21

2．函数的递归调用

C++程序中允许函数递归调用。在调用一个函数的过程中如果出现直接或间接调用该函数本身，则称做函数的递归调用，这样的函数称为递归函数。例如：

```
    int    fun1()
    {
        …                //函数其他部分
          z=fun1();      //直接调用自身
        …                //函数其他部分
    }
```

则在函数 fun1()中，又调用了 fun1()函数，这种调用称为直接调用，调用过程如图 3-1 所示。

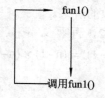

图 3-1　直接调用过程示意图

又如：

```
    int    fun2()
    {
        x=fun3();
    }
    int fun3()
    {
        y=fun2();
    }
```

即函数 fun2()中调用了 fun3()，而 fun3()中又调用了 fun2()，这种调用称为间接递归调用，调用过程如图 3-2 所示。

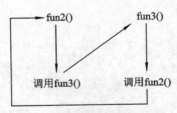

图 3-2   间接调用过程示意图

可以看到，递归调用是一种特殊的嵌套调用。由上面两种递归调用(参看图 3-1 和图 3-2)可看出，这两种递归调用都是无限地调用自身。显然，这样的程序将出现类似于"死循环"的问题。然而，实际上应当出现有限次递归调用，即当到达某种情况时结束递归调用。编写递归函数时，必须有终止递归调用的条件，否则递归会无限制地进行下去。常用的办法是加条件判断(用 if 语句来控制)，满足某种条件就不再进行递归调用，所以使用递归时要注意确定递归的终止条件。

递归函数的一般形式如下：

        函数类型   递归函数名 f (参数 x)

        {

            if(满足结束条件)

                结果=初值；

            else

                结果=含 f(x–1)的表达式；

            返回结果；

        }

【例 3-9】   编程计算某个正整数的阶乘。

分析：求阶乘可以从 1 开始，乘 2，再乘 3，…，一直到 n。其实求阶乘也可以用递归的方法来解决。即 $n! = n \times (n–1)!$，$(n–1)! = (n–1) \times (n–2)!$，…，$2! = 2 \times 1!$，$1! = 1$。可以用下面的递归公式表示：

程序如下：

```cpp
#include <iostream>
using namespace std;
long int fac(int n)
{
    int total;
    if (n==1|| n==0)    total=1;
     else      total= fac(n-1)* n;
        return total;
}
void main()
{
```

```
    int n;
        cout<<"please input    a    integer :";
        cin>>n;
        cout<<n<<"! is "<<fac(n)<<endl;
    }
```

运行结果：

please input　a　integer: 12↙

12! is 479001600

说明：

(1) 递归调用的两个阶段如下：

第一阶段：递推。将原问题不断分解为新的子问题，逐渐从未知向已知递推，最终达到已知的条件，即递归结束的条件，这时递推阶段结束。

第二阶段：回归。从已知条件出发，按照递推的逆过程，逐一求值回归，最后到达递归的开始处，结束回归阶段，完成递归调用。

图 3-3 所示为以 4 的阶乘为例的函数参数传递过程。

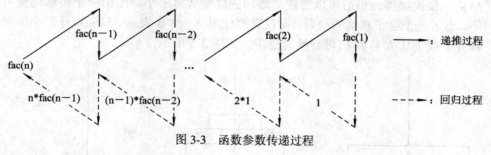

图 3-3　函数参数传递过程

(2) 递归可以使用非递归方法代替。

【例 3-10】　用非递归方法求阶乘。

程序如下：

```
    long int fac(int n)
    {
        int total=1;
        if (n>0)
    {
        while(n)
        {
            total*=n;
            n--;
        }
    }
        return    total;
    }
```

【例 3-11】 汉诺塔问题。有 3 个座 A、B、C，开始时 A 上有 64 个盘子，盘子大小不等，大的在下，小的在上，如图 3-4 所示(为了便于表示，图中只画了 4 个盘子，64 个盘子的情况其原理是一样的)。问题是如何把 A 上的 64 个盘子移到 C 上，要求每次只能移动一个盘子，且在移动过程中始终保持大的盘子在下，小的盘子在上。

图 3-4 汉诺塔问题示意图

分析：这个问题的解决方法为：将 63 个盘子从 A 移到 B 上，再把最大的盘子从 A 移到 C 上，最后把 B 上的 63 个盘子移到 C 上。这个过程中，将 A 上 63 个盘子移到 B 上和最后将 B 上的 63 个盘子移到 C 上，又可以看成两个有 63 个盘子的汉诺塔问题，所以也用上述方法解决。依次递推，最后可以将汉诺塔问题转变成将一个盘子由一个座移动到另一个座的问题。对于一个盘子移动的问题，可以直接使用 A--->B 表示，只要设计一个输出函数即可。将 n 个盘子从 A 移到 C 可分解为三步，如图 3-5 所示。

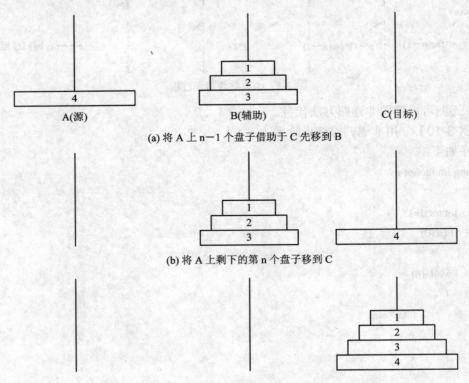

(a) 将 A 上 n−1 个盘子借助于 C 先移到 B

(b) 将 A 上剩下的第 n 个盘子移到 C

(c) 将 B 上 n−1 个盘子借助 A 移到 C

图 3-5 将 n 个盘子从 A 移到 C 示意图

程序如下：

```cpp
#include <iostream>
using namespace std;
void move(int n, char source, char target)
{
    cout<<"( "<<n<<", "<<source<<"--->"<<target<<" )"<<endl;
}
void hanoi(int n,char A,char B,char C)
{
    if(n==1)
        move(1, A, C);
    else
    {
        hanoi(n-1, A, C, B);
        move(n, A , C);
        hanoi(n-1, B, A, C);
    }
}
void main()
{
    int num;
    cout<<"Input the number of diskes";
    cin>>num;
    hanoi(num,'A','B','C');
}
```

运行结果：

Input the number of diskes<u>3</u>

(1, A--->C)

(2, A--->B)

(2, C--->B)

(3, A--->C)

(1, B--->A)

(2, B--->C)

(1, A--->C)

　　使用递归方法编写的程序简洁清晰，可读性强。但是，用递归调用的方法编写的程序执行起来在时间和空间上的开销很大，每次调用自身系统都要为其进行断点保护，并开辟一定量的存储单元。随着计算机硬件性能的不断提高，程序在更多场合优先考虑的是可读性，而不是高效性。所以，鼓励用递归函数实现程序设计。

3.3　内　联　函　数

(Inline Functions)

内联扩展(inline expansion)简称为内联(inline)。内联函数也称为内嵌函数。内联函数通过在编译时将函数体代码插入到函数调用处，将调用函数的方式改为顺序执行方式来节省程序执行的时间开销，这一过程叫做内联函数的扩展。在一个函数的定义或声明前加上关键字 inline，就把该函数定义为了内联函数。内联函数实际上是一种用空间换时间的方案，它主要是解决程序的运行效率。

在内联函数扩展时也进行了实参与形参结合的过程：先用实参名(而不是实参值)将函数体中的形参处处替换，然后搬到调用处。从用户的角度看，调用内联函数和一般函数没有任何区别。

计算机在执行一般函数的调用时，无论该函数多么简单或复杂，都要经过传递参数、执行函数体和返回等操作，这些操作都需要一定的时间开销。若把一个函数定义为内联函数，则在程序编译阶段，编译器就会把每次调用该函数的地方都直接替换为该函数体中的代码，因此省去了函数的调用及相应的保护现场、参数传递和返回等操作，从而加快了整个程序的执行速度。

【例 3-12】　将字符数组 str1 中所有小写字母('a'～'z')转换成大写字母。

程序如下：

```cpp
#include <iostream>
#include <cstring>
using namespace std;
int up_letter(char ch);
void main()
{
    char str[80];      int i;
    cout<<"please input a string :";
    cin>>str;
    for(i=0;i<strlen(str);i++)
        {
            if (up_letter(str[i]))
            str[i]-=32;
        }
    cout<<"the result is :"<<str<<endl;
}
int up_letter(char ch)
{
    if (ch>='a'&&ch<='z')
```

```
            return 1;
        else
            return 0;
    }
```

运行结果：

```
Please input a string:goodMORNING3456
The result is:GOODMORNING3456
```

在本例中，频繁地调用函数 up_letter()来判断字符是否为小写字母，这将使程序的效率降低，因为调用函数实际上是将程序执行到被调函数所存放的内存单元，将被调函数的内容执行完后，再返回去继续执行主调函数。这种调用过程需要保护现场和恢复现场，因此函数的调用需要一定的时间和空间开销。特别是对于像 up_letter()这样函数体代码不大但调用频繁的函数来说，对程序效率的影响很大。这如何来解决呢？当然，为了不增加函数调用给程序带来的负担，可以把这些小函数的功能直接写入到主调函数。例如，例 3-12 可以写成下面的形式：

```
#include <iostream>
#include <cstring>
using namespace std;
void main()
    {
        char str[80];
        int i;
        cout<<"please input a string :";
        cin>>str;
         for(i=0;i<strlen(str);i++)
        {
            if (str[i]>='a'&& str[i]<='z')
                str[i]-=32;
        }
        cout<<"the result is :"<<str<<endl;
    }
```

函数 up_letter()的功能由关系表达式 str[i]>='a'&& str[i]<='z'代替。但这样做的结果是使程序的可读性降低了。为了解决这个问题，C++中使用了内联函数。定义内联函数的方法很简单，只要在函数定义的头前加上关键字 inline 即可。

内联函数的定义形式如下：

```
    inline  函数类型  函数名 (形式参数表)
    {
            函数体；
    }
```

内联函数能避免函数调用从而降低程序的效率，这是因为：在程序编译时，编译器将程序中被调用的内联函数都用内联函数定义的函数体进行替换。这样做只是增加了函数的代码，而减少了程序执行时函数间的调用。所以，上面的问题可以用内联函数来解决，具体程序如下：

```cpp
#include <iostream>
#include <cstring>
using namespace std;
inline    int up_letter(char ch);
void main()
{
    char str[80];          int i;
    cout<<"please input a string :";
    cin>>str;
    for(i=0;i<strlen(str);i++)
    {
        if (up_letter(str[i]))    str[i]-=32;
    }
    cout<<"the result is :"<<str<<endl;
}
inline    int up_letter(char ch)
{
    if (ch>='a'&&ch<='z')          return 1;
    else                           return 0;
}
```

说明：

(1) 内联函数与一般函数的区别在于函数调用的处理。一般函数进行调用时，要将程序执行到被调用函数中，然后返回到主调函数中；内联函数在调用时，将调用部分用内联函数体来替换。

(2) 内联函数必须先声明后调用。因为程序编译时要用内联函数来替换，所以在内联函数调用之前必须声明是内联的，否则将会像一般函数那样产生调用，而不是进行替换操作。

下面内联函数的声明就是错误的：

```cpp
#include <iostream>
#include <cstring>
using namespace std;
int up_letter(char ch);          //此处没有声明up_letter是内联函数
void main()
{   char str[80];   int i;
    cout<<"please input a string :"; cin>>str;
    for(i=0;i<strlen(str);i++)
    {
        if (up_letter(str[i]))          //将按一般函数调用
```

```
        str[i]-=32;
    }
    cout<<"the result is :"<<str<<endl;
}
```

【例 3-13】　内联函数的应用。

程序如下：

```
#include <iostream>
using namespace std;
inline int abs(int x)
{
 return x<0?-x:x;
}
    void main()
{
    int a,b=3,c,d=-4;
    a=abs(b);
    c=abs(d);
    cout<<"a="<<a<<",c="<<c<<endl;
}
```

运行结果：

　a=3,c=4

使用内联函数应注意以下三点：

(1) 在内联函数内部不允许使用循环语句和分支语句，否则系统会将其视为普通函数。

(2) 内联函数不能是递归函数。

(3) 语句数尽可能少，一般不超过 5 行。

由于计算机的资源总是有限的，使用内联函数虽然节省了程序运行的时间开销，但增大了代码占用内存的空间开销，因此在具体编程时应仔细权衡时间开销与空间开销之间的矛盾，以确定是否采用内联函数。

与处理 register 变量相似，是否对一个内联函数进行扩展完全由编译器自行决定。因此，说明一个内联函数只是请求，而不是命令编译器对它进行扩展。事实上，如果将一个较复杂的函数定义为内联函数，则大多数编译器会自动将其作为普通函数来处理。

3.4　函 数 重 载

(Function Overloading)

3.4.1　函数重载的定义(Definition of Function Overloading)

重载是指同一个函数名对应多个函数的现象。也就是说，多个函数具有同一个函数名。例如，求和的函数可以定义为 add()，但在 C++ 语言中，不同数据类型相加或加数不一样的时候就要定义不同的函数，因为 C++ 语言通过函数名来区别不同的函数。例如，求两个整数之和的函数与求两个实数之和的函数可以声明如下形式：

  int sum (int,int);

  int sum(int);

  double sum (int,long);

  double sum(long);

  这种方法要求程序员对函数间传递的数据类型详细掌握，否则就可能出错。然而，C++ 提供了函数重载的功能，即在程序编译过程中，通过名字分裂法将函数类型、参数类型和参数个数等信息添加到函数名中，以区别不同的函数。名字分裂法是将一系列能表示参数类型的代码附加到函数名上，以达到区别同名函数的目的。

3.4.2 函数重载的绑定(Binding of Function Overloading)

  函数重载要求编译器能够唯一地确定调用一个函数时应执行哪个函数代码。确定对重载函数的哪个函数进行调用的过程称为绑定(binding)。绑定的优先次序为：精确匹配、实参类型向高类型转换后的匹配、实参类型向低类型及相容类型转换后的匹配。确定函数时，编译器是通过函数的参数个数、参数类型和参数顺序来区分的。也就是说，进行函数重载时，要求同名函数的参数个数不同，参数类型不同或参数顺序不同，否则，将无法确定是哪一个函数体。

  例如，重载函数 add()的绑定：

  cout<<add(1,2)<<endl;   //匹配int add(int , int);

  cout<<add(1.2,3.4)<<endl;   //匹配double add(double , double);

  cout<< add('a' , 'b')<<endl;   //匹配int add(int , int);

  注意：

  (1) 重载函数的类型(即函数的返回类型)可以相同，也可以不同。但如果仅仅是返回类型不同，而函数名相同，形参表也相同，则是不合法的，编译器会报"语法错误"。例如：

  int func1(int a, int b);

  double func1(int a, int b);

  (2) 除形参名外，其他都相同的情况，编译器不认为是重载函数，只认为是对同一个函数原型的多次声明。

  (3) 在调用一个重载函数 func1()时，编译器必须判断函数名 func1 到底是指哪个函数。函数通过编译器，根据实参的个数和类型对所有 func1()函数的形参——进行比较，从而调用一个最匹配的函数。

  【例 3-14】 求三个操作数之和。

  程序如下：

  #include <iostream>

  using namespace std;

  int sum(int,int,int);

  double sum(double,double,double);

```
void main()
{
    cout<<"Int:"<<sum(2,3,4)<<endl;
    cout<<"Double:"<<sum(1.4,2.7,3.8)<<endl;
}
int sum(int a,int b,int c)
{
    return a+b+c;
}
double sum(double a,double b,double c)
{
    return a+b+c;
}
```

执行结果：

Int:9

Double:7.9

3.5　带默认形参值的函数

(Function with Default Arguments)

　　C++语言允许在函数说明或函数定义中为形参预赋一个默认的值，这样的函数叫做带有默认形参值的函数。在 C++语言中调用函数时，通常要为函数的每个形参给定对应的实参。若没有给出实参，则按指定的默认值进行工作。在调用带有默认参数值的函数时，若为相应形参指定了实参，则形参将使用实参的值；否则，形参将使用其默认值。当一个函数既有定义又有声明时，形参的默认值必须在声明中指定，而不能放在定义中指定。只有当函数没有声明时，才可以在函数定义中指定形参的默认值，这就大大方便了函数的使用。例如：

```
int fun(int x=15,int y=8)
{
    return    x-y;
}
void main( )
{
    fun(34,22);          //传递给形参x、y的值分别为34和22
    fun(10);             //传递给形参x、y的值分别为10和8
    fun();               //传递给形参x、y的值分别为15和8
}
```

　　(1) 若函数具有多个形参，则缺省形参值必须自右向左连续定义，并且在一个缺省形参值的右边不能有未指定缺省值的参数。这是由 C++语言在函数调用时参数是自右至左入栈这一约定所决定的。例如：

```
void    add_int(int a=1, int b=5, int c=10);      //正确的函数声明
void    add_int(int a, int b=5, int c=10);        //正确的函数声明
void    add_int(int a=1, int b, int c=10);        //错误的函数声明
void    add_int(int a=1, int b, int c)            //错误的函数声明
```

在进行函数调用时，实参与形参按从左到右的顺序进行匹配。当实参的数目少于形参时，如果对应位置形参又没有设定默认值，则会产生编译错误；如果设定了默认值，则编译器将为那些没有对应实参的形参取默认值。

(2) 在调用一个函数时，如果省去了某个实参，则直到最右端的实参都要省去(当然，与它们对应的形参都要有缺省值)。

假如有如下声明：

```
int fun(int a,float b=5.0,char c='.', int d=10);
```

采用如下调用形式是错误的：

```
fun(8, , ,4);                //语法错误
```

(3) 缺省形参值的说明必须出现在函数调用之前。这就是说，如果存在函数原型，则形参的缺省值应在函数原型中指定；否则，在函数定义中指定。另外，若函数原型中已给出了形参的缺省值，则在函数定义中不得重复指定，即使所指定的缺省值完全相同也不行。例如：

```
int sub(int x=8,int y=3);        //缺省形参值在函数原型中给出
void main(void)
{
    sub(20,15);                  //20-15
    sub(10);                     //10-3
    sub();                       //8-3
}
int sub(int x,int y)             //缺省形参值没有在函数定义时给出
{
    return    x-y;
}
```

(4) 在同一个作用域，一旦定义了缺省形参值，就不能再定义它。例如：

```
int fun(int a,float b,char,int d=10);
int fun(int a,float b,char c='.',int d=10);        //错误：企图再次定义缺省参数c和d
```

(5) 如果几个函数说明出现在不同的作用域内，则允许分别为它们提供不同的缺省形参值。例如：

```
int fun(int a=6,float b=5.0,char c='.',int d=10);
void main(void)
{
    int fun(int a=3,float b=2.0,char c='n',int d=20);
```

```
        cout<<fun( )<<endl;        //fun函数使用局部缺省参数值
    }
```

(6) 对形参缺省值的指定可以是初始化表达式，甚至可以包含函数调用。例如：

```
    //d参数的缺省值是函数调用
    int fun(int a,float b=5.0,char c='.',int d= sub(20,15));
```

(7) 在函数原型中给出了形参的缺省值时，形参名可以省略。例如：

```
    int fun(int , float =5.0, char ='. ', int = sub(20,15));
```

(8) 形参的默认值可以是全局常量、全局变量、表达式、函数调用，但不能为局部变量。例如：

```
    //下例不合法：
    void fun ()
    {
        int k;
        void g(int x=k);        //k为局部变量
    }
```

3.6　作用域与生存期

(Scopes and Lifetime)

3.6.1　标识符的作用域(Identifiers Scopes)

作用域指标识符定义(声明)之后程序中有效的区域，即标识符在该区域可见。标识符的作用域均始于标识符声明处，结束位置根据声明的位置而定。具体地，C++中标识符的作用域分为局部作用域(块作用域)、函数作用域、函数原型作用域、文件作用域。

1．局部作用域(块作用域)

当标识符的声明出现在由一对花括号所括起来的一段程序(块)内时，该标识符的作用域从声明点开始，到块结束处为止，该作用域的范围具有局部性，该作用域就称为局部作用域，又称为块作用域。函数体就是函数中最大的块。在语法上，块可以当成单语句使用，称为块语句。

在块内定义的变量具有块作用域。块作用域是指从块内变量定义处到块的结束处。具有块作用域的变量只能在变量定义处到块尾之间的区域中使用，而不能在其他区域使用。具有块作用域的变量为局部变量。

【例 3-15】　块作用域示例。

程序如下：

```
    #include <iostream>
    using namespace std;
    int main() {                    //1
        int i, j;                   //2
```

```
        i = 1; j = 2;                                   //3
        {                                               
            int a, b;                                   //4
            a = 5;                                      //5
            b = j;                                      //6
            cout << a << "\t" << b << endl;             //7
        }                                               //8
        cout << i << "\t" << j << endl;                 //9
        return 0;                                       //10
    }                                                   //11
```

上述程序中有两个块：第一个块是从第 1 行到第 11 行的主函数块，在主函数块中定义的变量 i、j 作用域从第 1 行开始，到第 11 行结束；第二个块是从第 4 行到第 8 行的块，在块内定义变量 a、b 的作用域从第 4 行开始，到第 8 行结束。因此，第 4 行定义的变量具有块作用域，只能在第 4 行到第 8 行的块中使用，而不能在块外使用。

引入块作用域的目的之一是解决变量的同名问题。当变量具有不同的作用域时，允许变量同名；当变量具有相同的作用域时，不允许变量同名。C++语言规定：当程序块嵌套时，如果外层块中的变量与内层块中的变量同名，则在内层块执行时，外层块中的同名变量不起作用，即局部优先。

【例 3-16】 块作用域示例。

程序如下：

```
#include <iostream>
using namespace std;
int main()                                          //1
{                                                   //2
    int x(3), y(5);                                 //3
    for ( ; x > 0; x--)                             //4
    {                                               //5
        int x(4);                                   //6
        cout << x << "\t" << y << endl;             //7
    }                                               //8
    cout << endl << x << "\t" << y << endl;         //9
    return 0 ;                                      //10
}                                                   //11
```

运行结果：

```
    4        5
    4        5
    4        5
    0        5
```

2．函数作用域

函数作用域是指在函数内定义的标识符的作用范围，函数作用域从其定义开始，到函数结束为止。标号是唯一具有函数作用域的标识符。

3．函数原型作用域

函数原型作用域是指在函数原型中所指定的参数标识符的作用范围。函数原型作用域的作用范围是在函数原型声明中的左、右括号之间，从函数原型变量定义开始，到函数原型结束。由于函数原型中声明的变量与该函数的定义和调用无关，所以，可在函数原型声明中只作参数的类型声明，而省略参数名。

例如，函数原型：

```
double Area(double radius);
```

参数 radius 的作用域开始于函数原型声明的左括号，结束于函数声明的右括号。它不能用于程序正文其他地方，可以写成：

```
double Area(double);
```

或

```
double Area(double radius = 5);
```

也可简化成：

```
double Area(double = 5);
```

注意：函数原型中的形参其作用域仅限于声明中。

4．文件作用域

在函数外定义的变量、static 变量或用 extern 声明的变量具有文件作用域，其作用域从声明之处开始，直到源文件结束。当具有文件作用域的变量出现先使用、后定义的情况时，要先用 extern 对其作外部声明。

【例 3-17】 文件作用域示例。

程序如下：

```cpp
#include <iostream>
using namespace std;
int i;                              //全局变量，文件作用域
int main()
{
    i = 5;
    {
        int i;                      //局部变量，块作用域
        i = 7;
        cout << "i=" << i << endl;  //输出 7
    }
    cout << "i=" << i << endl;      //输出 5
    return 0;
}
```

表 3-1 给出了四种作用域的作用范围。

表 3-1　四种作用域的作用范围

作用域	作用范围
块作用域	从块内标识符定义开始,到块结束处为止
函数作用域	从函数内标识符定义开始,到函数结束为止
函数原型作用域	从标识符定义开始,到函数原型声明结束
文件作用域	从标识符定义开始,到整个源文件结束(可用 extern 进行扩展)

【例 3-18】　下面程序的每行前加有行号,共 20 行。说明程序中变量 len、k、chk 以及函数 print_func()的作用域范围的起止行号。

```
1.  #include <iostream>
2.  using namespace std;
3.  int len;
4.  void print_func();
5.  void   main()
6.  {
7.  static char   name [] ="Zhang";
8.  int   k =0;
9.  while(name[k])   {
10.   char chk;
11.     chk = name [k];
12.     cout << chk;
13.     k++;
14.     }
15.     len = k;
16.     print_func();
17.     }
18.     void print_func()
19.     {
20.       cout   <<"The string lengh ="<<len << endl;
21.     }
```

程序说明:

变量 len 的作用域为从第 3 行到第 21 行,变量 k 的作用域为从第 8 行到第 17 行,变量 chk 的作用域为从第 10 行到第 14 行,print_func()函数的作用域为从第 4 行到第 21 行。

3.6.2　局部变量与全局变量(Local Variables and Global Variables)

在讨论函数的形参变量时曾经提到,形参变量只在被调用期间才分配内存单元,调用结束立即释放。这表明形参变量只有在函数内才是有效的,离开该函数就不能再使用了。这种变量有效的范围称为变量的作用域。不仅形参变量,C++ 语言中所有的量都有自己的作用域。变量说明的方式不同，其作用域也不同。C++ 语言中的变量按作用域范围可分为两种，即局部变量和全局变量。

1. 局部变量

在一个函数内部说明的变量是内部变量，局部变量是在函数内作定义说明的，它只在该函数范围内有效。也就是说，只有在包含变量说明的函数内部才能使用被说明的变量，在此函数之外就不能使用这些变量了。所以，内部变量也称局部变量。其作用域仅限于函数内，离开该函数后再使用这种变量是非法的。

函数中的局部变量存放在栈区。在函数开始运行时，局部变量在栈区被分配空间；函数退出时，局部变量随之消失。局部变量在定义时，若没有初始化，则它的值是随机的。

【例 3-19】　使用局部变量示例。

程序如下：

```
#include <iostream>
using namespace std;
int f1(int a)           /*函数f1*/
{
    int b,c;
    …
}                       //a、b、c的作用域
int f2(int x)           /*函数f2*/
{
    int y,z;
}                       //x、y、z的作用域
void main()
{
    int m,n;
}
```

在函数 f1 内定义了三个变量：a 为形参，b、c 为一般变量。在 f1 的范围内 a、b、c 有效，或者说，a、b、c 变量的作用域限于 f1 内。同理，x、y、z 的作用域限于 f2 内。m、n 的作用域限于 main 函数内。关于局部变量的作用域，还要说明以下几点：

(1) 主函数中定义的变量也只能在主函数中使用，不能在其他函数中使用。同时，主函数中也不能使用其他函数中定义的变量。因为主函数也是一个函数，它与其他函数是平行关系。

(2) 形参变量是属于被调函数的局部变量，实参变量是属于主调函数的局部变量。

(3) 允许在不同的函数中使用相同的变量名，它们代表不同的对象，分配不同的单元，互不干扰，也不会发生混淆。

(4) 在复合语句中也可定义变量，其作用域只在复合语句范围内。

例如：

```
void main()
```

```
    {
        int s,a;
        …
        {
            int b;
            s=a+b;
            …
            //b的作用域
        }
        …
        //s、a的作用域
    }
```

【例 3-20】   分析变量 k 的作用域。

程序如下：

```
#include <iostream>
using namespace std;
void main()
{
    int i=2,j=3,k;
    k=i+j;
    {
        int k=8;
        if(i==3) cout<<k<<endl;
    }
    cout<<i<<endl<<k<<endl;
}
```

本程序在 main 中定义了 i、j、k 三个变量，其中 k 未赋初值；在复合语句内又定义了一个变量 k，并赋初值为 8。注意，这两个 k 不是同一个变量。在复合语句外由 main 定义的 k 起作用，而在复合语句内则由复合语句内定义的 k 起作用。因此，程序第 5 行的 k 为 main 所定义，其值应为 5；第 9 行在复合语句内，由复合语句内定义的 k 起作用，其初值为 8，故输出值为 8；第 11 行输出 i、k 值，i 是在整个程序中有效的，第 9 行对 i 赋值为 3，故输出也为 3，而第 11 行已在复合语句之外，输出的 k 应为 main 所定义的 k，此 k 值由第 5 行可知为 5，故输出也为 5。

2．全局变量

全局变量也称为外部变量，它是在函数外部定义的变量。全局变量不属于哪一个函数，而属于一个源程序文件，其作用域是整个源程序。在函数中使用全局变量，一般应作全局变量说明。只有在函数内经过说明的全局变量才能使用。全局变量的说明符为 extern。在一个函数之前定义的全局变量，在该函数内使用时可不再加以说明。例如：

```
int a,b;              /*外部变量*/
void f1()             /*函数f1*/
{
      …
}
float x,y;            /*外部变量*/
int fz()              /*函数fz*/
{
      …
}
void main()           /*主函数*/
{
      …
}                     /*全局变量x、y的作用域, 全局变量a、b的作用域*/
```

从上例可以看出，a、b、x、y 都是在函数外部定义的外部变量，都是全局变量；但 x、y 定义在函数 f1 之后，而在 f1 内又无对 x、y 的说明，所以它们在 f1 内无效；a、b 定义在源程序最前面，因此在 f1、f2 及 main 内不加说明也可使用。

【例 3-21】 输入正方体的长 l、宽 w、高 h。求体积及三个面 x*y、x*z、y*z 的面积。
程序如下：

```
#include <iostream.h>
using namespace std;
int s1,s2,s3;
int vs(int a,int b,int c)
{
      int v;
      v=a*b*c;
      s1=a*b;
      s2=b*c;
      s3=a*c;
      return v;
}
void main()
{
      int v,l,w,h;
      cout<<"input length,width and height"<<endl;
      cin>>l>>w>>h;
      v=vs(l,w,h);
      cout<<v<<s1<<s2<<s3;
}
```

本程序中定义了三个外部变量 s1、s2、s3，用来存放三个面积，其作用域为整个程序。函数 vs 用来求正方体体积和三个面积，函数的返回值为体积 v。由主函数完成长、宽、高的输入及结果输出。由于 C++ 语言规定函数返回值只有一个，因此当需要增加函数的返回数据时，用外部变量是一种很好的方式。本例中，如果不使用外部变量，则在主函数中就不可能取得 v、s1、s2、s3 四个值；若采用了外部变量，则在函数 vs 中求得的 s1、s2、s3 值在 main 中仍然有效。因此，外部变量是实现函数之间数据通信的有效手段。对于全局变量，还有以下几点说明：

(1) 对于局部变量的定义和说明可以不加区分，而对于外部变量则不然，外部变量的定义和外部变量的说明并不是一回事。外部变量的定义必须在所有函数之外，且只能定义一次。其一般形式如下：

　　　　[extern]　类型说明符 变量名，变量名，…

其中，方括号内的 extern 可以省去不写。

例如：

　　　　int a,b;

等效于：

　　　　extern int a,b;

外部变量说明出现在要使用该外部变量的各个函数内，在整个程序内，可能出现多次。外部变量说明的一般形式如下：

　　　　extern 类型说明符 变量名，变量名，…;

外部变量在定义时就已分配了内存单元，外部变量定义可作初始赋值，外部变量说明不能再赋初始值，只是表明在函数内要使用某外部变量。

(2) 全局变量增加了函数之间数据联系的渠道，但是使用全局变量降低了程序的可理解性，软件工程学提倡尽量避免使用全局变量。

(3) 全局变量存放在内存的全局数据区。在定义全局变量时，若未对变量进行初始化，则自动初始化为 0。

(4) 在同一源文件中，允许全局变量和局部变量同名。在局部变量的作用域内，全局变量不起作用。

【例 3-22】　全局变量与局部变量使用示例。

程序如下：

```
#include <iostream>
using namespace std;
int vs(int l,int w)
{
    extern int h;
    int v;                     //定义局部变量v
    v=l*w*h;                   //引用全局变量w、h和局部变量v、l
    return v;
}
void main()
```

```
{
        extern int w,h;
        int l=5;                        //定义局部变量l
        cout<<vs(l,w);
}
int l=3,w=4,h=5;                        //定义全局变量l、w、h
```

本例程序中，外部变量在最后定义，因此在前面函数中对要用的外部变量必须进行说明。外部变量 l、w 和 vs 函数的形参 l、w 同名。外部变量都作了初始赋值，main 函数中也对 l 作了初始赋值。执行程序时，在输出语句中调用 vs 函数，实参 l 的值应为 main 中定义的 l 值，等于 5，外部变量 l 在 main 内不起作用；实参 w 的值为外部变量 w 的值，等于 4，进入 vs 后这两个值传送给形参 l。vs 函数中使用的 h 为外部变量，其值为 5，因此 v 的计算结果为 100，返回主函数后输出。

3.6.3　动态变量与静态变量(Dynamic Variables and Static Variables)

1．变量在内存中的存储

一个程序将操作系统分配给其运行的内存块分为 4 个区域。

(1) 代码区(Code area)：存放程序代码，即程序中各个函数的代码块，也称程序区。

(2) 全局数据区(Data area)：存放全局数据和静态数据。分配该区时内存全部清零。

(3) 栈区(Stack area)：存放局部变量，如函数中的变量等。分配栈区时内存不处理。

(4) 堆区(Heap area)：存放与指针相关的动态数据。分配堆区时内存不处理，存放动态变量。

2．动态变量

动态变量用来在程序执行过程中，定义变量或调用函数时分配存储空间。在该变量作用域的结束处自动释放存储空间。

3．静态变量

在程序开始执行时就分配存储空间，在程序运行期间，即使变量处于其作用域之外，也一直占用为其分配的存储空间，直到程序执行结束时，才收回为变量分配的存储空间，这种变量称为静态变量。

3.6.4　变量的存储类型(Variables Storage Types)

各种变量的作用域不同，就其本质来说是因为变量的存储类型不同。所谓存储类型，是指变量占用内存空间的方式，也称为存储方式。变量的存储方式可分为静态存储和动态存储两种。

对于静态存储变量，通常是在变量定义时就分定存储单元并一直保持不变，直至整个程序结束。对于动态存储变量，在程序执行过程中使用它时才分配存储单元，使用完毕立即释放。其典型的例子是函数的形式参数，在函数定义时并不给形参分配存储单元，只是在函数被调用时才予以分配，调用完毕立即释放。如果一个函数被多次调用，则反复地分配、释放形参变量的存储单元。由以上分析可知，静态存储变量是一直存在的，而动态存储变量则时而存在时而消失。我们把这种由于变量存储方式不同而产生的特性称为变量的生存期。生存期表示了变量存在的时间。生存期和作用域从时间和空间这两个不同的角度来描述变量的特性，这两者既有联系，又有区别。一个变量究竟属于哪一种存储方式，并不能仅从其作用域来判断，还应有明确的存储类型说明。

在 C++ 语言中，对变量的存储类型说明有以下四种：

(1) auto：自动变量。

(2) register：寄存器变量。

(3) extern：外部变量。

(4) static：静态变量。

自动变量和寄存器变量属于动态存储方式，外部变量和静态变量属于静态存储方式。由变量的存储类型可知，对一个变量的说明不仅要说明其数据类型，还要说明其存储类型。因此，变量说明的完整形式如下：

      存储类型说明符 数据类型说明符 变量名，变量名，…；

例如：

```
static int a,b;                    //说明 a、b 为静态类型变量
auto char c1,c2;                   //说明 c1、c2 为自动字符变量
static int a[5]={1,2,3,4,5};       //说明 a 为静态整型数组
extern int x,y;                    //说明 x、y 为外部整型变量
```

1. 自动类型(auto)

自动类型是 C++ 语言程序中使用最广泛的一种类型。C++ 语言规定，函数内凡未加存储类型说明的变量均视为自动变量。也就是说，自动变量可省去说明符 auto。在前面各章的程序中所定义的变量凡未加存储类型说明符的都是自动变量。例如：

```
{
    int i,j,k;
    char c;
    …
}
```

等价于：

```
{
    auto int i,j,k;
    auto char c;
    …
}
```

自动变量具有以下特点：

(1) 自动变量的作用域仅限于定义该变量的个体内。在函数中定义的自动变量只在该函数内有效，在复合语句中定义的自动变量只在该复合语句中有效。例如：

```
int kv(int a)
```

```
    {
        auto int x,y;
        {
            auto char c;
        }      /*c的作用域*/
        …
    }          /*a、x、y的作用域*/
```

(2) 自动变量属于动态存储方式，只有在使用它(即定义该变量的函数被调用)时才给它分配存储单元，开始它的生存期。函数调用结束后，释放存储单元，结束生存期。因此，函数调用结束之后，自动变量的值不能保留。在复合语句中定义的自动变量，在退出复合语句后也不能再使用，否则将引起错误。例如：

```
    void main()
    {
        auto int a,s,p;
        cout<<"input a number: "<<endl;
        cin>>a;
        if(a>0)
        {
            s=a+a;
            p=a*a;
        }
        cout<<s<<p;
    }
```

如果改成：

```
    void main()
    {
        auto int a;
        cout<<"input a number:"<<endl;
        cin>>a;
        if(a>0)
        {
            auto int s,p;
            s=a+a;
            p=a*a;
        }
        cout<<s<<p;
    }
```

其中，s、p 是在复合语句内定义的自动变量，只能在该复合语句内有效，而程序的第 12 行却是退出复合语句之后用 cout 语句输出 s、p 的值，这显然会引起错误。

(3) 由于自动变量的作用域和生存期都局限于定义它的个体内(函数或复合语句内),因此不同的个体中允许使用同名的变量,而不会混淆。即使在函数内定义的自动变量,也可与该函数内部的复合语句中定义的自动变量同名。

【例 3-23】 自动变量使用示例。

程序如下:

```
#include <iostream>
using namespace std;
void main()
{
    auto int a,s=100,p=100;
    cout<<"input a number:"<<endl;
    cin>>a;
    if(a>0)
    {
        auto int s,p;
        s=a+a;
        p=a*a;
        cout<<s<<p;
    }
    cout<<s<<p;
}
```

本程序在 main 函数中和复合语句内两次定义了变量 s、p,为自动变量。按照 C++ 语言的规定,在复合语句内应由复合语句中定义的 s、p 起作用,故 s 的值应为 a+ a,p 的值为 a*a;退出复合语句后的 s、p 应为 main 所定义的 s、p,其值在初始化时给定,均为 100。从输出结果可以分析得出,两个 s 和两个 p 虽变量名相同,却是两个不同的变量。

(4) 对构造类型的自动变量(如数组等),不可作初始化赋值。

2. 寄存器类型(register)

变量一般都存放在存储器内,因此当对一个变量频繁读/写时,必然反复访问内存储器,从而花费大量的存取时间。为此,C++ 语言提供了另一种变量,即寄存器变量。这种变量存放在 CPU 的寄存器中,使用时不需要访问内存,而直接从寄存器中读/写,这样可提高效率。寄存器变量的说明符是 register。对于循环次数较多的循环控制变量及循环体内反复使用的变量,均可定义为寄存器变量。寄存器变量与自动变量相似,也是动态局部变量,也具有块作用域,区别在于自动变量存储在栈区,寄存器变量存储在寄存器中。register 的使用形式如下:

    [register] <数据类型> <变量名表>

例如:

    register int m, n = 3;

【例 3-24】　寄存器变量使用示例，求 $\sum\limits_{i=1}^{200} i$ 。

程序如下：

```
#include <iostream>
using namespace std;
void main()
{
    register int i,s=0;
    for(i=1;i<=200;i++)
        s=s+i;
    cout<<s;
}
```

本程序循环 200 次，i 和 s 都将频繁使用，因此可定义为寄存器变量。

对寄存器变量，还要说明以下几点：

(1) 只有局部自动变量和形式参数才可以定义为寄存器变量，因为寄存器变量属于动态存储方式。凡需要采用静态存储方式的量，不能定义为寄存器变量。

(2) 在 Turbo C、MS C 等微机上使用的 C++ 语言中，实际上把寄存器变量当成自动变量来处理，因此，其速度并不能提高。在程序中允许使用寄存器变量只是为了与标准 C 保持一致。

(3) 即使能真正使用寄存器变量的机器，由于 CPU 中寄存器的个数是有限的，因此使用寄存器变量的个数也是有限的。

3. 外部类型(extern)

用关键字 extern 声明的变量称为外部变量。外部变量是全局变量，具有文件作用域。用 extern 声明外部变量的目的有两个：一是扩展当前文件中全局变量的作用域；二是将其他文件中全局变量的作用域扩展到当前文件中。

【例 3-25】　求两个整数的最大值。

程序如下：

```
#include <iostream>
using namespace std;
extern int a, b;                //第3行声明a、b为外部变量
int main()
{
    int c;
    int max(int x, int y);
    c = max(a, b);              //第7行使用全局变量a、b
    cout << "max=" << c << endl;
    return 0;
}
```

```
int a = 3, b = 5;          //第11行定义全局变量a、b
int max(int x, int y)
{
    int z;
    z = x > y ? x : y;
    return z;
}
```

4．静态类型(static)

静态变量的类型说明符是 static。静态变量属于静态存储方式，但是属于静态存储方式的量不一定就是静态变量。例如，外部变量虽属于静态存储方式，但不一定是静态变量，必须由 static 加以定义后才能成为静态外部变量。对于自动变量，前面已经介绍它属于动态存储方式，但是也可以用 static 定义它为静态自动变量，从而成为静态存储方式。

由此看来，一个变量可由 static 进行再说明，并改变其原有的存储方式。静态变量根据定义在函数内还是函数外，分为静态局部变量与静态全局变量。

1）静态局部变量

在局部变量的说明前再加上 static 说明符就构成静态局部变量。

静态局部变量的定义格式如下：

    [static] <数据类型> <变量名表>

例如：

    static int a,b;
    static float array[5]={1,2,3,4,5}；

静态局部变量属于静态存储方式，它具有以下特点：

(1) 静态局部变量在函数内定义，但不像自动变量那样，调用函数时就存在，退出函数时就消失，静态局部变量始终存在。也就是说，它的生存期为整个源程序。

(2) 静态局部变量的生存期虽然为整个源程序，但是其作用域仍与自动变量相同，即只能在定义该变量的函数内使用，退出该函数后，尽管该变量还继续存在，但不能使用。

(3) 允许对构造类静态局部变量赋初值。若未赋以初值，则由系统自动赋以 0 值。

(4) 对基本类型的静态局部变量，若在说明时未赋以初值，则系统自动赋以 0 值，而对自动变量不赋初值，其值是不定的。根据静态局部变量的特点可以看出，它是一种生存期为整个源程序的量。虽然离开定义它的函数后不能使用，但如再次调用定义它的函数，则它又可继续使用，而且保存了上一次被调用后留下的值。因此，当多次调用一个函数且要求在调用之间保留某些变量的值时，可考虑采用静态局部变量。虽然用全局变量也可以达到上述目的，但全局变量有时会造成意外的副作用，因此仍以采用局部静态变量为宜。

【例 3-26】 静态局部变量使用示例。

程序如下：

```
#include <iostream>
using namespace std;
void main()
```

```
    {
        int i;
        void f();              /*函数说明*/
        for(i=1;i<=5;i++)
        f();                   /*函数调用*/
    }
    void f()                   /*函数定义*/
    {
        auto int j=0;
        ++j;
        cout<<j;
    }
```

上述程序中定义了函数 f，其中的变量 j 说明为自动变量并赋予初始值为 0。当 main 中多次调用 f 时，j 均赋初值为 0，故每次输出值均为 1。现在把 j 改为静态局部变量，程序如下：

```
    #include <iostream>
    using namespace std;
    void main()
    {
        int i;
        void f();
        for (i=1;i<=5;i++)
           f();
    }
    void f()
    {
        static int j=0;
        ++j;
        cout<<j<<endl;
    }
```

由于 j 为静态变量，能在每次调用后保留其值并在下一次调用时继续使用，所以输出值为累加的结果。读者可自行分析其执行过程。

2) 静态全局变量

全局变量(外部变量)的说明之前再冠以 static 就构成了静态全局变量。全局变量本身就是静态存储方式，静态全局变量当然也是静态存储方式。这两者在存储方式上并无不同。这两者的区别在于：非静态全局变量的作用域是整个源程序，当一个源程序由多个源文件组成时，非静态全局变量在各个源文件中都是有效的；静态全局变量则限制了其作用域，即只在定义该变量的源文件内有效，在同一源程序的其他源文件中不能使用它。由于静态全局变量的作用域局限于一个源文件内，只能为该源文件内的函数公用，因此可以避免在其他源文件中引起错误。由以上分析可以看出，把局部变量改变为静态变量是改变了它的存储方式，即改变了它的生存期；把全局变量改变为静态变量是改变了它的作用域，即限制了它的使用范围。因此，static 这个说明符在不同的地方所起的作用是不同的，应予以注意。

【例 3-27】　静态全局变量使用示例。

```cpp
#include <iostream>
using namespace std;
void fn();
static int n;                    //定义静态全局变量
int main()
{
    n=20;
    cout << n << endl;
    fn();
    return 0;
}
void fn( )
{
    n++;
    cout << n << endl;
}
```

静态全局变量有以下特点：

(1) 静态全局变量存储在内存的静态存储区；

(2) 未经初始化的静态全局变量会被编译器自动初始化为 0；

(3) 静态全局变量在声明它的整个文件内都是可见的，在文件之外则不可见。

3.6.5　生存期(Lifetime)

作用域针对标识符而言，生存期则针对变量而言。生存期指变量从被创建开始到被释放为止的时间。生存期和作用域从时间和空间这两个不同的角度来描述变量的特性，两者既相联系，又相区别。在 C++中，变量的生存期分为三类：静态生存期、局部生存期和动态生存期。

1．静态生存期

这种生命期与程序的运行期相同，只要程序一开始运行，这种生命期的变量就存在，当程序结束时，其生命期就结束。

2．局部生存期

在函数内部声明的变量或者块中声明的变量具有局部生命期。

3. 动态生存期

用 new 声明获得动态存储空间,在堆中分配某一类型变量所占的存储空间,并将首地址赋给指针。注意:用 new 申请的空间,一定要用 delete 释放指针指向的动态存储空间。

3.6.6　名字空间(Name Space)

缺省情况下,在全局域(被称做全局名字空间域)中声明的每个对象、函数、类型或模板都引入了一个全局实体。在全局名字空间域引入的全局实体必须有唯一的名字。例如,函数和对象不能有相同的名字,无论它们是否在同一程序文本文件中被声明。这意味着如果我们希望在程序中使用一个库,那么必须保证程序中的全局实体的名字不能与库中的全局实体的名字冲突。如果程序是由许多厂商提供的库构成的,那么这将很难保证,各种库会将许多名字引入到全局名字空间域中。在组合不同厂商的库时,怎样确保程序中的全局实体的名字不会与这些库中声明的全局实体的名字冲突呢? 名字冲突问题也称为全局名字空间污染问题。

程序员可以通过使全局实体的名字很长或在程序中的名字前面加个特殊的字符序列前缀,从而避免这些问题。例如:

```
class cplusplus_primer_matrix {...};
void inverse(cplusplus_primer_matrix &);
```

但是这种方案不是很理想。用 C++ 写的程序中可能有相当数量的全局类、函数和模板在整个程序中都是可见的。对程序员来说,用这么长的名字写程序实在是一个累赘。名字空间允许我们更好地处理全局名字空间污染问题。库的作者可以定义一个名字空间,从而把库中的名字隐藏在全局名字空间之外。例如:

```
namespace cplusplus_primer
{
    class matrix
    {
        /* ... */
    };
    void inverse (matrix &);
}
```

名字空间 cplusplus_primer 是用户声明的名字空间(和全局名字空间不同,后者被隐式声明并且存在于每个程序之中)。名字空间是一个命名范围区域,其中所有的由程序员创建的标识符可以确保是唯一的(假设程序员在名字空间中没有声明两个重名的标识符,并假设以前已定义的同名的名字空间已不存在)。例如,可以定义一个简单的名字空间:

```
namespace MyNames
{
    int val1=10;
    int val2=20;
}
```

这里有两个整型变量 val1 和 val2,被定义为 MyNames 名字空间的组成部分。当然,这仅仅是一个介绍性的例子。在本章的后面部分,将更详细地介绍名字空间的定义。

名字空间的一个例子是 std,它是 C++定义其库标识符的名字空间。为了使用 cout 流对象,必须告诉编译器 cout 已存在于 std 名字空间中。为了达到上述目的,可以指定名字空间的名称和作用域限定操作符(::)作为 cout 标识符的前缀。

【例 3-28】 使用 std 名字空间。

```
#include <iostream>
using namespace std;
int main()
{
    std::cout<<"Coming to you from cout. ";
    return 0;
}
```

该例通过使用 cout 对象将流文本输出到屏幕上来显示短消息。注意 cout 对象名称前面是如何出现 std 名字空间的。

1. using namespace 语句

使用已在名字空间定义的标识符的另一种方法是将 using namespace 语句包含在涉及到名字空间的源代码文件中。例 3-39 是例 3-28 的另一种形式,它包含了 using namespace 语句。

【例 3-29】 using namespace 语句。

```
#include <iostream>
using namespace std;
int main()
{
    cout<<"Coming to you from cout. ";
    return 0;
}
```

例 3-29 的结果与例 3-30 完全一样。然而,由于 using namespace 语句,程序员不再需要在 cout 流对象名称前加 std 名字空间的名称。由于不仅 cout 标识符不再需要 std 前缀,而且 std 名字空间定义的其他任何标识符都是如此,因此这种方式可能节约大量的时间。然而,请注意,并没有一种可以推荐的程序设计惯例,因为使用名字空间语句基本上是在全局层次设置特定的名字空间,这几乎完全违背了名字空间最初的目标,例 3-29 在将 using namespace 语句包含于程序中时可能会遇到这个问题。

【例 3-30】 using namespace 语句的问题。

程序如下:

```
#include <iostream>
using namespace std;
namespace MyNames
```

```
    {
        int val1=10;
        int val2=20;
    }
    namespace MyOtherNames
    {
        int val1=30;
        int val2=50;
    }
    using namespace MyNames;
    using namespace MyOtherNames;
    int main()
    {
        cout<<"Coming to you from cout. ";
        val1=100;
        return 0;
    }
```

当试图编译例 3-30 时，Visual C++6.0 会提供下面的错误信息：

```
    error C2872: 'val1' : ambiguous symbol
```

这里编译器说明，在语句 val1=100 中，编译器并不知道程序所指的 val1 是哪种版本。是在 myname 中定义的 val1 还是在 MyOtherNames 中定义的 val1 呢？编译器并没有办法识别。为避免出现这种类型的问题，应该将例 3-30 的程序改写为例 3-31 所示，程序将会被正确编译和执行。

【例 3-31】　程序改写。

程序如下：

```
    #include <iostream>
    using namespace std;
    namespace MyNames
    {
        int val1=10;
        int val2=20;
    }
    namespace MyOtherNames
    {
        int val1=30;
        int val2=50;
    }
    using namespace MyNames;
    using namespace MyOtherNames;
```

```
int main()
{
    std::cout<<"Coming to you from cout. ";
    MyNames::val1=100;
    return 0;
}
```

2．定义名字空间

一个名字空间可以包含如下多种类型的标识符：

(1) 变量名；

(2) 常量名；

(3) 函数名；

(4) 结构名；

(5) 类名；

(6) 名字空间名。

一个名字空间可以在两个地方被定义：在全局范围层次或在另一个名字空间中(这样形成一个嵌套名字空间)。例 3-32 给出了一个定义了各种类型变量和函数的名字空间定义。

【例 3-32】　名字空间定义。

程序如下：

```
#include <iostream>
using namespace std;
namespace MyNames
{
    const int OFFSET=15;
    int val1=10;
    int val2=20;
    char ch='A';
    int ReturnSum()
    {
        int total=val1+val2+OFFSET;
        return total;
    }
    char ReturnCharSum()
    {
        char result=ch+OFFSET;
        return result;
    }
}
int main()
```

```
    {
        cout<<"namespace member values: "<<endl;
        cout<<MyNames::val1<<endl;
        cout<<MyNames::val2<<endl;
        cout<<MyNames::ch<<endl;
        cout<<"result of namespace functions: "<<endl;
        cout<<MyNames::ReturnSum()<<endl;
        cout<<MyNames::ReturnCharSum()<<endl;
        return 0;
    }
```

运行结果：

```
namespace member values:
10
20
A
result of namespace functions:
45
P
```

3. 嵌套名字空间

名字空间可以在其他名字空间中被定义。在这种情况下，仅仅通过使用外部的名字空间作为前缀，一个程序就可引用在名字空间之外定义的其他标识符。然而，在名字空间内部定义的标识符需要作为外部和内部名字空间名称的前缀出现。

【例 3-33】 嵌套名字空间实例。

程序如下：

```
#include <iostream>
using namespace std;
namespace MyNames
{
    int val1=10;
    int val2=20;
    namespace MyInnerNames
    {
        int val3=30;
        int val4=40;
    }
}
int main()
{
```

```
        cout<<"namespace values: "<<endl;
        cout<<MyNames::val1<<endl;
        cout<< MyNames::val2<<endl;
        cout<< MyNames::MyInnerNames::val3<<endl;
        cout<< MyNames::MyInnerNames::val4<<endl;
        return 0;
    }
```

运行结果：

```
    namespace values:
    10
    20
    30
    40
```

4．无名名字空间

尽管给定名字空间的名称是有益的，但可以通过在定义中省略名字空间的名称来简单地声明无名名字空间。例如，下面的例子定义了一个无名名字空间，它包含了两个整型变量。

```
    namespace
    {
        int val1=10;
        int val2=20;
    }
```

事实上，在无名名字空间中定义的标识符被设置为全局的名字空间，它几乎彻底破坏了名字空间设置的最初目标。基于这个原因，无名名字空间并未被广泛应用。

5．名字空间的别名

可以给定名字空间的别名，它是已定义的名字空间的可替换的名称。下面通过将别名指定为当前的名字空间的名称，可以简单地创建一个名字空间的别名：

```
    namespace MyNames
    {
        int val1=10;
        int val2=20;
    }
    namespace MyAlias=MyNames;
```

【例3-34】   名字空间别名的使用。

```
    #include <iostream>
    using namespace std;
    namespace MyNames
```

```
    {
        int val1=10;
        int val2=20;
    }
    namespace MyAlias=MyNames;
    int main()
    {
        cout<<"namespace values: "<<endl;
        cout<<MyNames::val1<<endl;
        cout<< MyNames::val2<<endl;
        cout<<"Alias namespace values: "<<endl;
        cout<< MyAlias::val1<<endl;
        cout<< MyAlias::val2<<endl;
        return 0;
    }
```

运行结果：

```
namespace values:
10
20
Alias namespace values:
10
20
```

3.7 多文件结构

(Multi-File Structure)

1. 头文件

每个标准库都有相应的"头文件"，头文件中包含对应库中所有函数的函数原型与这些函数所需的各种数据类型和常量的定义。程序员也可以自己定义头文件。自定义的头文件应以 .h 结尾。自定义的头文件可以用 #include 来包含。

2. 多个文件组成的程序结构

大程序倾向于分成多个源文件，其理由如下：

(1) 避免重复编译函数。

(2) 使程序更加容易管理。

(3) 把相关函数放到一特定源文件中。

3.8　常见编程错误

(Common Programming Errors)

1. 在函数定义的()后面使用分号。例如：

```
void chang();
{
    ...
}
```

调试器错误信息：error C2447: missing function header (old-style formal list?)

2. 函数声明/定义/调用参数个数不匹配。例如：

```
void chang(int a,int b, float c)
{
    ...
}
void main()
{
    ...
    chang(3,4);
}
```

调试器错误信息：error C2660: 'chang' : function does not take 2 parameters

3. 数据定义错误。例如：

```
int *ip = new int(12);      //在运行的时候会引起访问越界
int *ip = new int[12];      //正确
```

4. 函数调用运算符的优先级引起的错误。例如：

```
class C
{
    // ...
    void f(int);
    int mem;
};
void (C::*pfmem)(int) = &C::f
int C::*pdmem = &C::mem;          //这些是C++语言里不常用的声明语法，应牢记
C *cp = new C;
// ...
cp->*pfmem(12);                  //错误! 应更正为(cp->*pfmem)(12);
```

5. 作用域范围引起的错误。例如：

```
for (int i = 0; i < bufSize; ++i)
{
        if (!buffer[i])
            break;
}
if (i == bufSize)                //原先是合法的，现在不合法了，i 超出了其作用域
```

6. 死循环的产生。例如：

```
int i = 0;
while (i < bufSize)
{
    if (isprint(buffer[i]))
        massage(buffer[i]);
    // ...
    if (some_condition)
        continue;                //错误！引起死循环
    // ...
    ++i;
}
```

本 章 小 结

(Chapter Summary)

本章介绍了函数的定义和调用方法。在调用函数时，一定要在调用之前对被调用函数进行声明。如果是外部函数，则要加 extern 关键字；如果要限制函数的作用域在本文件之中，则要加 static 关键字进行限定。inline 关键字用于定义内联函数。正确地使用内联函数可以提高程序的运行效率。

实参和形参占用不同的存储单元，形参的值的变化不会影响到实参的值。这与函数参数的引用传递不同。

函数重载为编写程序提供了很大的方便。需要注意的是，重载的函数是指函数的名字相同，但至少参数个数或类型不能相同，如果参数个数和类型都相同，仅仅是返回类型不同，那么是不行的。

编写递归的函数时，一定注意要有递归调用终止条件，且每调用一次就向调用终止更靠近一步。这可确保递归调用能够正常结束，而不至于导致系统内存耗尽而崩溃。

本章还介绍了变量的作用域和生存期，以及全局变量、局部变量、静态变量的用法。滥用全局变量是造成名字冲突、程序错误的原因之一，因此应尽量少用全局变量。在同一个作用域内，变量不能同名，否则，程序编译时，编译器会给出变量重复定义的错误。不同的作用域内，变量同名不会出现语法问题，但会出现变量不可见的问题。

习 题 3

(Exercises 3)

一、单项选择题

1. 当一个函数无返回值时，若要定义它，则函数的类型应是( )。

    A. void   B. 任意   C. int   D. 无

2. 在函数说明时，下列( )是不必要的。

    A. 函数的类型   B. 函数的参数类型和名字

    C. 函数名字   D. 返回值表达式

3. 在函数的返回值类型与返回值表达式类型的描述中，( )是错误的。

    A. 函数的返回值类型是定义函数时确定的

    B. 函数的返回值类型就是返回值表达式类型

    C. 函数的返回值表达式类型与函数返回值类型不同时，表达式类型应转换成函数返回值类型

    D. 函数的返回值类型决定了返回值表达式类型

4. 在一个被调用函数中，关于 return 语句使用的描述，( )是错误的。

    A. 被调用函数中可以不用 return 语句

    B. 被调用函数中可以使用多个 return 语句

    C. 被调用函数中，如果有返回值，则一定要有 return 语句

    D. 被调用函数中，一个 return 语句可返回多个值给调用函数

5. 下列( )是引用调用。

    A. 形参是指针，实参是地址值   B. 形参和实参都是变量

    C. 形参是数组名，实参是数组名   D. 形参是引用，实参是变量

6. 在传值调用中，要求( )。

    A. 形参和实参类型任意，个数相等

    B. 形参和实参类型都完全一致，个数相等

    C. 形参和实参对应的类型一致，个数相等

    D. 形参和实参对应的类型一致，个数任意

7. 在 C++中，下列关于设置参数默认值的描述中，( )是正确的。

    A. 不允许设置参数的默认值

    B. 参数的默认值只能在定义函数时设置

    C. 设置参数的默认值时，应该先设置右边的，再设置左边的

    D. 设置参数的默认值时，应该全部参数都设置

8. 重载函数在调用时选择的依据中，( )是错误的。

    A. 参数个数   B. 参数类型   C. 函数名字   D. 函数类型

9. 下列标识符中，( )是文件级作用域的。

    A. 函数形参   B. 语句标号

C. 外部静态类标识符　　　　　　D. 自动类标识符

10. 有一个 int 型变量，在程序中使用频度很高，最好定义为(　　)。

　　A. register　　　　B. auto　　　　C. extern　　　　D. static

11. 下列标识符中，(　　)不是局部变量。

　　A. register 类　　　B. 外部 static 类　　C. auto 类　　　D. 函数形参

12. 下列存储类标识符中，(　　)的可见性与存在性不一致。

　　A. 外部类　　　　B. 自动类　　　　C. 内部静态类　　　D. 寄存器类

13. 下列存储类标识符中，要求通过函数来实现一种不太复杂的功能，并且要求加快执行速度，选用(　　)合适。

　　A. 内联函数　　　B. 重载函数　　　C. 递归调用　　　　D. 嵌套调用

14. 采用函数重载的目的在于(　　)。

　　A. 实现共享　　　B. 减少空间　　　C. 提高速度　　　D. 方便使用，提高可读性

15. 若有以下函数调用语句：fun(a+b,(x,y),fun(n+k,d,(a,b)));，则在此函数调用语句中实参的个数是(　　)个。

　　A. 3　　　　　　　B. 4　　　　　　　C. 5　　　　　　　D. 6

二、判断题(正确的划 √，错误的划 ×)

1. 在 C++ 中，定义函数时必须给出函数的类型。(　　)

2. 在 C++ 中，说明函数时要用函数原型，即定义函数时的函数头部分。(　　)

3. 在 C++ 中，所有函数在调用前都要说明。(　　)

4. 如果一个函数没有返回值，则定义时需用 void 说明。(　　)

5. 在 C++ 中，传值调用将被引用调用所代替。(　　)

6. 使用内联函数是以牺牲增大空间开销为代价的。(　　)

7. 返回值类型、参数个数和类型都相同的函数也可以重载。(　　)

8. 在设置了参数的默认值后，调用函数的对应实参就必须省略。(　　)

9. 函数重载解析引起的二义性完全是由不同的编译系统决定的。(　　)

10. for 循环中，循环变量的作用域是该循环的循环体内。(　　)

11. 语句标号的作用域是定义该语句标号的文件内。(　　)

12. 函数形参的作用域是该函数的函数体。(　　)

13. 定义外部变量时，不用存储类说明符 extern，而说明外部变量时要用 extern。(　　)

14. 内部静态类变量与自动类变量的作用域相同，但是生存期不同。(　　)

15. 静态生存期的标识符的寿命是短的，而动态生存期的标识符的寿命是长的。(　　)

三、程序阅读题

1. 分析下面程序的运行结果。

```
#include<iostream>
using namespace std;
int add(int a,int b);
void main()
{
```

```
        extern int x,y;
        cout<<add(x,y)<<endl;
    }
int x(20),y(5);
int add(int a,int b)
{
        int s=a+b;
        return s;
}
```

2. 分析下面程序的运行结果。

```
#include<iostream>
using namespace std;
void f(int j);
void main()
{
        for(int i(1);i<=4;i++)
        f(i);
}
void f(int j)
{
        static int a(10);
        int b(1);
        b++;
        cout<<a<<"+"<<b<<"+"<<j<<"="<<a+b+j<<endl;
        a+=10;
}
```

3. 分析下面程序的运行结果。

```
#include<iostream>
using namespace std;
int fac(int a);
void main()
{
        int s(0);
        for(int i(1);i<=5;i++)
            s+=fac(i);
        cout<<"5!+4!+3!+2!+1!= "<<s<<endl;
}
int fac(int a)
{
```

```
        static int b=1;
        b*=a;
        return b;
}
```

4. 分析下面程序的运行结果。

```
#include<iostream>
using namespace std;
void fun(int ,int , int *);
void main()
{
        int x,y,z;
        fun(5,6,&x);
        fun(7,x,&y);
        fun(x,y,&z);
        cout<<x<<","<<y<<","<<z<<endl;
}
void fun(int a,int b,int *c)
{
        b+=a;
        *c=b-a;
}
```

5. 分析下面程序的运行结果。

```
#include<iostream>
using namespace std;
int add(int x, int y=8);
void main()
{
        int a(5);
        cout<<"sum1="<<add(a)<<endl;
        cout<<"sum2="<<add(a,add(a))<<endl;
        cout<<"sum3="<<add(a,add(a,add(a)))<<endl;
}
int add(int x,int y)
{
        return x+y;
}
```

6. 分析下面程序的运行结果。

```
#include<iostream>
using namespace std;
```

```cpp
void swap(int &,int &);
void main()
{
    int a(5),b(8);
    cout<<"a="<<a<<","<<"b="<<b<<endl;
    swap(a,b);
    cout<<"a="<<a<<","<<"b="<<b<<endl;
}
void swap(int &x,int &y)
{
    int temp;
    temp=x;
    x=y;
    y=temp;
}
```

7. 分析下面程序的运行结果。

```cpp
#include<iostream>
using namespace std;
int &f1(int n,int s[])
{
    int &m=s[n];
    return m;
}
void main()
{
    int s[]={5,4,3,2,1,0};
    f1(3,s)=10;
    cout<<f1(3,s)<<endl;
}
```

8. 分析下面程序的运行结果。

```cpp
#include<iostream>
using namespace std;
void print(int),print(char),print(char *);
void main()
{
    int u(1998);
    print('u');
    print(u);
    print("abcd");
```

```
        }
        void print(char x)
        {
            cout<<x<<endl;
        }
        void print(char *x)
        {
            cout<<x<<endl;
        }
        void print(int x)
        {
            cout<<x<<endl;
        }
```

9. 分析下面程序的运行结果。

```
#include<iostream>
using namespace std;
void ff(int),ff(double);
void main()
{
    float a(88.18);
    ff(a);
    char b('a');
    ff(b);
}
void ff(int x)
{
    cout<<"ff(int): "<<x<<endl;
}
void ff(double x)
{
    cout<<"ff(double): "<<x<<endl;
}
```

四、简答题

1. 阐述 C++中函数的三种调用方式的实现机制、特点及其实参、形参的格式，最好用代码说明。

2. 名字空间的用途是什么？

3. 内联函数有什么作用？它有哪些特点？

4. 函数原型中的参数名与函数定义中的参数名以及函数调用中的参数名必须一致吗？

5. 重载函数时通过什么来区分？

五、按下列要求编程，并上机验证

1. 不用库函数，编写求整数次幂的函数 long intPower(int base, int exponent)，求 base 的 exponent 次幂。

2. 编写一个函数，返回与所给十进制正整数数字顺序相反的整数。例如，已知整数是 1234，函数返回值是 4321。

3. 编写一个函数，内放 10 个学生成绩，求平均成绩。

4. 编写一个函数，使它能够输出一个浮点数的小数部分，然后在主函数中调用该函数，将由键盘输入的任意浮点数的整数部分和小数部分分别输出。

5. 用随机函数产生指定范围的随机数，并编写一个能选择进行四则运算的程序，要求由“现在开始(Y 或 N)”提示进入难度选择提示“请输入难度(1 或 2)”，输错则退出，正确后再进行运算类型选择，每做一次能运行 10 道题，正确显示“你算对了，加 10 分”，错误显示“你算错了！”，做完 10 道题会给出总成绩。

第 4 章　类 与 对 象

(Classes and Objects)

****

【学习目标】

  📕 面向对象程序设计的基本特点。

  📕 掌握类与对象的声明和定义。

  📕 理解类的数据成员和函数成员的含义。

  📕 理解和掌握构造函数和析构函数的使用。

  📕 理解类的数据成员和函数成员。

  📕 理解常数据成员和常函数成员。

  📕 了解指向对象的指针。

  📕 理解静态成员的概念。

  📕 理解友元的概念。

****

  面向对象程序设计建立在 3 个基本概念上：数据抽象、继承和动态绑定。类是一种抽象数据类型，C++使用类来定义用户自己的抽象数据类型。现实世界中遇到的问题我们映射到类中，可以使我们解决问题的程序更易于编写、调试和修改。

  类类型的变量即是对象。本章主要介绍和类相关的一些重要概念，包括类的数据成员、函数成员、构造函数、析构函数等，还会涉及到常数据成员和常函数成员、指向对象的指针以及静态成员与友元等概念。

4.1　类 和 对 象

(Classes and Objects)

4.1.1　类与抽象数据类型(Class and Abstract Data Types)

  抽象即忽略一个问题中与当前事物无关的方面，将注意力放在与当前事物有关的方面。抽象并不能解决所有问题，而只是选择其中的一部分，暂时不考虑一些细节问题。引入抽象数据类型的目的是把数据类型的表示和数据类型上运算的实现与这些数据类型和运算在程序中的引用隔开，使它们相互独立。

对于抽象数据类型的描述，除了必须描述它的数据结构外，还必须描述定义在它上面的运算(过程或函数)。抽象数据类型上定义的过程和函数以该抽象数据类型的数据所应具有的数据结构为基础。从这个意义上讲，类本身就是一种抽象数据类型。它把一类事务的属性抽象出来，同时封装了该类事务可以提供的操作。本章我们来具体学习类这种抽象数据类型的定义以及相关的一些重要概念。

4.1.2　类的声明和定义(Classes Declarations and Definitions)

1. 从结构体到类

C++兼容 C 语言的结构体类型(struct)，但又与 C 语言中的结构体类型有所不同。C 语言中的 struct 类型一般只包含简单的成员变量，在 C++中扩展了结构体的成员功能，除了成员变量外，还可以包含相关的函数操作。如果一个结构体类型既包含了变量又包含了函数，那么它就定义了一种新的类型，在 C++中采用类这一名词来说明这种抽象数据类型。

例如：

```
struct Stud
{ char gender;
    int age;
}
```

2. 类的定义

类定义的语法格式为

```
class class_name
{
    //Member_list
};
```

这里以实现一个人(Person)类为例，来看一下如何定义一个类。我们抽象人的属性有姓名(name)、年龄(age)；行为有能走路 walk()、能工作 work()。

【例 4-1】　类定义举例。

```
class Person
{
public:
    void walk() {}
    void work() {}
    void disp();
private:
    string name;
    unsigned age;
};
```

这里我们定义了一个 Person 类，姓名 name、年龄 age 等都应定义为数据成员，而人可以走路 walk()、可以工作 work()等，则定义为函数成员。

　　Person 即为我们这个类的类型名，放置在关键字 class 之后。整个类型名内部由一对花括号{}括起来。由先到后依次是函数成员和数据成员的定义。注意，在 walk 函数前面的 public:是类的访问属性。后续内容我们会详细讨论。

　　从根本上来说，一个类定义了一种新的数据类型和一个新的作用域(scope)，像其他固有数据类型一样，如 int 可以定义该类型的变量。这里我们把定义为类类型的变量称为类的对象或类的实例。每一个类类型中都可以定义零个或多个成员，其中成员又分为数据成员和函数成员。Person 类中 name 和 age 即是数据成员，walk、work 和 disp 则是函数成员。

4.1.3　类的函数成员的实现(Classes Member Functions)

1．使用域限定符"::"

　　从例 4-1 的 Person 类中我们看到，函数成员 disp 没有函数体，只有函数声明部分。类允许其函数成员在类中定义，也允许函数成员定义在类外，此时类中需要有函数声明部分。

　　在类外定义函数成员的语法格式为

```
return_type classname::functionname(formal parameter)
{
    //function body
}
```

套用此格式函数成员 disp 可以这样来实现：

```
void Person::disp()
{
    cout<<"此人姓名为："<<name<<"年龄为："<<age<<endl;
}
```

这里我们引入一个域限定符"::"。域限定符指明 disp 是作为一个类的函数成员而存在的，域限定符前面放置其所属的类的类型。

说明：

(1) 域限定符"::"和类名一起使用，用来识别某个成员。

(2) 成员访问符"."和类的对象一起使用，用来访问某个成员。

2．内联函数成员

　　类中的函数成员允许是内联函数。当函数成员定义在类中时，如 Person 类中的 walk 函数成员，自动作为内联函数；当函数成员定义在类外时，如 disp 函数成员，此时不会默认为内联函数，如果在函数声明前面加上关键字 inline，或者在函数实现部分加上 inline，即为内联函数。如

```
inline void disp();
```

或者：

```
inline void Person::disp()
{
    cout<<"此人姓名为："<<name<<"年龄为："<<age<<endl;
}
```

4.1.4 类和对象(Classes and Objects)

定义了某个类时，系统不分配内存空间。定义这种类型的变量即定义了这个类的对象时，系统才会分配内存空间。类的对象包含了类中的数据成员，以及类中函数成员的地址，即函数成员是类的所有对象所共享的。例如有如下 3 个 Person 类的对象：

    Person p1,p2,p3;

类的对象及类的函数成员的关系如图 4-1 所示。

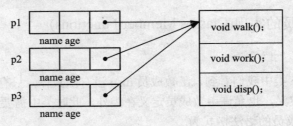

图 4-1 类的对象及类的函数成员关系

如果调用类的函数成员，如：

    p1.disp();

    p2.disp();

    p3.disp();

此时 p1、p2、p3 这 3 个对象分别调用共享的函数成员 disp。

4.1.5 类的访问属性(Access Controls in Classes)

前面已经提到过封装的概念，即把数据和函数包含在一个类类型中。信息隐藏是和封装密切相关的，借助于封装，可以有选择地隐藏或公开类中的数据成员和函数成员，这在一定程度上保护了类中的数据。

C++中通过 private、public、protected 这 3 个访问属性来实现类中信息的可见与不可见。这里我们只介绍 private 和 public，protected 将在继承部分中介绍。

1. private 和 public

private 即私有的，被用来隐藏类中的数据成员和函数成员；public 即公有的，用来公开类中的数据成员和函数成员。例如：

```
class Person
{ public:
    void walk() {}
    void work() {}
    void disp();
private:
    string name;
    unsigned age;
};
```

```
class Person
{
private:
    string name;
  unsigned age;
 public:
    void walk() { }
    void work() { }
    void disp();
};
class Person
{
 public:
    void walk() { }
    void work() { }
 private:
    string name;
    unsigned age;
 public:
    void disp();
};
```

public、private 可以出现在类中的任何地方，同时出现的次数也没有限制。以上三种方式是等价的，一般采用第 1、2 种，把访问属性相同的放在一起。

访问属性对紧跟其后的成员起作用，直到遇到另外一个访问属性或者右花括号 "}" 为止。从左花括号 "{" 起第 1 个访问属性如果不标明，则默认为 private。

说明：

(1) 一般地，所有的数据成员均为 private 访问属性。

(2) 函数成员如果主要在类外使用即设为 public，如果只为类中的其他函数成员服务，则一般设为 private。

2．类域

类域(class scope)即类的作用域，类似于我们以前学过的函数域、块域等。类一旦定义，类的 private 成员即有类域，即其只允许类中的成员来访问，而类外的对象不能直接访问。相反地，类的 public 成员既可以允许类的其他成员访问，又可以在类外访问。

例如：Person p1;

```
    p1.name="zhangsan";        //Error!
    cout<<p1.disp();           //OK!
```

3．get 和 set 函数

类成员的访问属性实现了面向对象程序设计的封装的概念以及信息隐藏的原理。由类域我们了解到，类的 private 成员在类外是不可见的，即不能在类外直接访问，如果我们想对类中的 private 成员进行修改或者获取等操作的话，就需要借助相应的 public 函数成员来间接实现。一般地，我们把函数归为两类：访问函数和可变函数。访问函数又叫 get 函数，一般以 get 开头，用来获取某个 private 数据成员的值；可变函数又叫 set 函数，一般以 set 开头，用来对某个 private 数据成员进行修改。

例如 Person 类中 name 和 age 数据成员均为 private，我们不能直接访问到它们的值，可以通过相应的 set_name()、set_age()、get_name()、get_age()公有函数成员来实现。

这样，我们把 Person 类进一步改善如下。

【例 4-2】　带有 get、set 函数的 Person 类。

```cpp
class Person
{
    public:
        void set_name(string new_name);
        void set_age(unsigned new_age);
        string get_name(){return name;}
        unsigned get_age() {return age;}
        void disp() ;
        void walk() {}
        void operate() {}
    private:
        string name;
        unsigned age;
};
```

4. struct 和 class 的区别

C++的 class 类型是从 C 语言的 struct 发展而来的。如果一个新的自定义类型是由 struct 关键字来实现的，则默认的访问属性是 public，而用 class 关键字实现的，则默认为 private。如以下两者是等价的。

```cpp
class C
{
    int   x;
    public:
        void setX(int x);
};
struct C
{
    void setX(int x);
    private:
        int   x;
};
```

4.2　构造函数与析构函数

(Constructors and Destructor)

以例 4-2 的 Person 类为例，如果我们想在定义对象的同时给对象赋初值，如：

Person p1("zhangsan",20);

Person p2 (p1);

如果出现这样的定义，那么我们前面所定义的 Person 类无法实现，因为没有相应的构造函数，即构造初始对象的函数。在本节我们就来学习如何定义合适的构造函数，从而达到不同的初始化对象的目的，此外，还将介绍和构造函数作用相反的析构函数。

4.2.1　构造函数(Constructors)

构造函数是特殊的类函数成员，它用来初始化类的对象。构造函数的函数名和类名相同，该函数没有返回类型，不能像其他函数成员一样被显式调用，而由系统自动调用。同时构造函数可以和其他函数成员一样有自己的形式参数，可以在函数体内包括赋值、循环、选择等语句。构造函数可以在类中定义，或者在类中声明在类外定义。构造函数可以根据需要定义多个，它们的函数名相同，互为重载函数，依据参数不同系统会自动区分该调用哪个构造函数。

如果在类中没有定义构造函数，系统会提供一个默认的构造函数，此构造函数没有参数，我们称为缺省构造函数。

假设我们有 Person 类，那么语句 Person p1,p2;中，系统会自动调用缺省的构造函数。

【例 4-3】　带有构造函数的 Person 类。

```
class Person
{
    public:
        Person(){};                                    //缺省构造函数
        Person(string new_name, unsigned new_age);     //构造函数声明
        Person(Person& );                              //拷贝构造函数
        void set_name(string new_name);
        void set_age(unsigned new_age);
        string get_name(){return name;}
        unsigned get_age() {return age;}
        void disp() ;
        void walk() {}
        void operate() {}
    private:
        string name;
        unsigned age;
```

```
};
Person::Person(string new_name, unsigned new_age)          //构造函数定义
{
     name=new_name;
     age=new_age;
}
Person::Person(Person& p)
{
     name=p.name;
     age=p.age;
}
int main()
{
     Person p1("zhangsan",20),p2(p1),p3;
     p1.disp();
     p2.disp();
     p3.set_name("lisi");
     p3.set_age(20);
     p3.disp();
     return 0;
}
```

我们对例 4-2 Person 类进行了改造，增加了 3 个构造函数，p3 自动调用第 1 个构造函数，p1 自动调用第 2 个构造函数，p2 自动调用第 3 个构造函数。

程序员可以根据程序的需要而定制不同的构造函数。

根据构造函数有无参数的特点我们把构造函数分为无参构造函数和有参构造函数两大类。无参构造函数即为系统可自动提供的缺省构造函数(如上例中第 1 个构造函数)。带参构造函数我们又分为两种情况，一种参数只有 1 个且类型即为该类类型，我们称之为拷贝构造函数(如上例中第 3 个构造函数)；另一种是参数不是该类类型，我们称之为转换构造函数。在后面的内容中我们分别来介绍这几种构造函数。

4.2.2　缺省构造函数(Default Constructors)

前面提到，如果类中没有构造函数的定义，则系统会自动生成一个无参构造函数，我们称之为缺省构造函数。以 Person 类为例：

```
class Person
{
public:
     void set_name(string new_name);
     void set_age(unsigned new_age);
```

```
        string get_name(){return name;}
        unsigned get_age() {return age;}
        void disp() ;
        void walk() { }
        void operate() { }
    private:
        string name;
        unsigned age;
};
```

　　我们没有定义任何构造函数，但是 Person p1,p2;这样的对象定义是合法的，其原因就在于系统自动生成了一个缺省构造函数。缺省构造函数默认所有的数据成员值均为其所属数据类型意义中的 0，如此时 p1 的 name 为一空字符串，age 则为 0。

　　系统提供缺省的构造函数默认为 public，存在下列两种情况：

　　(1) 只有类中没有任何构造函数的定义或声明，系统才会提供缺省构造函数，如果系统提供了某种有参构造函数，但仍需要使用无参构造函数即缺省构造函数，此时需要程序员在类中自己定义缺省构造函数。

　　(2) 如果类中存在构造函数，但构造函数为 private，此时系统也不会提供缺省构造函数。

4.2.3　拷贝构造函数(Copy Constructors)

　　拷贝构造函数，顾名思义，即用已经存在的类的对象去构造一个新的对象，两个对象的数据成员值是完全相同的。所以，拷贝构造函数的参数为该类类型，不过为了程序执行效率，我们一般采用引用传值。以 Point 类为例，一般有以下两种拷贝构造函数声明格式：

　　(1) Point(Point&);

　　(2) Point(const Point&);

　　如果类中没有定义拷贝构造函数，系统会自动提供一个拷贝构造函数。

　　【例 4-4】　使用系统提供的拷贝构造函数。

```
#include <iostream>
using namespace std;
class Point
{
    public:
        Point(int xx=0,int yy=0){X=xx; Y=yy;}
        int GetX() {return X;}
        int GetY() {return Y;}
        void SetX(int x) {X=x;}
        void SetY(int y) {Y=y;}
    private:
        int  X;
```

```
            int   Y;
    };
    int main()
    {   Point A(1,2);
        Point B(A);          //拷贝构造函数被调用
        cout<<A.GetX()<<","<<A.GetY()<<endl;
        cout<<B.GetX()<<","<<B.GetY()<<endl;
        return 0;
    }
```

【例 4-5】 拷贝构造函数被调用的几种情况。

```
#include <iostream>
using namespace std;
class Point
{
    public:
            Point(int xx=0,int yy=0){X=xx; Y=yy;}
            Point(Point &p);
            int GetX() {return X;}
            int GetY() {return Y;}
            void SetX(int x) {X=x;}
            void SetY(int y) {Y=y;}
    private:
            int   X,Y;
};
Point::Point (Point &p)
{
    X=p.X;
    Y=p.Y;
    cout<<"Copy constructor is called."<<endl;
}
Point Fun(Point p)
{
    Point p1;
    p1.SetX(p.GetX ()+2);
    p1.SetY(p.GetY ()+2);
    return p1;
}
int main()
{   Point A(1,2);
```

```
        Point B(A);         //拷贝构造函数被调用
        Point C;
        C=Fun(A);
        cout<<B.GetX()<<","<<B.GetY()<<endl;
        cout<<C.GetX()<<","<<C.GetY()<<endl;
        return 0;
    }
```

拷贝构造函数被调用的三种情况：

(1) 用已经存在的对象初始化另一个对象时。

(2) 对象作为实参传递给形参时。

(3) 对象作为函数返回值时。

当类中包含指针类型的数据成员时，需要程序员自行实现一个完整的拷贝构造函数，否则使用系统提供的拷贝构造函数会带来意想不到的错误结果。

【例 4-6】 自定义拷贝构造函数。

```
#include <iostream>
#include <string>
using namespace std;
class Personlist
{
    public:
        Personlist(){}              //缺省构造函数
        Personlist(const string new_name[],int new_size);          //构造函数声明
        void set_name(const string& new_name, int i);
        void disp();
    private:
        string* namelist;           //注意这里，namelist 被定义为 string 指针
        int size;
};
void Personlist::set_name (const string& new_name,int i)
{namelist[i]=new_name;}
Personlist:: Personlist (const string new_name[],int new_size)
{
    namelist=new string[size=new_size];
    for(int i=0;i<new_size;i++)    namelist[i]=new_name[i];
}
void Personlist::disp()
{
    cout<<"The names are ";
    for(int i=0;i<size;i++)
```

```
            cout<<namelist[i]<<"\t";
        cout<<endl;
    }
    int main()
    {
        string namelist[3]={"Tom","Jack","Allen"};
        Personlist p1(namelist,3);
        Personlist p2(p1);                              //调用系统提供的拷贝构造函数
        cout<<"改变之前"<<endl;
        p1.disp();
        p2.disp();
        p2.set_name("Peter",1);                         //把 p2 中 Jack 的名字改为 Peter
        cout<<"改变之后"<<endl;
        p1.disp();
        p2.disp();
        cout<<endl;
        return 0;
    }
```

程序运行的结果为：

改变之前

   The names are Tom   Jack   Allen

   The names are Tom   Jack   Allen

改变之后

   The names are Tom   Peter   Allen

   The names are Tom   Peter   Allen

由程序运行结果可以看出，p2 改变了一个名字，而结果 p1 和 p2 的名字都随之改变，原因是 p2 通过系统提供的拷贝构造函数得到了 p1 的所有属性的值，而 namelist 属性是指针，p2 得到的也是一段内存的地址。即 p1 和 p2 的 namelist 是指向同一块空间。所以 p2 改变后 p1 自然也随之改变，反之若 p1 改变，p2 也会随之改变，如图 4-2 所示。

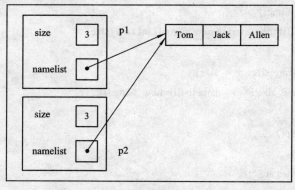

图 4-2　使用系统提供拷贝构造函数

但是我们需要的结果是 p2 改变的话 p1 不会随之改变，此时我们添加自定义的拷贝构造函数，其中给 namelist 重新分配空间，就不会出现上述问题了。

自定义的拷贝构造函数：

```
Personlist::Personlist(Personlist& p)
{
        namelist=0;
        delete[ ] namelist;
        if(p.namelist!=0)
        {
                namelist=new string[size=p.size];   //给 namelist 重新分配空间
                for(int i=0;i<size; i++)
                        namelist[i]=p.namelist[i];
        }
        else
        { namelist=0; size=0; }
}
```

则上例的执行结果为：

改变之前

The names are Tom　　　Jack　　　Allen

The names are Tom　　　Jack　　　Allen

改变之后

The names are Tom　　　Jack　　　Allen

The names are Tom　　　Peter　　　Allen

使用自定义拷贝构造函数的示意图如图 4-3 所示。

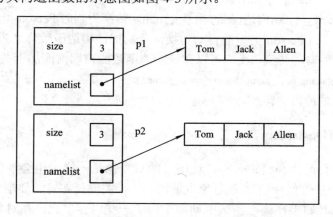

图 4-3　使用自定义拷贝构造函数示意图

4.2.4　转换构造函数(Convert Constructors)

构造函数还提供了一种自动类型转换的功能，即把一种其他类型转换为该类类型。

我们继续以 Person 类为例:

```
class Person
{
    public:
        Person(){ }
        Person(Person& p) {name=p.name;}
        Person(string new_name){name=new_name;}
        void set_name(string new_name) {name=new_name;}
        string get_name() {return name;}
        void disp(){cout<<"This person's name is:"<<name <<endl;}
    private:
        string name;
};
```

我们在主函数中有如下对象的定义:

```
int main()
{
    string name="lisi";
    Person p1("zhangsan"),p2;
    p2=name;
    p1.disp();
    p2.disp();
    return 0;
}
```

注意, p2=name; name 是 string 类型的, 可以赋值给 Person 类的对象 p2, 此时正是调用的 Person(string new_name)构造函数,系统把 name 转换为临时 Person 类的对象赋值给 p2, 即实现了 string 类型到 Person 类型的自动转换,我们把该构造函数称之为转换构造函数。

如果想禁止这种自动转换,我们可以在该构造函数的声明前面加上关键字 explicit,即:

```
explicit Person(string new_name){ name=new_name; }
```

此时即可限制这种自动转换。

4.2.5　析构函数(Destructor)

与万事万物都有产生和消亡一样,程序中的对象也是一样,也会消失。如果一个对象的生存期(和一般变量类似)到了,该对象也就消失了,关键是在对象要消失时,通常有什么善后工作需要做呢?如果在构造函数中动态申请了一些内存单元,在对象消失时就要释放这些内存单元,像类似这样的扫尾工作,C++提供了专门的析构函数来处理。

1. 析构函数的声明及特点

简单地说,构造函数是用来构造对象的,析构函数则是用来完成对象被删除前的一些清理工作的。析构函数是在对象的生存期即将结束的时刻由系统自动调用的。它的调用完成之后，对象消失，其内存空间被释放。

析构函数的声明格式：

　　　～类名( )；

如 Person 类的析构函数声明应为

　　　～Person( )；

析构函数名和构造函数一样都和类名相同，不过析构函数在函数名前面多了一个"～"，析构函数不允许有参数，所以一个类中只能有唯一的析构函数。

一般地，系统会自动提供析构函数，并在对象生存期结束前自动调用析构函数，但是我们也可以根据需要来定义自己的析构函数。

2．构造函数和析构函数的调用顺序

那么程序具体什么时候调用构造函数和析构函数呢？不同的对象先后顺序定义会不会影响系统对构造函数和析构函数的调用呢？我们来看一个例子：

【例 4-7】　构造函数和析构函数的调用顺序。

```cpp
#include <iostream>
using namespace std;
class Person
{
    public:
        Person(char* input_name)
        {   name=new char[20];
            strcpy(name,input_name);
            cout<<name<<"   Constructor Called. "<<endl;
        }
        ~Person()                      //析构函数定义
        {   cout<<name<<"   Destructor Called. "<<endl;
            delete [] name;   }
        void    show();
    private:
    char *name;
};
void Person::show()
{   cout<<name<<endl;}
    int main()
    {
        Person student1("zhangming");   //构造函数调用
        Person student2("lixin");        //构造函数调用
        student1.show();
        student2.show ();
```

```
    return 0;
}
```

我们分析一下，在定义 student1 和 student2 时，构造函数调用在 student2.show ();调用后，student1 和 student2 生存期结束，析构函数调用。

我们来看程序的运行结果：

zhangming Constructor Called.

lixin Constructor Called.

zhangming

lixin

lixin Destructor Called.

zhangming Destructor Called.

可以看到 student1 和 student2 构造函数调用顺序和对象的声明顺序是一致的，而析构函数的调用顺序和构造函数的调用顺序则是相反的。

4.3 常 成 员

(Constant Members)

虽然类的信息隐藏原理在一定程度上保证了数据的安全性，但各种形式的数据共享却又不同程度地破坏了数据的安全。因此，对于既需要共享、又需要防止改变的数据应该声明为常量进行保护，常量在程序运行期间是不可改变的。在第 2 章我们介绍过 const 修饰简单数据类型，从而使相应变量形成不能改变值的常变量。同样类对象以及类的数据成员都可以被 const 修饰。本节我们主要介绍用 const 修饰的类成员，分别为常数据成员和常函数成员。

4.3.1 const 修饰符(const Modifier)

在第 2 章我们讲到过使用 const 修饰简单数据类型，从而使相应变量成为不能改变值的常变量，同样类的对象也可以在定义时由 const 修饰，称其为常对象。

常对象的语法格式为：

        const class_Type object_name;

或

        class_Type const object_name;

当声明一个引用加上 const 符时，该引用称为常引用。常引用所引用的对象不能被更新。一般引用作为形参时，可以对实参进行修改，但常引用则不允许发生对实参的意外修改。

常引用的语法格式为

        const data_type & reference_name;

常引用经常被用做参数的形参，如第 3 章的类的拷贝构造函数的参数，它能提高函数的运行效率，节省内存，并保证实参不会被更改。

【例 4-8】 常引用作形参。

程序如下：

```
#include <iostream>
using namespace std;
void display(const int& d);
int main()
{    int d(2008);
     display(d);
     return 0;
}
void display(const int& d)
{
     d=d+5;    //错误！常引用不能被更改
     cout<<d<<endl;
}
```

4.3.2　常数据成员(Constant Data Members)

和一般类型数据一样，类的数据成员也可以是常量和常引用。使用 const 说明的数据成员我们称为常数据成员。如果一个类中存在常数据成员，那么任何函数成员都不能对该成员赋值，并且常数据成员和其他数据成员不一样，它只能在构造函数的初始化列表位置进行初始化。

【例 4-9】　常数据成员举例。

```
class Point
{
     public:
         Point(double new_x,double new_y);
         Point(const Point& p);
         void disp();
     private:
         double x;
         const double y;                //常数据成员 y
};
Point::Point(double new_x,double new_y): y(new_y)
                         //初始化列表初始化常数据成员 y
{
     x=new_x;
}
Point::Point(const Point& p):y(p.y)
                         //初始化列表初始化常数据成员 y
{
```

```
        x=p.x;
    }
    void Point::disp ()
    {
        cout<<"该点的坐标为:("<<x<<","<<y<<")"<<endl;
    }
    int main()
    {
        Point p1(1,2),p2(p1);
        p1.disp ();
        p2.disp ();
        return 0;
    }
```

程序运行结果为：

　　该点的坐标为:(1,2)

　　该点的坐标为:(1,2)

4.3.3　常函数成员(Constant Function Members)

const 不仅可以用来修饰类的数据成员，也可以用来修饰类的函数成员。被 const 修饰的函数成员我们称之为常函数成员，其说明格式为：

return_type function_name(formal parameters list) const;

在这里，const 是函数的一个组成部分，和 friend、inline 关键字不同，在函数定义时也需要加上 const 关键字。

由于有了 const 修饰，该常函数成员和一般函数成员就有了不同，它不能更新对象的数据成员，也不能调用非常函数成员，这样就保证了常函数成员不会改变数据成员的值。

const 关键字可以被用于参与对重载函数的区分，例如，如果在类中有这样的函数成员的声明：

　　void disp();

　　void disp() const;

这是对 disp()的有效重载。

【例 4-10】　常函数成员举例。

```
#include <iostream>
using namespace std;
class Point
{
    public:
        Point(double new_x,double new_y);
        Point(const Point& p);
```

```cpp
        void disp();
        void disp()const;
    private:
        double x;
        const double y;
};
Point::Point(double new_x,double new_y):y(new_y)
{
    x=new_x;
}
Point::Point(const Point& p):y(p.y)
{
    x=p.x;
//y=p.y;
}
void Point::disp () const
{
    cout<<"您正在调用一个常函数成员,";
        cout<<"该点的坐标为:("<<x<<","<<y<<")"<<endl;
}
void Point::disp ()
{
    cout<<"该点的坐标为:("<<x<<","<<y<<")"<<endl;
}
int main()
{
    Point p1(1,2),p2(p1);
    const Point p(4,5);             //p 为常对象
    p1.disp ();
    p2.disp ();
    p.disp ();                      //p 调用常函数成员 disp
    return 0;
}
```

程序运行结果为：

该点的坐标为:(1,2)

该点的坐标为:(1,2)

您正在调用一个常函数成员，该点的坐标为:(4,5)

在 main 函数中的 p 对象由于被 const 修饰，因此成为一个常对象。和一般常变量一样，常对象在定义时必须进行初始化，而且在生存期内不能被改变。常对象只能调用常函数成

员，可以这么说，常函数成员是专门为常对象而准备的。

4.4　指向对象的指针

(Pointer to Object)

一个类定义后，即定义了一种新的数据类型，该类型和一般类型使用时一样。同样也可以定义以该类型为基类的指针，即指向类的对象的指针。

4.4.1　对象指针(Object Pointer)

和一般数据类型的变量一样，每一个类的对象在初始化之后都会在内存中占有一定的空间。因此，既可以通过对象名，也可以通过对象地址来访问一个对象。对象地址就是用于存放对象的地址变量。对象指针遵循一般变量指针的各种规则，声明对象指针的一般语法形式为

```
classname *对象指针名;
```

例如：

```
Person *p_Person;          //声明 Person 类的对象指针变量 p_Person
Person p1;                 //声明 Person 类的对象 p1
p_Person=&p1;              //将对象 p1 的地址赋给 p_Person，使 p_Person 指向 p1
```

上述 3 行等价于：

```
Person p1,*p_Person=&p1;
```

此时要注意 p1 和 p_Person 的顺序，p1 先定义，才有地址，顺序颠倒则错误。

和使用对象名访问对象的成员一样，使用对象指针也可以方便地访问对象的成员，语法形式为

```
对象指针名->成员名
```

【例 4-11】　使用指针访问 Person 类的成员。

```
#include <iostream>
using namespace std;
int main()
{
Person p,*p_Person=&p;
p_Person->set_name("LiMing");
p_Person->set_age(20);
p_Person->disp();
return 0;
}
```

4.4.2　this 指针(this Pointer)

this 指针是一个隐含于每一个类的函数成员中的特殊指针(包括构造函数和析构函数)，

它指向正在被函数成员操作的对象。

我们来回顾一下前面 Person 类的构造函数：

```
Person::Person(string new_name, unsigned new_age)          //构造函数定义
{
    name=new_name;
    age=new_age;
}
```

系统需要区分执行此函数体中的语句时，被处理的数据成员是属于哪一个对象，使用的是隐含的 this 指针。函数体中 name 和 age 即是当前处理的对象。对于系统来讲，每次调用都相当于执行的是以下语句：

```
this->name=new_name;
this->age=new_age;
```

this 指针明确指出了函数成员当前所操作的数据所属的对象。实际过程是，当通过一个对象调用函数成员时，系统先将该对象的地址赋给 this 指针，然后调用函数成员，函数成员对对象的数据成员进行操作时，就隐含使用了 this 指针。

一般程序设计中，通常不直接使用 this 指针来引用对象成员。this 是一个指针变量，因此在函数成员中，可以使用*this 来得到正在调用该函数的对象。

4.5　静态成员与友元

(Static Members and Friend)

类类型定义之后，可以定义多个该类的对象，各个对象都有自己的属性，即数据成员。但有时候，我们需要一个对所有该类对象共有的属性，比如想记录当前创建了多少个该类的对象，这时可以采用全局变量来解决这个问题，每创建一个对象，即令该全局变量加 1，但是全局变量可以被其他对象访问，这样会破坏类的封装性。使用类的静态成员则可以解决这类问题。

类的访问属性很好地实现了类的信息隐藏，使得在类外的对象不能直接访问到它的私有成员，只能通过公有成员间接访问，但有时候为了程序运行的效率起见，我们也希望在类外的对象能直接访问其私有成员。该种机制我们称为友元，友元可以是一个函数，此时称为友元函数，也可以是整个类，即友元类。

本节我们讨论静态成员与友元。它们提供了数据共享的方法以及共享数据的保护方法。

4.5.1　静态数据成员与静态函数成员(Static Data Members and Function Members)

一般地，类的对象包括了类的所有的数据成员，但是，这里我们要学的静态数据成员不属于任何类的对象，它属于某个类。和静态数据成员类似，类也可以有自己的静态函数成员，它没有 this 指针，并且只能访问该类的静态数据成员。

1. 静态数据成员的定义及初始化

定义一个静态数据成员的语法格式为

```
static datatype variablename;
```

即在数据类型前面加上关键字 static。静态数据成员可以为任何类型，可以是 const、引用、数组以及类类型等等。

静态数据成员必须在定义之后立即初始化，静态数据成员不属于任何对象，所以其初始化不能由构造函数来实现，其初始化通过域限定符在类外实现，语法格式如下：

```
datatype classname::variablename=some_value;
```

我们在例 4-2 Person 类的基础上，添加 count 静态数据成员，用来记录当前类的对象的个数。

【例 4-12】 带有静态数据成员的 Person 类。

```
class Person
{
    public:
        void set_name(string new_name);
        void set_age(unsigned new_age);
        string get_name(){return name;}
        unsigned get_age() {return age;}
        void disp() ;
        void walk() { }
        void operate() { }
    private:
        string name;
        unsigned age;
        static int count;        //定义静态数据成员 count
};
    int Person::count=0;    //使用域限定符在类外初始化静态数据成员
```

注意： (1) 数值型静态数据成员默认值为 0，即类外初始化 count 语句可以写为：int Person::count; 但该语句不能省略。

(2) 静态数据成员不影响对象所占用的内存空间。

注意： 当常数据成员同时又是静态数据成员时，即静态常数据成员，其遵循静态成员的特点，需要在类外单独通过赋值语句来初始化。

例如：

```
class Point
{
    public:
        Point(double new_x,double new_y);
        Point(const Point& p);
        void disp();
    private:
        double x;
```

```
    static const double y;                //静态常数据成员
};
    const double Point::y=2.0;
```

2．静态数据成员的访问

访问静态数据成员的方法有以下两种：

(1) 通过类名及域限定符直接访问；

(2) 通过对象名访问。

虽然静态数据成员不属于任何类的对象，但其对于类的对象而言是可见的，只要在访问属性允许的前提下，我们可以通过上述两种方法来访问静态数据成员。

为了便于说明问题，我们把上例 Person 类中的静态数据成员 count 访问属性改为 public。我们在主函数中有如下的调用：

```
    int main( )
    {
        Person p;
        p.count=3;
        cout<<p.cout<<endl;
        Person::count=5;
        cout<<Person::count<<endl;
        return 0;
    }
```

运行结果为：

```
    3
    5
```

即通过这两种访问方式都可以改变静态数据成员 count 的值。和其他类的数据成员一样，我们一般把静态数据成员的访问属性定义为 private，如果要对其进行访问等操作，我们可以通过相应的函数成员来实现。

注意：静态成员的 static 与静态存储的 static 是两个概念，前者是在类的范畴内，后者指内存空间的位置以及作用域的限定。

3．静态函数成员

静态函数成员和其他函数成员一样，属于类而非类的对象，但它和其他函数成员的不同之处在于，静态函数成员只能改变类的静态成员(包括静态数据成员和静态函数成员)，其他函数成员则可以访问类的所有成员。

静态函数成员的声明格式如下：

```
    static return_type Function_name(formal parameters list);
```

和类的其他函数成员一样，静态函数成员既可以定义在类内作为静态内联函数成员，也可以在类内声明，在类外定义；在类外定义时 static 不用再写。

我们接着为 Person 类定义静态函数成员 Totalcount( )，从而得知当前创建的类的对象的个数。

下面通过一个完整的程序来看一下静态函数成员及静态数据成员的作用。

【例 4-13】　静态成员的作用。

```cpp
#include <iostream>
#include <string>
using namespace std;
class Person
{
    public:
        Person(string new_name, unsigned new_age);
        Person(const Person& p);
        Person() {count++;}
        void set_name(string new_name);
        void set_age(unsigned new_age);
        string get_name(){return name;}
        unsigned get_age() {return age;}
        void disp() ;
        static int getCount();
    private:
        string name;
        unsigned age;
        static int count;              //定义静态数据成员 count
};
int Person::count=0;                   //使用域限定符在类外初始化静态数据成员
Person::Person(string new_name, unsigned new_age)
{
    name=new_name;
    age=new_age;
    count++;
}
Person::Person(const Person& p)
{
    name=p.name;
    age=p.age;
    count++;
}
int Person::getCount()                 //静态函数成员在类外定义
{
    return count;
```

```
    }
    int main()
    {
        Person p1,p2,p3;
        Person p4("xiaoming",21),p5(p4);
        cout<<"当前 Person 类对象的个数为：";
        cout<<Person::getCount()<<endl;
        return 0;
    }
```

程序运行结果为：

当前 Person 类对象的个数为：5

该例静态数据成员 count 用来保存当前创建对象的个数，静态函数成员 getCount( )可以得到当前创建对象的个数。那么在创建一个对象时如何通知 count 来增加 1 呢？我们来看 Person 类的 3 个构造函数，在每一个构造函数内部都有 count++的语句，这样，只要任何一个符合构造函数条件的对象创建，count 都会自动加 1，然后我们可以通过 getCount()来获得。这种编程技巧在一些软件开发中非常有用。

思考：如何在对象的生存期到达之后使 count 减 1？可以在析构函数中添加 count--语句。程序留给读者自己完成。

4.5.2 友元函数与友元类(Friend Functions and Friend Classes)

友元提供了不同类或对象的函数成员之间、类的函数成员与一般函数之间进行数据共享的机制。通过友元机制，一个普通函数或者类的函数成员可以访问到封装在某一个类中的私有数据成员，即把数据的隐藏打开了一个小窗口，从中看到类的一些内部属性；友元在一定程度上破坏了封装，这需要设计者在共享和封装之间找到一个平衡。

如果友元是一般函数或者类的函数成员，称为友元函数；如果友元是一个类，则称为友元类(或友类)，友元类中的所有函数成员都是友元函数。

1. 友元函数

假设我们有一个复数类 Complex：

```
    class Complex
    {
      public:
        Complex();
        Complex(const Complex&);
        Complex(double re,double im);
        void set_real(double re) { real=re; }
        void set_imag(double im) { imag=im; }
        double get_real(){ return real; }
        double get_imag(){ return imag; }
```

```
        void disp(){ cout<<real<<"+"<<imag<<"i"; }
    private:
        double real;
        double imag;
};
Complex::Complex(double re,double im)
{
    real=re; imag=im;
}
Complex::Complex(const Complex& comp)
{
    real=comp.real ;
    imag=comp.imag ;
}
```

如果要实现两个复数类对象的比较，即看两个复数是否相等，我们可以定义如下非函数成员：

```
bool equal(Complex c1, Complex c2)
{
    if( (c1.get_real()==c2.get_real())&& (c1.get_imag()==c2.get_imag() ))
        return true;
    else return false;
}
```

因为 real 和 imag 是 private 的，所以我们只有通过其 get 函数来间接得到 real 和 imag 的值，并且每个函数都使用了两次，调用函数都要经过相应的内存分配和释放环节，使得程序运行的效率降低。能否有一种方法来直接获得对象的私有成员的值呢？可以使用 friend 关键字把 equal 函数定义为 Complex 类的友元函数，这样就可以直接访问到私有成员的值。

友元函数声明的语法格式为

```
friend return_type function_name(formal parameters list);
```

在友元函数体中可以通过对象名访问类的所有成员，包括 public 成员、private 成员以及后面会讲到的 protected 成员。

【例 4-14】 友元函数的使用。

```
#include <iostream>
using namespace std;
class Complex
{
    public:
        Complex();
        Complex(const Complex&);
        Complex(double re,double im);
```

```
        friend bool equal(Complex c1,Complex c2);        //友元函数声明
        void set_real(double re) { real=re; }
        void set_imag(double im) { imag=im; }
        double get_real(){ return real; }
        double get_imag(){ return imag; }
        void disp(){ cout<<real<<"+"<<imag<<"i"; }
    private:
        double real;
        double imag;
};
Complex::Complex(double re,double im)
{
    real=re; imag=im;
}
Complex::Complex(const Complex& comp)
{
    real=comp.real ;
    imag=comp.imag ;
}
bool equal(Complex c1,Complex c2)                //友元函数实现
{
    if( (c1.real==c2.real)&& (c1.imag==c2.imag))
            return true;
        else
            return false;
}
int main()
{
    Complex c1(2,3), c2(3,4);
    if(equal(c1,c2))
            cout<<"这两个复数相等！"<<endl;
    else
            cout<<"这两个复数不相等！"<<endl;
    return 0;
}
```

程序运行结果为：

这两个复数不相等！

这样一个判断两个复数是否相等的函数，由于直接访问了复数类的 private 数据成员，避免了频繁调用函数成员，效率就高多了。

友元函数和类的函数成员一样，可以访问类中所有的成员。不只是非函数成员，一个类的函数成员也可以是另一个类的友元。

【例 4-15】 函数成员作为友元。

```cpp
class Student;
class Teacher
{
    public:
        //...
        void gradeofcourse(Student& s);
    private:
        int numberofstu;
        //...
};
class Student
{
    public:
        //...
        friend void Teacher::gradeofcourse (Student& s);
    private:
        float grad;
        Teacher* pT;
        //...
};
void Teacher::gradeofcourse (Student& s)
{
    s.grad =5;          //直接访问到其 private 数据成员 grad
}
```

在 Teacher 类中使用到了 Student 类，但此时 Student 类还没有定义，而在 Student 类中我们又使用了 Teacher 类，解决这种交叉声明问题的方法是先进行类名声明，即先声明 Student 类，称为前向声明类。Teacher 类的函数成员 gradeofcourse 是用来评定学生的，所以我们把它作为 Student 类的友元函数，从而可以直接访问到 Student 类的 private 数据成员 grad。

友元函数一般在运算符重载时常用到，有关这方面的知识将在第 6 章介绍。

使用友元函数应注意以下几点：

(1) 友元函数必须在类中以关键字 friend 声明，其声明的位置可以在类的任何位置，即既可在 public 区也可在 private 区，意义完全一样。友元函数可以在类内实现，也可以在类外实现，在类外实现时不再需要 friend 关键字。注意，友元函数不是函数成员，它是类的朋友，没有类域限定符。

(2) 在有些编译器中不支持#include<iostream>头文件，这是由于某些编译器不兼容 C++

新标准造成的，我们可以改为#include <iostream.h>。

2．友元类

前面讲到，一个类的函数成员也可以是另一个类的友元。当一个类中的所有函数成员都是另一个类的友元的时候，我们可以定义整个类是另一个类的友元，此时该友元称为友元类。

例如，下面的代码是把整个 Teacher 类作为 Student 类的友元类，即 Teacher 类的所有的函数成员都可以访问 Student 类的所有成员。

```
class Student;
class Teacher
{
    public:
        //...
        void gradeofcourse(Student& s);
    private:
        int numberofstu;
        //...
};
class Student
{
    public:
        //...
        friend class Teacher;
    private:
        float grad;
        //...
};
```

注意：友元是单向的，即 Teacher 类是 Student 类的友元，不能说明 Student 类是 Teacher 类的友元，即 Student 类的函数成员不能访问 Teacher 类的私有成员。如果需要的话，则需在 Teacher 类中声明 Student 类为友元类。

4.6　常见编程错误

(Common Programming Errors)

1．类的声明中忘记结尾的分号"；"是错误的，如：

```
class Point
{    //...
}        //错误：没有分号
```

正确的语法是：

```
class Point
{ //…
};
```

2. 先有类类型的声明，再有类的对象的定义。

```
Point p1,p2;    //错误: 类 Point 还没有定义，不能定义其对象
class Point
{ //…
};  //类 Point 必须在对象 p1 和 p2 定义之前声明
```

基于此，我们一般把类的声明部分放在专门的头文件中，需要该类时使用#include 把该头文件包含进来。如下所示：

```
#include "Point.h"   //包含类 Point 的声明的头文件 Point.h
Point p1, p2;         //定义类 Point 的对象
```

3. 类的函数成员和普通函数是不同的。

```
class Point
{ public:
    void Draw() { /* …*/}
  //…
};
int main()
{ Point p;
  Draw(); //错误：Draw 是类的函数成员，不是普通函数，调用时需要指定具体的对象
  p.Draw();  //正确
  //…
}
```

4. 如果一个类没有构造函数，那么在定义该类的对象时对象的成员是没有被初始化的，如：

```
class Point
{ public:
    int getX() const    { return x; }
    int getY() const    { return y; }
  private:
    int x;
    int y;
};
int main()
{ Point   p;
    cout<<p.getX() <<p.getY()<<endl;    //警告：随机值将被输出
    //...
}
```

添加缺省的构造函数后为：

```
class Point
  { public:
    Point() {x=10;   y=10;}          //x,y 被初始化
    int getX() const { return x; }
    int getY() const { return y; }
  private:
    int x;
    int y;
};
  int main()
  { Point p;
    cout<<p.getX() <<p.getY()<<endl;      //正确
    //...
  }
```

5. 类的构造函数的参数不能是一个单一的类类型。

```
  class Point
  { public:
    Point (Point pobj);          //错误：单一的参数不能是 Point 类型
    Point (Point pobj, int n);   //正确，除了 Point 类型参数外，还有一个 int 类型参数
  };
```

拷贝构造函数确实只有一个 Point 类型参数，但要注意此时必须是引用：

```
  class Point
  { public:
    Point (Point & pobj);      //正确
  };
```

6. 通过赋值语句改变常数据成员的值是错误的，即使在构造函数中也是错误的：

```
  class Point
  { public:
    Point () {c=0; }    //错误：c 是一个常数据成员
    private:
    const int c;        //常数据成员 c
  };
```

常数据成员必须在构造函数的初始化列表部分初始化，如下所列：

```
  class Point
  { public:
    Point (): c(0) {}          //正确
    private:
    const int c;               //常数据成员 c
```

```
};
```

7. 类的静态函数成员是类的方法，类的非静态函数成员是对象的方法，二者的调用方式有一定区别。

```
class Point
{ public:
    void Draw() { /*…*/}        //非静态：对象方法
    static void s() { /*…*/}     //静态：类方法
    //…
};
int main()
{ Point p;
  p. Draw();                    //正确
  p.s();                        //正确
  Point::s();                   //正确，s 是静态函数成员
  Point::Draw();                //错误，Draw 是非静态函数成员
  //…
}
```

8. 如果静态数据成员在类的声明中声明，则该数据成员需要在所有语句块之外定义。

```
class Point
{ static int x;      //声明静态数据成员 x
  //…
};
int main()
{ int Point::x;      //错误：x 定义在一个语句块中
  //…
}
```

正确的定义是：

```
class Point
{ public:
    static int x;    //声明静态数据成员 x
    //…
};
int Point::x;        //定义静态数据成员
int main()
{ //…
}
```

即使 x 是私有数据成员，也需要定义在语句块之外。

9. 类的对象或引用访问成员时不能使用间接访问符 "->"。

```
class Point
```

```
{ public:
    void Draw() { /*...*/}
};
int main()
{   Point p;
    p->m();   //错误: p 是一个对象, 不是指针, 正确的语法是 p.m();
 //...
}
void f(Point& pr)
{ pr->m();   //错误: pr 是一个引用, 不是指针, 应该是 pr.m();
}
```

10. 指针 this 是一个常量, 因此 this 不能进行赋值、自增或自减运算。

11. 在静态函数成员中不能使用 this 指针。

12. 通过常函数成员改变一个数据成员的值是错误的, 像赋值表达式等。

13. 常函数成员不能调用非常函数成员。

14. 如果函数 f 有一个常对象参数 obj, 那么对 f 来说, 调用任何 obj 的非常函数成员都是错误的, 因为 f 可以间接改变 obj 的数据成员, 从而改变 obj 的状态。

本 章 小 结

(Chapter Summary)

面向对象程序设计通过抽象、封装、继承和多态使程序代码实现可重用和可扩展, 从而提高软件的生产效率, 减少软件开发和维护的成本。类是面向对象程序设计的核心, 利用它可以实现数据和函数的封装、隐藏, 通过它的继承与派生, 能够实现对问题的深入的抽象描述。

本章重点介绍了类的定义、类的成员的访问属性以及类的两种特殊的函数成员——构造函数和析构函数。

类实际上是一种用户自定义类型, 其特殊之处在于它不仅包含数据, 还包含了对数据进行操作的函数。访问属性控制着对类成员的访问权限, 实现了数据隐藏。对象在定义时需要对其数据成员进行初始化, 这些任务由构造函数来完成, 而对象使用结束时, 所需要进行的一些清理工作则由析构函数来进行。拷贝构造函数是一种特殊的构造函数, 使用它可以用已有对象来初始化新对象。构造函数和析构函数均是由系统自动来调用的, 析构函数的调用顺序和构造函数相反。

对象占有内存地址, 可以指向对象的指针, 使用对象指针可以方便地访问对象的成员, this 指针是一个隐含于每一个类的函数成员中的特殊指针, 它用于指向正在被函数成员操作的对象。

静态成员可以解决同一个类的不同对象之间的数据和函数的共享问题。静态数据成员可以取代全局变量。全局变量违背了面向对象程序设计的封装原则。要使用类的静态数据成员必须在 main()函数运行之前分配空间和初始化。使用静态函数成员，可以在实际创建任何对象之前初始化专有的静态数据成员。静态成员不与任何特定的对象相关联，它只与所属的类关联。

友元出现的原因在于为了提高程序的运行效率，但友元也在一定程度上破坏了类的信息隐藏原则，一般建议在运算符重载时使用友元。在硬件性能发展如此迅速的今天，友元所贡献的程序效率越来越微不足道了，所以在使用友元的时候，要权衡利弊。

习 题 4

(Exercises 4)

一、 选择题(至少选一个，可以多选)

1. 以下不属于类访问权限的是( )。
   A. public　　　　B. static　　　　C. protected　　　　D. private

2. 有关类的说法不正确的是( )。
   A. 类是一种用户自定义的数据类型
   B. 只有类的函数成员才能访问类的私有数据成员
   C. 在类中，如不做权限说明，所有的数据成员都是公有的
   D. 在类中，如不做权限说明，所有的数据成员都是私有的

3. 在类定义的外部，可以被任意函数访问的成员有( )。
   A. 所有类成员　　　　　　　　B. private 或 protected 的类成员
   C. public 的类成员　　　　　　D. public 或 private 的类成员

4. 关于类和对象的说法( )是错误的。
   A. 对象是类的一个实例
   B. 任何一个对象只能属于一个具体的类
   C. 一个类只能有一个对象
   D. 类与对象的关系和数据类型与变量的关系相似

5. 设 MClass 是一个类，dd 是它的一个对象，pp 是指向 dd 的指针，cc 是 dd 的引用，则对成员的访问，对象 dd 可以通过( )进行，指针 pp 可以通过( )进行，引用 cc 可以通过( )进行。
   A. ::　　　　　　B. .　　　　　　C. &　　　　　　D. ->

6. 关于函数成员的说法中不正确的是( )。
   A. 函数成员可以无返回值　　　　B. 函数成员可以重载
   C. 函数成员一定是内联函数　　　D. 函数成员可以设定参数的默认值

7. 下面对构造函数的不正确描述是( )。
   A. 系统可以提供默认的构造函数
   B. 构造函数可以有参数，所以也可以有返回值
   C. 构造函数可以重载
   D. 构造函数可以设置默认参数

8. 假定 A 是一个类，那么执行语句"A a，b(3)，*p；"调用了( )次构造函数。

    A. 1　　　　　　　B. 2　　　　　　　C. 3　　　　　　　D. 4

9. 下面对析构函数的描述正确的是( )。

    A. 系统可以提供默认的析构函数　　　B. 析构函数必须由用户定义

    C. 析构函数没有参数　　　　　　　　D. 析构函数可以设置默认参数

10. 类的析构函数是( )时被调用的。

    A. 类创建　　　　B. 创建对象　　　　C. 引用对象　　　　D. 释放对象

11. 创建一个类的对象时，系统自动调用( )；撤销对象时，系统自动调用( )。

    A. 函数成员　　　B. 构造函数　　　　C. 析构函数　　　　D. 复制构造函数

12. 通常拷贝构造函数的参数是( )。

    A. 某个对象名　　　　　　　　　　　B. 某个对象的成员名

    C. 某个对象的引用名　　　　　　　　D. 某个对象的指针名

13. 关于 this 指针的说法正确的是( )。

    A. this 指针必须显式说明

    B. 当创建一个对象后，this 指针就指向该对象

    C. 函数成员拥有 this 指针

    D. 静态函数成员拥有 this 指针

14. 下列关于子对象的描述中，( )是错误的。

    A. 子对象是类的一种数据成员，它是另一个类的对象

    B. 子对象可以是自身类的对象

    C. 对子对象的初始化要包含在该类的构造函数中

    D. 一个类中能含有多个子对象作其成员

15. 对 new 运算符的下列描述中，( )是错误的。

    A. 它可以动态创建对象和对象数组

    B. 用它创建对象数组时必须指定初始值

    C. 用它创建对象时要调用构造函数

    D. 用它创建的对象数组可以使用运算符 delete 来一次释放

16. 对 delete 运算符的下列描述中，( )是错误的。

    A. 用它可以释放用 new 运算符创建的对象和对象数组

    B. 用它释放一个对象时，它作用于一个 new 所返回的指针

    C. 用它释放一个对象数组时，它作用的指针名前须加下标运算符[ ]

    D. 用它可一次释放用 new 运算符创建的多个对象

17. 关于静态数据成员，下面叙述不正确的是( )。

    A. 使用静态数据成员，实际上是为了消除全局变量

    B. 可以使用"对象名.静态成员"或者"类名::静态成员"来访问静态数据成员

    C. 静态数据成员只能在静态函数成员中引用

    D. 所有对象的静态数据成员占用同一内存单元

18. 对静态数据成员的不正确描述是( )。

    A. 静态成员不属于对象，是类的共享成员

B. 静态数据成员要在类外定义和初始化

C. 调用静态函数成员时要通过类或对象激活，所以静态函数成员拥有 this 指针

D. 只有静态函数成员可以操作静态数据成员

19. 下面的选项中，静态函数成员不能直接访问的是(   )。

    A. 静态数据成员   B. 静态函数成员

    C. 类以外的函数和数据   D. 非静态数据成员

20. 在类的定义中，引入友元的原因是(   )。

    A. 提高效率   B. 深化使用类的封装性

    C. 提高程序的可读性   D. 提高数据的隐蔽性

21. 友元类的声明方法是(   )。

    A. friend class<类名>;   B. youyuan class<类名>;

    C. class friend<类名>;   D. friends class<类名>;

22. 下面对友元的错误描述是(   )。

    A. 关键字 friend 用于声明友元

    B. 一个类中的函数成员可以是另一个类的友元

    C. 友元函数访问对象的成员不受访问特性影响

    D. 友元函数通过 this 指针访问对象成员

23. 下面选项中，(   )不是类的函数成员。

    A. 构造函数   B. 析构函数   C. 友元函数   D. 拷贝构造函数

二、填空题

1. 类定义中关键字 _____、_____和_____以后的成员的访问权限分别是私有、公有和保护。如果没有使用关键字，则所有成员默认定义为 private 权限。具有 public 访问权限的数据成员才能被不属于该类的函数所直接访问。

2. 定义函数成员时，运算符"∷"是_____，"MyClass∷"用于表明其后的函数成员是在"MyClass 类"中说明的。

3. 在程序运行时，通过为对象分配内存来创建对象。在创建对象时，使用类作为样板，故称_____为类的实例。

4. 假定 Dc 是一个类，则执行"Dc a[10]，b(2)"语句时，系统自动调用该类构造函数的次数为_____。

5. 对于任意一个类，析构函数的个数最多为____个。

6. _____运算符通常用于实现释放该类对象中指针成员所指向的动态存储空间的任务。

7. C++程序的内存格局通常分为 4 个区，即：_____。

8. 数据定义为全局变量，破坏了数据的_____；较好的解决办法是将所要共享的数据定义为类的_____。

9. 静态数据成员和静态函数成员可由_____许可的函数访问。

10. _____和_____统称为友元。

11. _____的正确使用能提高程序的效率，但破坏了类的封装性和数据的隐蔽性。

12. 若需要把一个类 A 定义为一个类 B 的友元类，则应在类 B 的定义中加入一条语句：_____。

三、简答题

1. 类与对象有什么关系？类的实例化是指创建类的对象还是定义类？
2. 类定义的一般形式是什么？其成员有哪几种访问权限？
3. 什么是 this 指针？它的主要作用是什么？
4. 什么是缺省的构造函数？缺省的构造函数最多可以有多少个？
5. 什么是拷贝构造函数？拷贝构造函数主要用于哪些地方？
6. 什么是常数据成员？什么是常函数成员？解释下面类的定义中 const 的作用。

```
class C
{ public:
    void   set(const string& n)  { name=n; }
    const string& get() const { return name; }
    private:
    string name;
};
```

7. 简述静态数据成员与静态函数成员的特点。
8. 什么是友元函数？友元函数和函数成员有什么不同？什么是友元类？
9. 如果类 A 是类 B 的友元，类 B 是类 C 的友元，那么类 A 是类 C 的友元吗？类 B 是类 A 的友元吗？类 C 是类 B 的友元吗？

四、程序分析题(写出程序的输出结果，并分析结果)

```
1. #include<iostream>
   using namespace std;
   class Test
   {
   public:
       Test();                //默认构造函数
       Test(int n);           //带一个参数构造函数
   private:
       int num;
   };
   Test∶∶Test()
   {
       cout<<"Init defa"<<endl;
       num=0;
   }
   Test∶∶Test(int n)
   {
```

```
        cout<<"Init"<<" "<<n<<endl;
        num=n;
    }
    int main()
    {
        Test x[2];                              //语句1
        Test y(15);                             //语句2
        return 0;
    }
```

2.
```
    #include<iostream>
    using namespace std;
    class Xx
    {
    public:
        Xx(int x){num=x;}                       //构造函数
        ~Xx(){cout<<"dst "<<num<<endl;}         //析构函数
    private:
        int num;
    };
    int main()
    {
        Xx w(5);                                //语句1
        cout<<"Exit main"<<endl;                //语句2
        return 0;
    }
```

3.
```
    #include<iostream>
    using namespace std;
    class  Book
    {
    public:
        Book(int w);
        static int sumnum;
    private:
        int num;
    };
    Book∷Book(int w)
    {
        num=w;
        sumnum-=w;
```

```
    }
    int Book∷sumnum=120;          //语句 1
    int main()
    {
        Book b1(20);                      //语句 2
        Book b2(70);                      //语句 3
        cout<<Book∷sumnum<<endl;
        return 0;
    }
```

五、程序设计题

1. 设计一个立方体类 Box，它能计算并输出立方体的体积和表面积。其中 Box 类包含三个私有数据成员　a(立方体边长)、volume(体积)和　area(表面积)，另有两个构造函数以及 seta()(设置立方体边长)、getvolume()(计算体积)、getarea()(计算表面积)和 disp()(输出结果)。

2. 下面是一个类的测试程序，设计出能使用如下测试程序的类。

```
    int main()
    {
        Test a;
        a.init(10,20);
        a.print();
        return 0;
    }
```

3. 编写一个程序，设计一个点类 Point，求两个点之间的距离。

4. 声明一个 Dog 类，存在一个静态数据成员 countofdogs，记录 Dog 类对象的个数；静态函数成员 getCount()，存取 countofdogs。设计程序测试 Dog 类，体会静态数据成员和静态函数成员的用法。

5. 为例题中 Complex 类设计一个友元函数 add，从而实现两个 Complex 类对象的相加。

第5章 继 承

(Inheritance)

****

【学习目标】

   📖 掌握继承与派生的概念与定义方法。

   📖 熟悉运用继承机制对现有的类进行重用。

   📖 掌握继承中的构造函数与析构函数的调用顺序。

   📖 了解用构造函数初始化派生类。

   📖 掌握多继承时的二义性问题。

   📖 熟悉虚基类的概念与使用方法。

****

在第 4 章中介绍了类和对象的概念和应用。使用类可以把数据和操作封装在一个类体中，使一个对象成为一个独立的实体，这是类的第一大特征，即封装。对象(Object)是类(Class)的一个实例(Instance)。如果将对象比做房子，那么类就是房子的设计图纸，所以面向对象设计的重点是类的设计，而不是对象的设计。对于 C++ 程序而言，设计孤立的类是比较容易的，难的是正确设计基类及其派生类。本章论述"继承"(Inheritance)和"组合"(Composition)的概念。

继承是面向对象程序设计中最重要的机制。这种机制改变了过去传统的那种对不再适合要求的用户定义数据类型进行改写甚至重写的方法，克服了非面向对象程序设计方法对程序无法重复使用而造成资源浪费的缺点。面向对象程序设计的继承机制提供了无限重复利用程序资源的一种途径。通过 C++ 语言中的继承机制，可以扩充和完善旧的程序设计以适应新的需求，这样不仅可以节省程序开发的时间和资源，并且为未来程序设计增添新的资源。

继承机制为描述客观世界的层次关系提供了直观、自然和方便的描述手段，定义的新类可以直接继承类库中定义的或其他人定义的高质量的类，而新的类又可以成为其他类设计的基础，这样软件重用就变得更加方便、自然。

5.1 继承与派生

(Inheritance and Derivation)

继承是软件复用的一种形式，它是在现有类的基础上建立新类，新类继承了现有类的属性和方法，并且还拥有其特有的属性和方法。继承的过程称为派生，新建的类称为派生类(Derived class)或子类(Sub class)，原有的类称为基类(Base class)或父类(Super class)。

5.1.1 继承的概念(Inheritance Concept)

1. 继承的含义

在自然界中，猴子是灵长目的一大类，金丝猴具有猴子的共有特征，同时又有不同于其他猴子的漂亮的金色猴毛；现实生活中，子女的外貌、血型往往不是仅仅继承自父亲或母亲，而是将父母亲的特点都继承下来。

在 C++中通过称为"继承"的机制来模仿这种自然规律。继承机制允许自动从一个或更多的类中继承其特性、行为和数据结构，允许根据需要进行更具体的定义来建立新类，即派生类。派生类对于基类的继承提供代码的重用性，而派生类的增加部分提供了对原有代码扩充的改进能力。

继承帮助我们从层次上清晰地把握关系，是发现事物本质、解决新问题的常用办法。C++这种功能的实现有其重要的应用价值。类是 C++程序设计中用来提供封闭的、抽象的逻辑单位。类的每个对象都包含了用于描述自身状态的数据集，并能通过接受特定的消息集来处理这个数据集，消息是由类接口提供的成员函数定义的。如果使用类集的程序员能通过增加、修改或替换给定类中的成员函数来扩充或裁剪这个类，以适合于更广泛的应用，就会极大地增强数据封装的价值，更方便地实现数据交流，从而避免对资源的重复和浪费。在不断地探索中集思广益，于是继承出现了，并有了如今这极为重要的地位。

2. 继承的种类

每一个派生类都有且仅有一个基类，派生类可以看作是基类的特例，它增加了某些基类所没有的性质。这种继承方式称为单继承或单向继承。派生类又作为基类继续派生新的类，这样的派生方式称为多层派生，从继承的角度称为多继承，与之相类似，如果一个派生类有两个或两个以上的基类，则称为多继承或多重继承。如图 5-1 所示。

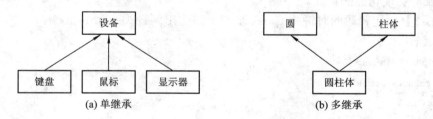

(a) 单继承　　　　　　　　　　　　　　(b) 多继承

图 5-1　单继承和多继承

3. 继承机制的特点

通过继承机制，可以利用已有的数据类型来定义新的数据类型，所定义的新的数据类型不仅拥有新定义的成员，而且同时还拥有旧的成员。继承使基类和派生类之间有了层次关系，并形成了类的树状结构。一个类可以单独存在，既不从其他类继承，也不被其他类继承。但一旦使用继承机制定义一个类时，它就成为树状结构中的一个结点，它既可以作为基类被其他类继承，为派生类提供共同的属性和行为，也可以作为派生类从其他的类继承它们的属性和行为。

C++的继承关系有以下几个特点：

(1) 一个派生类可以有一个或多个基类，只有一个基类时，称为单继承；有多个基类时，称为多继承。

(2) 继承关系可以是多级的，即类 Y 继承类 X 和类 Z 继承类 Y 可以同时存在。

(3) 不允许继承循环，例如，不能有类 Y 继承类 X、类 Z 继承类 Y 和类 X 继承类 Z 同时存在。

(4) 基类中能够被继承的部分只能是公有成员和保护成员(具体概念将在后面介绍)，私有成员不能被继承。

5.1.2 派生类的声明(Declaration of Derived Classes)

1．单继承的定义

单继承的定义格式如下：

```
class<派生类名>:<继承方式><基类名>
{
<派生类新定义成员>;
};
```

说明：

(1) 在派生类的定义中，继承方式只限定紧跟其后的那个基类。如果不显式给出继承方式，系统默认为私有继承。

(2) 派生方式关键字为 private、public 和 protected，分别表示私有继承、公有继承和保护继承。缺省的继承方式是私有继承。继承方式规定了派生类成员和类外对象访问基类成员的权限。

(3) 派生类新定义的成员是指继承过程中新增加的数据成员和成员函数。通过在派生类中新增加成员实现功能的扩充。

【例 5-1】 在普通的时钟类 Clock 基础上派生出闹钟类 AlarmClock。

程序如下：

```cpp
#include<iostream>
using namespace std;
class Clock
{
        private:
            int H,M,S;
        public:
            void SetTime(int H=0,int M=0,int S=0);
            void ShowTime();
            Clock(int H=0,int M=0,int S=0);
            ~Clock();
};
class AlarmClock: public Clock
```

```
    {
    private:
        int AH,AM;                  //响铃的时间
        bool OpenAlarm;             //是否关闭闹钟
    public:
        SetAlarm(int AH, int AM);   //设置响铃时间
        SwitchAlarm(bool Open=true);//打开/关闭闹铃
        ShowTime();                 //显示当前时间与闹铃时间
    }
```

派生类 AlarmClock 的成员构成图如图 5-2 所示。

类　名	成　员　名	
Clock::	H，M，S	
	SetTime()	
	ShowTime()	
AlarmClock::	AH，AM，OpenAlarm	
	SetAlarm()	
	SwitchAlarm()	
	ShowTime()	
	AlarmClock()	

图 5-2　派生类 AlarmClock 的成员构成图

2. 派生类的实现方式

1) 吸收基类成员

基类的全部成员被派生类继承，作为派生类成员的一部分。如 Clock 类中的数据成员 H、M、S，成员函数 SetTime()、ShowTime()经过派生，成为派生类 AlarmClock 的成员。

2) 改造基类成员

派生类根据实际情况对继承自基类的某些成员进行限制和改造。对基类成员的访问限制主要通过继承方式来实现；对基类成员的改造主要通过同名覆盖来实现，即在派生类中定义一个与基类成员同名的新成员(如果是成员函数，则函数参数表也必须相同，否则，C++会认为是函数重载)。当通过派生类对象调用该成员时，C++ 将自动调用派生类中重新定义的同名成员，而不会调用从基类中继承来的同名成员，这样，派生类中的新成员就"覆盖"了基类的同名成员。由此可见，派生类中的成员函数具有比基类中同名成员函数更小的作用域。如：AlarmClock 类中的成员函数 ShowTime()覆盖了基类 Clock 中的同名成员函数 ShowTime()。

3) 添加新成员

派生类在继承基类成员的基础之上，根据派生类的实际需要，增加一些新的数据成员和函数成员，以描述某些新的属性和行为。如：AlarmClock 添加了数据成员 AH、AM、

OpenAlarm, 成员函数 SetAlarm()、SwitchAlarm()。

例 5-1 程序说明：C++ 的"继承"特性可以提高程序的可复用性。正因为"继承"既很有用，又很容易用，所以要防止乱用"继承"。继承之间应遵循以下 3 项原则：

(1) 如果类 A 和类 B 毫不相关，不可以为了使 B 的功能更多些而让 B 继承 A 的功能和属性。

(2) 若在逻辑上 B 是 A 的"一种"(a kind of)，则允许 B 继承 A 的功能和属性。例如男人(Man)是人(Human)的一种，男孩(Boy)是男人的一种。那么类 Man 可以从类 Human 派生，类 Boy 可以从类 Man 派生。

(3) 继承的概念在程序世界与现实世界并不完全相同，若在逻辑上 B 是 A 的"一种"，并且 A 的所有功能和属性对 B 而言都有意义，则允许 B 继承 A 的功能和属性。

3．多继承的定义

多继承可以看做是单继承的扩充，它是指由多个基类派生出一个类的情形。

多继承的定义格式如下：

```
class 派生类名：继承方式 1    基类名 1, 继承方式 2    基类名 2,…
{
        private:
                派生类的私有数据和函数
        public:
                派生类的公有数据和函数
        protected:
                派生类的保护数据和函数
};
```

由定义格式可见，多继承与单继承的区别从定义格式上看，主要是多继承的基类多于一个。每一个派生类型对应的是紧接其后给出的基类，而且必须给每个基类指定一种派生类型，如果缺省，相应的基类则取私有派生类型，而不是和前一个基类取相同的派生类型。

4．基类与派生类的关系

任何一个类都可以派生出一个新类，派生类也可以再派生出新类，因此基类和派生类是相对而言的。一个基类可以是另一个基类的派生类，这样便形成了复杂的继承结构，出现了类的层次。一个基类派生出一个派生类，它又变成另一个派生类的基类，则原来基类为该派生类的间接基类，其关系如图 5-3 所示，其中，类 A 是类 C 的间接基类，而类 B 是类 A 的直接派生类。

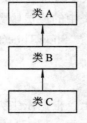

图 5-3　类的层次

基类和派生类之间的关系可以有如下几种描述。

1) 派生类是基类的具体化

类的层次通常反映了客观世界中某种真实的模型。例如，定义输入设备为基类，而键盘和鼠标将是派生类，它们的关系图如图 5-4 所示。在这种情况下不难看出，基类是对若干个派生类的抽象，而派生类是基类的具体化。基类抽取了它的派生类的公有特征，而派生类通过增加行为将抽象类变为某种有用的类型。

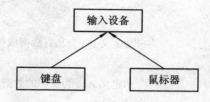

图 5-4　继承的实例

2) 派生类是基类定义的延续

先定义一个抽象基类，该基类中有些操作并未实现，然后定义非抽象的派生类，实现抽象中基类中定义的操作。这时，派生类是抽象基类的实现，即可看成是基类定义的延续，这也是派生类常用的一种方法。

3) 派生类是基类的组合

在多继承时，一个派生类有多于一个的基类，这时派生类将是所有基类行为的组合。

派生类将其本身与基类区别开来的方法是：添加数据成员和成员函数。因此，继承的机制将使得在创建类时，只需新类与已有类的区别，从而大量原有的程序代码都可以复用，所以有人称"类"是复用的软件构件。

5.2　派生类的访问控制

(Derived Classes Access Control)

公有继承(public)、私有继承(private)和保护继承(protected)是常用的 3 种继承方式。

5.2.1　公有继承(Public Inheritance)

若在定义派生类时，继承方式为 public，则定义公有派生。公有派生时，基类中所有成员在派生类中保持各个成员的访问权限。具体访问权限如下：

(1) 基类中 public 成员在派生类仍保持为 public 成员，所以在派生类内、外都可直接使用这些成员。

(2) 基类中 private 成员属于基类私有成员，所以在派生类内、外都不能直接使用这些成员。只能通过该基类公有成员或保护成员函数间接使用基类中的私有成员。

(3) 基类中 protected 成员可在派生类中直接使用，但在派生类外不可直接访问这类成员，必须通过派生类的公有成员或保护成员函数或基类的成员函数才能访问。举例说明如下。

【例 5-2】   用学生档案类 Student 派生学生成绩类 Score。讨论基类中公有、私有与保护数据成员在派生类中的访问权限。

程序如下：

```
# include <iostream>
using namespace std;
class Student
{
    private:
        int No;                          //定义 No 为私有数据成员
    protected:
        int Age;                         //定义 Age 为保护的数据成员
    public:
        char Sex;                        //定义 Sex 为公有数据成员
        Student(int no,int age,char sex) //定义类 Student 的构造函数
        {   No=no;Age=age;Sex=sex;}
            int GetNo(){ return No;}     //返回 No 的公有成员函数
            int GetAge(){ return Age;}   //返回 Age 的公有成员函数
            void ShowS()                 //显示 No、Age、Sex 的公有成员函数
            {   cout<<"No="<<No<<'\t'<<"Age="<<Age<<'\t'<<"Sex="<<Sex<<endl; }
};
class Score : public Student             //由基类 Student 公有派生出子类 Score
{
    private:
        int Phi,Math;                    //定义类 Score 的私有数据成员
    public:
        Score(int n,int a,char s,int p,int m):Student(n,a,s)    //类 Score 的构造函数
        {   Phi=p;Math=m;}
        void Show( )                     //显示类 Score 与其父类 Student 的数据成员值
        {   cout<<"No="<<GetNo()<<'\t'<<"Age="<<Age<<'\t'<<"Sex="<<Sex<<
            '\t'<<"Phi="<<Phi<<'\t'<<"Math="<<Math<<endl;
        }
};
void main( )
{
    Score s (101,20,'M',90,80);          //用类 Score 定义一个对象 s
    s.ShowS();                           //类 Score 的对象 s 调用基类公有函数 ShowS()
    s.Show();                            //类 Score 的对象调用公有函数 Show()
    cout<<"No="<<s.GetNo()<<'\t'<<"Age="<<s.GetAge()<<'\t'<<"Sex="<<s.Sex<<endl;
}
```

程序执行后输出：

 No=101 Age=20 Sex=M

 No=101 Age=20 Sex=M Phi=90 Math=80

 No=101 Age=20 Sex=M

从例 5-2 可以看出，基类 Student 中的私有数据成员 No、保护数据成员 Age、公有数据成员 Sex 在基类中可直接使用，如在基类 Student 的公有显示函数中：

```
void ShowS()
{   cout<<"No="<<No<<'\t'<<"Age="<<Age<<'\t'<<"Sex="<<Sex<<endl; }
```

可直接使用 No、Age、Sex。

基类 Student 中的私有数据成员 No 在派生类 Score 中不能直接使用，而只能通过公有接口函数 GetNo()访问。如派生类 Score 的公有显示函数中：

```
void Show( void)
{   cout<<"No="<<GetNo()<<'\t'<<"Age="<<Age<<'\t'<<"Sex="<<Sex<<
    '\t'<<"Phi="<<Phi<<'\t'<<"Math="<<Math<<endl;
}
```

不能直接引用 No，而只能用接口函数 GetNo()返回 No 值。从此函数中还可看出，基类中保护数据成员 Age 与公有数据成员 Sex 在派生类中可直接使用，但保护数据成员 Age 在派生类与基类之外不能直接使用。如从主函数 main()中显示数据成员的语句

```
cout<<"No="<<s.GetNo()<<'\t'<<"Age="<<s.GetAge()<<'\t'<<"Sex="<<s.Sex<<endl;
```

中可以看出基类中私有成员 No 与保护成员 Age 在派生类外不能直接引用，而必须要通过接口函数才能引用。若将 s.GetNo()改为 s.No 或将 s.GetAge()改为 s.Age，则编译时会出错。

5.2.2　私有继承(Private Inheritance)

私有继承的特点是基类的公有成员和保护成员都作为派生类的私有成员，并且不能被这个派生类的子类所访问。

若在定义派生类时，继承方式为 private 则定义了私有派生。经过私有派生后：

(1) 基类中公有成员在派生类变为私有成员，在派生类内可以使用，而在派生类外不能直接使用。

(2) 基类中保护成员在派生类变为私有成员，在派生类内可以使用，而在派生类外不能直接使用。

(3) 基类中私有成员在派生类内、外都不能直接使用，必须通过基类公有函数使用。

在例 5-2 中，若将 Score 定义为私有派生，即将定义派生类的语句改为：

```
class Score : private Student
```

由于基类中的公有成员 Sex、ShowS()与保护成员 Age 在派生类 Score 中变为私有成员，因此在类外不能用 Score 的对象 s 直接访问。因而编译上例程序时，下列语句会出现编译错误。

```
s.ShowS();
cout<<"No="<<s.GetNo()<<'\t'<<"Age="<<s.GetAge()<<'\t'<<"Sex="<<s.Sex<<endl;
```

通常用得最多的是公有派生，私有派生用得较少，而保护派生几乎不用。

5.2.3 保护继承(Protected Inheritance)

保护继承的特点是基类的所有公有成员和保护成员都作为派生类的保护成员，并且只能被它的派生类成员函数或友元访问，基类的私有成员仍然是私有的。

将上述 3 种不同的继承方式的基类特性与派生类特性列出表格，见表 5-1。

表 5-1   不同继承方式的基类和派生类特性

继承方式	基类特性	派生类特性
公有继承	public protected private	public protected 不可访问
私有继承	public protected private	private private 不可访问
保护继承	public protected private	protected protected 不可访问

为了进一步理解 3 种不同的继承方式在其成员的可见性方面的区别，下面从 3 个不同角度进行讨论。

1) 对于公有继承方式

(1) 基类成员对其对象的可见性：公有成员可见，其他成员不可见。这里保护成员同于私有成员。

(2) 基类成员对派生类的可见性：公有成员和保护成员可见，而私有成员不可见。这里保护成员同于公有成员。

(3) 基类成员对派生类对象的可见性：公有成员可见，其他成员不可见。

所以，在公有继承时，派生类对象可以访问基类中的公有成员；派生类的成员函数可以访问基类中的公有成员和保护成员。这里，一定要区分清楚派生类的对象和派生类的成员函数对基类的访问是不同的。

2) 对于私有继承方式

(1) 基类成员对其对象的可见性：公有成员可见，其他成员不可见。

(2) 基类成员对派生类的可见性：公有成员和保护成员是可见的，而私有成员是不可见的。

(3) 基类成员对派生类对象的可见性：所有成员都是不可见的。

所以，在私有继承时，基类的成员只能由直接派生类访问，而无法再往下继承。

3) 对于保护继承方式

这种继承方式和私有继承方式的情况相同，两者的区别仅在于对派生类的成员而言，对基类成员有不同的可见性。

上述的可见性也就是可访问性，关于可访问性还有另外的一种说法。这种规则中，称派生类的对象对基类的访问为水平访问，称派生类的派生类对基类的访问为垂直访问。

一般规则如下所述：

(1) 公有继承时，水平访问和垂直访问对基类中的成员不受限制；

(2) 私有继承时，水平访问和垂直访问对基类中的成员也不能访问；

(3) 保护继承时，对于垂直访问同于公有继承，对于水平访问同于私有继承。

对于基类中的私有成员，只能被基类中的成员函数和友元函数所访问，不能被其他的函数访问。

【例 5-3】　访问基类和派生类的函数。

公有继承方式、单继承的例子，程序如下：

```cpp
#include <iostream>
using namespace std;
class Point                              //定义基类
{
    public:
        void setxy(int myx,int myy){X=myx;Y=myy;}
        void movexy(int x,int y){X+=x;Y+=y;}
    protected:
        int X,Y;
};
class Circle : public    Point           //定义派生类，公有继承方式
{
    public:
        void setr(int myx,int myy,int myr)
        {setxy(myx,myy);R=myr;}
        void display();
    protected:
        int R;
};
void Circle::display()
{
    cout<<"The postion of center is ";
    cout<<"("<<X<<","<<Y<<")"<<endl;
    cout<<"The radius of Circle is "<<R<<endl;
}
int main()
```

```
    {
        Circle   c;                        //派生类对象
        c.setr(4,5,6);
        cout<<"The start data of Circle:"<<endl;
        c.display();
        c.movexy(7,8);
        cout<<"The new data of Circle:"<<endl;
        c.display();
        return 0;
    }
```

程序输出结果为：

    The start data of Circle:
    The postion of center is (4,5)
    The radius of Circle is 6
    The new data of Circle:
    The postion of center is (11,13)
    The radius of Circle is 6

程序分析：通过公有继承方式，从 Point 类得到 Circle 类。派生类 Circle 只有一个基类，所以是单继承。基类 Point 定义了两个数据成员、两个成员函数。派生类 Circle 定义了一个数据成员、两个成员函数。通过继承，派生类 Circle 拥有 3 个数据成员：X、Y 和 R，4 个成员函数：setxy()、movexy()、setr()、display()。

【例 5-4】 派生类访问基类的 protected 成员。

保护继承例子，程序如下：

```
#include <iostream>
using namespace std;
class Point                                //定义基类
{
    public:
        void setxy(int myx,int myy){X=myx;Y=myy;}
        void movexy(int x,int y){X+=x;Y+=y;}
    protected:
        int X,Y;
};
class Circle : protected Point             //定义派生类
{
    public:
        void setr(int myx,int myy,int myr)
        {setxy(myx,myy);R=myr;}
        void movexy(int x,int y)
```

```
            {Point::movexy(x,y);}
            void display();
    private:
            int R;
};
void Circle::display()
{
    cout<<"The postion of center is ";
    cout<<"("<<X<<","<<Y<<")"<<endl;
    cout<<"The radius of Circle is "<<R<<endl;
}
int main()
{
    Circle   c;                        //派生类对象
    c.setr(4,5,6);
    cout<<"The start data of Circle:"<<endl;
    c.display();
    c.movexy(7,8);
    cout<<"The new data of Circle:"<<endl;
    c.display();
    return 0;
}
```

　　将基类 Point 被 Circle 类保护继承，调试程序，我们会发现保护继承没有完全中止基类的功能。

　　【例 5-5】　派生类访问基类的 private 成员。

程序如下：

```
#include<iostream>
using namespace std;
class A
{
    int i,j ;
    public:
            void fun1(int a,int b){i=a;j=b;}
            void fun2()
            {cout<<i<<","<<j<<endl;}
};

class B:public A
{
```

```
        int a;
    public:
            void fun3()    {cout<<a<<endl;}
            void fun4(int b){a=b/2;}
};
  int main()
{
    B dd;
    dd.fun1(2,3);
    dd.fun2();
    dd.fun4(2);
    dd.fun3();
    return 0;
}
```

运行结果：

2，3

1

程序说明：当基类通过使用 private 存取说明符被继承时，基类的所有公有成员和受保护成员变成派生类的私有成员。例如，下面的程序中由于函数 fun1 和 fun2 都是 B 的私有成员，故不能编译。

```
#include<iostream>
using namespace std;
class A
{
        int i,j;
    public:
            void fun1(int a,int b)
            {i=a;j=b;}
            void fun2()
            {cout<<i<<" "<<j<<endl;}
};

class B:private A
{
        int a;
    public:
            void fun3()
            {
                    cout<<a<<endl;
```

```
            }
            void fun4(int b)
            {a=b/2;}
    };


    void main()
    {
            B dd;
            dd.fun1(2,3);              //这一句执行出错，不能通过编译
            dd.fun2();                 //这一句出错，不能通过编译
            dd.fun3();
            dd.fun4(4);
    }
```

　　提示： 无论哪种继承方式，基类中的私有成员在派生类中都是不可访问的。这和私有成员的定义是一致的，符合数据封装的思想。

　　对于单个类来讲，私有成员与保护成员没有什么区别。从继承的访问规则角度来看，保护成员具有双重角色：在类内层次中，它是公有成员；在类外，它是私有成员。由于保护成员具有这种特殊性，所以如果合理地利用，就可以在类的层次关系中为共享访问与成员隐藏之间找到一个平衡点，既能实现成员隐藏，又能方便继承，从而实现代码的高效重用及扩充。

5.3　派生类的构造函数与析构函数

(Derived Classes Constructors and Destructors)

　　使用派生类建立一个派生类对象时，所产生的基类对象依附于派生类的对象中。如果派生类新增成员中还包括有内嵌的其他类对象，派生类的数据成员中，实际上还间接包括了这些对象的数据成员，因此，构造派生类的对象时，要对基类数据成员、新增数据成员和成员对象的数据成员进行初始化。

5.3.1　派生类的构造函数(Derived Classes Constructors)

　　在派生类对象的成员中，从基类继承来的成员被封装为基类子对象，它们的初始化由派生类的构造函数隐含调用基类构造函数进行初始化；内嵌成员对象则隐含调用成员类的构造函数进行初始化；派生类新增的数据成员由派生类在自己定义的构造函数中进行初始化。

　　声明了派生类，就可以进一步声明该类的对象以用于解决问题。对象在使用之前必须初始化，对派生类的对象初始化时，需要对该类的数据成员赋初值。派生类的数据成员是由所有基类的数据成员与派生类新增的数据成员共同组成的，如果派生类新增成员中包括有内嵌的其他类对象，派生类的数据成员中实际上还间接包括了这些对象的数据成员。因

此构造派生类的对象时，就要对基类数据成员、新增数据成员和成员对象的数据成员进行初始化。基类的构造函数并没有继承下来，要完成这些工作，就必须给派生类添加新的构造函数。派生类的构造函数需要以合适的初值作为参数，隐含调用基类和新增的内嵌对象成员的构造函数，来初始化它们各自的数据成员，然后再加入新的语句对新增普通数据成员进行初始化。

派生类构造函数格式如下：

> 派生类名(参数总表): 基类名 1(参数表 1)，…，基类名 m (参数表 m),
> 成员对象名 1(成员对象参数表 1)，…，成员对象名 n(成员对象参数表 n)
> {
>   派生类新增成员的初始化；
> }

"基类名 1(参数表 1)，…，基类名 m (参数表 m)"称为基类成员的初始化表。

"成员对象名 1(成员对象参数表 1)，…，成员对象名 n(成员对象参数表 n)"称为成员对象的初始化表。

基类成员的初始化表与成员对象的初始化表构成派生类构造函数的初始化表。

在派生类构造函数的参数总表中，需要给出基类数据成员的初值、成员对象数据成员的初值、新增一般数据成员的初值。

在参数总表之后，列出需要使用参数进行初始化的基类名、成员对象名及各自的参数表，各项之间使用逗号分隔。

基类名、对象名之间的次序无关紧要，它们各自出现的顺序可以是任意的。在生成派生类对象时，程序首先会使用这里列出的参数调用基类和成员对象的构造函数。

如果基类定义了带有形参表的构造函数时，派生类就应当定义构造函数，提供一个将参数传递给基类构造函数的途径，保证在基类进行初始化时能够获得必要的数据。如果基类没有定义构造函数，派生类也可以不定义构造函数，全部采用默认的构造函数，这时新增成员的初始化工作可以用其他公有成员函数来完成。

5.3.2 派生类构造函数调用规则(Derived Classes Constructors Call Rules)

1．单继承的构造函数调用顺序

单继承时，派生类构造函数调用的一般次序如下：

(1) 调用基类构造函数。

(2) 调用内嵌成员对象的构造函数，调用顺序取决于它们在类中定义的顺序。

(3) 派生类自己的构造函数。

【例 5-6】 单继承机制下构造函数的调用顺序。

程序如下：

```
#include <iostream>
using namespace std;
class Baseclass
{
```

```
    public:
        Baseclass(int i)                //基类的构造函数
        {
        a=i;
        cout<<"constructing Baseclass a=" <<a<<endl;
        }
    private:
        int a;
};
class Derivedclass:public Baseclass
{
    public:
        Derivedclass(int i,int j);
    private:
        int b;
};
Derivedclass::Derivedclass(int i,int j):Baseclass(i)       //派生类的构造函数
{
    b=j;
    cout<<"constructing Derivedclass b="<<b<<endl;
}
int main()
{
    Derivedclass x(5,6);
    return 0;
}
```

程序输出结果为：

constructing Baseclass a=5

constructing Derivedclass b=6

程序说明：当建立 Derivedclass 类对象 x 时，先要调用基类 Baseclass 的构造函数，输出"constructing Baseclass a=5",然后执行派生类 Derivedclass 的构造函数,输出"constructing Derivedclass b=6"。

如果派生类还包括子对象，则对子对象的构造函数的调用仍然在初始化列表中进行。此时，当说明派生类的一个对象时，先调用基类构造函数，再调用子对象所在类的构造函数，最后执行派生类构造函数。在有多个子对象的情况下，子对象的调用顺序取决于它们在派生类中被说明的顺序。

【例 5-7】　包括子对象时，其构造函数的调用顺序。

程序如下：

```
#include <iostream>
```

```cpp
using namespace std;
class Base1                    //基类
{
    public:
        Base1(int i)
        {
        a=i;
        cout<<"constructing Base1 a=" <<a<<endl;
        }
    private:
        int a;
};
class Base2                            //子对象 f 所属类
{
    public:
        Base2(int i)
        {
            b=i;
            cout<<"constructing Base2 b=" <<b<<endl;
        }
    private:
        int b;
};
class Base3                            //子对象 g 所属类
{
    public:
        Base3(int i)
        {
        c=i;
        cout<<"constructing Base3 c=" <<c<<endl;
        }
    private:
        int c;
};
class Derivedclass:public Base1        //派生类
{
    public:
        Derivedclass(int i,int j,int k,int m);
    private:
```

```
        int d;
        Base2 f;
        Base3 g;

};
Derivedclass::Derivedclass(int i,int j,int k,int m):Base1(i),g(j),f(k)
{
        d=m;
        cout<<"constructing Derivedclass d="<<d<<endl;
}
int main()
{
        Derivedclass x(5,6,7,8);
         return 0;
}
```

程序输出结果为：

    constructing Base1 a=5

    constructing Base2 b=7

    constructing Base3 c=6

    constructing Derivedclass d=8

程序说明：

(1) 该程序中定义了 4 个类、Base1 类、Base2 类、Base3 类和 Derivedclass 类。其中，类 Derivedclass 是 Base1 类的派生类，继承方式为公有继承。Base2 类和 Base3 类是类 Derivedclass 的子对象所在的类。

(2) 派生类 Derivedclass 的构造函数格式如下：

```
Derivedclass::Derivedclass(int i,int j,int k,int m):Base1(i),g(j),f(k)
{
        d=m;
        cout<<"constructing Derivedclass d="<<d<<endl;
}
```

其中，总参数表中有 4 个 int 型参数，即 i、j、k 和 m，分别用来初始化基类中的数据成员、类 Derivedclass 中子对象 g、f 和类 Derivedclass 中数据成员 d 的。D 在该派生类构造函数的成员初始化列表中有 3 项，它们之间用逗号隔开。

(3) 当建立 Derivedclass 类对象 x 时，先调用基类 Base1 的构造函数，输出"constructing Base1 a=5"；然后分别调用子对象 f 和 g 所在类 Base2 和 Base3 的构造函数，输出"constructing Base2 b=7"、"constructing Base3 c=6"；最后执行派生类 Derivedclass 的构造函数，输出"constructing Derivedclass d=8"。

注意：子对象 f 和 g 的调用顺序取决于它们在派生类中被说明的顺序，与它们在成员初始化列表中的顺序无关。

2．多继承的构造函数调用顺序

多继承方式下派生类的构造函数须同时负责该派生类所有基类构造函数的调用。构造函数调用顺序是：先调用所有基类的构造函数，再调用派生类的构造函数。处于同一层次的各基类构造函数的调用顺序取决于定义派生类所指定的基类顺序，与派生类构造函数中所定义的成员初始化列表顺序无关。

注意：

(1) 在继承层次图中，处于同一层次的各基类构造函数的调用顺序取决于定义该派生类时所指定的各基类的先后顺序，与派生类构造函数定义时初始化表中所列的各基类构造函数的先后顺序无关。

(2) 对同一个基类，不允许直接继承两次。

【例 5-8】 多继承方式下构造函数的调用顺序。

程序如下：

```cpp
#include <iostream>
using namespace std;
class Base1                                    //基类
{
    public:
        Base1(int i)                           //基类构造函数
        {
         a=i;
          cout<<"constructing Base1 a=" <<a<<endl;
        }
    private:
        int a;
};
class Base2                                    //基类
{
    public:
        Base2(int i)                           //基类构造函数
        {
         b=i;
         cout<<"constructing Base2 b=" <<b<<endl;
        }
    private:
        int b;
};
class Derivedclass:public Base1,public Base2     //派生类
{
    public:
```

```
            Derivedclass(int i,int j,int k);
        private:
            int d;
    };
    Derivedclass::Derivedclass(int i,int j,int k):Base2(i),Base1(j)
    //派生类的构造函数
    {
        d=k;
        cout<<"constructing Derivedclass d="<<d<<endl;
    }
    int main()
    {
        Derivedclass x(5,6,7);
        return 0;
    }
```

5.3.3　派生类的析构函数(Derived Classes Destructors)

派生类的析构函数的功能是在该类对象消亡之前进行一些必要的清理工作。析构函数没有类型，也没有参数，和构造函数相比情况略为简单些。在派生过程中，基类的析构函数也不能继承下来，如果需要析构函数的话，就要在派生类中自行定义。派生类析构函数的定义方法与没有继承关系的类中析构函数的定义方法完全相同，只要在函数体中负责把派生类新增的非对象成员的清理工作做好就够了，系统会自己调用基类及成员对象的析构函数来对基类及对象成员进行清理。当派生类对象析构时，各析构函数的调用顺序正好相反。在执行派生类的析构函数时，要调用基类的析构函数。其析构函数调用规则如下：

(1) 首先调用派生类的析构函数(清理派生类新增成员)。

(2) 如果派生类中有子对象，再调用派生类中子对象类的析构函数(清理派生类新增的成员对象)。

(3) 再调用普通基类的析构函数(清理从基类继承来的基类子对象)。

(4) 最后调用虚基类的析构函数。

【例 5-9】　派生类析构函数的调用顺序。

程序如下：

```
#include <iostream>
using namespace std;
class Base1                          //基类
{
    public:
        Base1(int i)                 //基类构造函数
        {
```

```
                a=i;
                  cout<<"constructing Base1 a=" <<a<<endl;
            }
            ~ Base1()                          //基类析构函数
            {
                  cout<<"destructing Base1"<<endl;
            }
        private:
            int a;
    };
    class Base2                                //子对象 f 所属类
    {
        public:
            Base2(int i)                       //构造函数
            {
                  b=i;
                  cout<<"constructing Base2 b=" <<b<<endl;
            }
            ~Base2()                           //析构函数
            {
                  cout<<"destructing Base2"<<endl;
            }
        private:
            int b;
    };
    class Base3                                //子对象 g 所属类
    {
        public:
            Base3(int i)                       //构造函数
            {
                  c=i;
                  cout<<"constructing Base3 c=" <<c<<endl;
            }
            ~Base3()                           //析构函数
            {
                  cout<<"destructing Base3"<<endl;
            }
        private:
            int c;
```

```
    };
    class Derivedclass:public Base1            //派生类
    {
        public:
            Derivedclass(int i,int j,int k,int m);
            ~Derivedclass();
        private:
            int d;
            Base2 f;
            Base3 g;
    };
    Derivedclass::Derivedclass(int i,int j,int k,int m):Base1(i),g(j),f(k)
    //派生类构造函数
    {
        d=m;
        cout<<"constructing Derivedclass d="<<d<<endl;
    }
    Derivedclass::~Derivedclass()              //派生类析构函数
    {
        cout<<"destructing Derivedclass"<<endl;
    }

    int main()
    {
        Derivedclass x(5,6,7,8);
        return 0;
    }
```

5.4 多 继 承

(Multi-Inheritance)

5.4.1 多继承概念(Multi-Inheritance Concept)

多继承(Multiple Inheritance，MI)是指派生类具有两个或两个以上的直接基类(Direct Class)。多继承的一般语法为：

class 派生类的类名：访问区分符　基类1的类名，…，访问区分符　基类n的类名

多继承与单继承的语法非常类似，不同之处即把子类的多个超类用逗号(,)分开，派生类对基类的成员的可访问特性与单继承中的派生类对基类成员的访问特性是完全一样。

【例 5-10】 多继承的示例。

程序如下：

```cpp
#include <iostream>
using namespace std;
class B1
{
    protected:
        int a;
    public:
        void display1()
        {
            cout<<"a="<<a<<endl;
        }
};
class B2
{
    protected:
        int b;

    public:
        void display2()
        {
            cout<<"b="<<b<<endl;
        }
};
class D : public B1, public B2
{
    public:
        void setVars(int a1, int a2)
        {
            a=a1;
            b=a2;
        }
};
void main()
{
    D d;
    d.setVars(100, 200);
    d.display1();
```

```
        d.display2();
    }
```

5.4.2 多继承中的二义性问题及其解决

(Ambiguity in Muti-Inheritance and Solutions)

一般来说，在派生类中对于基类成员的访问应该是唯一的，但是，由于多继承中派生类拥有多个基类，如果多个基类中拥有同名的成员，那么，派生类在继承各个基类的成员之后，当调用该派生类成员时，由于该成员标识符不唯一，出现二义性(ambiguity)，编译器无法确定到底应该选择派生类中的哪一个成员，这种由于多继承而引起的对类的某个成员访问出现不唯一的情况就称为二义性问题。

1. 派生类成员与基类成员重名

【例 5-11】 派生类覆盖基类中的同名成员。

程序如下：

```
#include<iostream>
using namespace std;
class A
{
    public:
        void fun(){cout<<"调用类 A 成员函数"<<endl;}
};
class B
{       public:
        void fun(){cout<<"调用类 B 成员函数"<<endl;}
};
class C
{
    public:
        void funC(){cout<<"调用类 C 成员函数"<<endl;}
};
class D:public B,public A,public C
{
    public:
        void fun(){cout<<"调用类 D 成员函数"<<endl;}
};
int main()
{
        D d;
        d.fun();
```

```
        d.funC();
        return 0;
    }
```

运行结果:

  调用类 D 成员函数

  调用类 C 成员函数

  说明：类 A、类 B 和它们的派生类 D 中都有一个成员函数 fun()。对于这种派生类中的成员函数与其基类成员重名的现象，派生类中的成员函数将覆盖所有基类中的同名成员。这一规则对于数据成员也同样适用。

  2．二义性的产生

  如果只是基类与基类之间的成员重名，在这种情况下，系统将无法自行决定调用的是哪一个函数，这就存在二义性问题。比如：

```
    class A
    {
        public:
            void fun()    { … }
    };
    class B
    {
        public:
            void fun() { … }
    };
    class C:public B,public A{        };

    int main()
    {
        C c;
        c.fun();                        //调用存在二义性
        return 0;
    }
```

  说明：类 A 与类 B 有同名的成员函数 fun()，存在二义性，系统不能自行判断通过它们的派生类 C 的对象访问的是同名成员中的哪一个。

  【例 5-12】 定义一个小客车类 Car 和一个小货车类 Wagon，它们共同派生出一个客货两用车类 StationWagon。StationWagon 既继承了小客车的特征，有座位 seat，可以载客，又继承了小货车的特征，有装载车厢 load，可以载货。程序实现如下：

```
    class Car                    //小客车类
    {
        private:
```

```
        int power;              //马力
        int seat;                       //座位
    public:
        Car(int power,int seat)
        {
              this->power=power,this->seat=seat;
        }
        void show()
        {
              cout<<"car power:"<<power<<"   seat:"<<seat<<endl;
        }
};
class Wagon              //小货车类
{
    private:
        int power;          //马力
        int load;                   //装载量
    public:
        Wagon(int power,int load)
        {
              this->power=power,this->load=load;
        }
        void show()
        {
    cout<<"wagon power:"<<power<<"   load:"<<load<<endl;
        }
};
class StationWagon :public Car, public Wagon            //客货两用车类
{
    public:
        StationWagon(int power, int seat,int load) :
        Wagon(power,load), Car(power,seat)
        {
        }
        void ShowSW()
          {
              cout<<"StationWagon:"<<endl;
              Car::show();
              Wagon::show();
```

```
        }
    };
    void main()
    {
        StationWagon SW(105,3,8);
        //SW.show();                    //错误，出现二义性
        SW.ShowSW();
    }
```

小客车类 Car 和小货车类 Wagon 共同派生出客货两用车类 StationWagon，后者继承了前者的属性 power 和行为 show()。当通过 StationWagon 类的对象 SW 访问 show()时，程序出现编译错误。这是因为基类 Car 和 Wagon 各有一个成员函数 show()，在其共同的派生类 StationWagon 中就有两个相同的成员函数，而程序在调用时无法决定到底应该选择哪一个成员函数。

程序运行结果：

StationWagon:

car power:105　　seat:3

wagon power:105　　load:8

3. 二义性问题的解决方法

二义性问题通常有两种解决方法：

(1) 成员名限定：通过类的作用域分辨符明确限定出现歧义的成员是继承自哪一个基类。

(2) 成员重定义：在派生类中新增一个与基类中成员相同的成员，由于同名覆盖，程序将自动选择派生类新增的成员。

【例 5-13】　消除公共基类二义性程序。

程序如下：

```
#include<iostream.h>
class A
{
    public:
        int a;
        void fun()
        {cout<<"类 A 成员函数被正确调用"<<endl;}
};
    class B:public A
{
    public:
        void display()
        {
```

```
                    cout<<"Ab="<<a<<endl;
            }
    };
    class C:public A
    {
        public:
            void display()
            {
                    cout<<"Ac="<<a<<endl;
            }
    };
    class D:public B,public C
    {
        public:
            void display()
            {
                B::display();
                C::display();
            }
    };
    int main()
    {
            D d;
            d.B::a=1;
            d.C::a=2;
            d.display();
            d.B::fun();
            d.C::fun();
            return 0;
    }
```

程序运行结果：

```
    Ab=1
    Ac=2
```

类 A 成员函数被正确调用

类 A 成员函数被正确调用

为了消除公共基类的二义性，需要采用派生类的直接基类名来限定，而不是需要访问成员所在的类的类名。

注意：二义性检查是在访问控制权限和类型检查之前进行的，因此，指定不同的访问权限或类型并不能解决二义性问题。

【例 5-14】 类型不同或访问权限不同产生二义性的示例。

程序如下：

```cpp
#include<iostream>
using namespace std;
class A
{
    public:
            int f1(int){return 0;}
            void f2(){ }
            int f3(){return 0;}
};
class B
{
    public:
            int f1(){return 0;}
            double f2(){return 0;}
    private:
            int f3(){return 0;}
};
class C:public A,public B{};
int main()
{
    C   c;
    int   a=c.f1(1);            //存在二义性
    c.f2();                     //存在二义性
    int b=c.f3();               //存在二义性
    return 0;
}
```

说明：A::f1(int)和 B::f1()参数的类型不同；A::f2()和 B::f2()返回类型不同；A::f3()和 B::f3()访问权限不同，用派生类 C 对象 c 访问时存在二义性，也就是说，二义性检查是在访问控制权限和类型检查之前进行。

5.4.3　多继承中构造函数和析构函数的调用顺序

(Constructors and Destructors under Multi-Inheritance Call Order)

在多继承的情况下，基类及派生类的构造函数是按以下顺序被调用的：

(1) 按基类被列出的顺序逐一调用基类的构造函数。

(2) 如果该派生类存在成员对象，则调用成员对象的构造函数。

(3) 若存在多个成员对象，按它们被列出的顺序逐一调用。

(4) 最后调用派生类的构造函数。

析构函数的调用顺序与构造函数的调用顺序正好相反！

【例 5-15】　构造函数和析构函数的调用。

程序如下：

```cpp
#include <iostream>
using namespace std;
class HairColor
{
    private:
    int color;
    public:
        HairColor(int color)
    {
        cout<<"Constructor of class HairColor called"<<endl;
            this->color=color;
    }
        ~HairColor()
        {
            cout<<"Destructor of class HairColor called"<<endl;
        }
};
class Horse
{
    public:
        Horse()
        {
            cout<<"Constructor of class Horse called"<<endl;
        }

        ~Horse()
        {
            cout<<"Destructor of class Horse called"<<endl;
        }
};
class Donkey
{
    public:
```

```
        Donkey()
        {
            cout<<"Constructor of class Donkey called"<<endl;
        }
        ~Donkey()
        {
            cout<<"Destructor of class Donkey called"<<endl;
        }
    };
    class Mule : public Horse, public Donkey
    {
        private:
        HairColor hcInstance;              //hcInstance 是 HairColor 类的成员
        public:
         Mule(int color) : hcInstance(color)
        {
            cout<<"Constructor of class Mule called"<<endl;
        }
         ~Mule()
        {
            cout<<"Destructor of class Mule called"<<endl;
        }
    };
    void main()
    {
        Mule muleInstance(100);
        cout<<"Program over"<<endl;
    }
```

程序运行结果：

Constructor of class Horse called

Constructor of class Donkey called

Constructor of class HairColor called

Constructor of class Mule Called

Program over

Destructor of class Mule called

Destructor of class HairColor called

Destructor of class Donkey called

Destructor of class Horse called

在这个例子中也演示了向成员对象传递参数的方法。

5.5　虚　基　类

(Virtual Base Classes)

5.5.1　多继承派生的基类拷贝(Base Classes Copy under Multi-Inheritance)

若类 B 与类 C 由类 A 公有派生，而类 D 由类 B 与类 C 公有派生，则类 D 中将包含类 A 的两个拷贝(如图 5-5 所示)。这种同一个基类在派生类中产生多个拷贝不仅多占用了存储空间，而且可能会造成多个拷贝数据的不一致。下面举例说明。

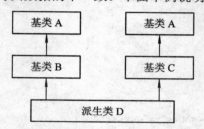

图 5-5　一个公共基类在派生类中产生两个拷贝

【例 5-16】　一个公共基类在派生类中产生两个拷贝。

程序如下：

```
# include <iostream>
using namespace std;
class A
{   public:
    int x;
    A( int a)
    {x=a;}
};
class B:public A              //由公共基类 A 派生出类 B
{   public:
    int y;
    B(int a,int b):A(b)
    {
        y=a;
    }
};
class C:public A              //由公共基类 A 派生出类 C
{
    public:
    int z;
```

```
        C(int a,int b):A(b)
        {
            z=a;
        }
};
class D:public B,public C          //由基类 B、C 派生出类 D
{
    public:
    int m;
    D(int a,int b,int d,int e,int f):B(a,b),C(d,e)
    {
        m=f;
    }
    void Print()
    {
        cout<<"x="<<B::x<<'\t'<<"y="<<y<<endl;
        cout<<"x="<<C::x<<'\t'<<"z="<<z<<endl;
        cout<<"m="<<m<<endl;
    }
};
void main (void)
{
    D d1(100,200,300,400,500);
    d1.Print();
}
```

程序执行后输出：

```
x=200    y=100
x=400    z=300
m=500
```

根据输出的结果可以清楚地看出，在类 D 中包含了公共基类 A 的两个不同拷贝。这种派生关系产生的类体系如图 5-5 所示。用类 D 定义对象 d1 时，系统为 d1 数据成员分配的空间如图 5-6 所示。

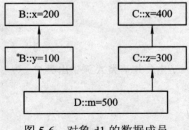

图 5-6 对象 d1 的数据成员

如果在多条继承路径上有一个公共的基类，则该基类会在这些路径中的某几条路径的汇合处产生几个拷贝。为使这样的公共基类只产生一个拷贝，须将该基类说明为虚基类。

5.5.2 虚基类的定义(Definition of Virtual Base Classes)

在多重派生的过程中，欲使公共的基类在派生中只有一个拷贝，可将此基类说明成虚基类。虚基类的定义格式为：

> class <派生类名>:virtual <access> <虚基类名>
>
> {…};

或

> class <派生类名>: <access> virtual <虚基类名>
>
> {…};

其中，关键词 virtual 可放在访问权限之前，也可放在访问权限之后，并且关键词只对紧随其后的基类名起作用。

【例 5-17】 定义虚基类，使派生类中只有基类的一个拷贝。

程序如下：

```
# include <iostream>
using namespace std;
class A
{
 public:
   int x;
     A( int a=0)
     {
      x=a;
     }
};
class B: virtual public A              //由公共基类 A 派生出类 B
{
 public:
   int y;
   B(int a,int b):A(b)
   {
       y=a;
   }
};
class C:public virtual A               //由公共基类 A 派生出类 C
{
    public:
```

```
        int z;
        C(int a,int b):A(b)
        {
            z=a;
        }
    };
    class D:public B,public C              //由基类 B、C 派生出类 D
    {
        public:
            int m;
        D(int a,int b,int d,int e,int f):B(a,b),C(d,e) {m=f;}
        void Print()
        {
            cout<<"x="<<x<<'\t'<<"y="<<y<<endl;
            cout<<"x="<<x<<'\t'<<"z="<<z<<endl;
            cout<<"m="<<m<<endl;
        }
    };
    void main ( )
    {
        D d1(100,200,300,400,500);
        d1.Print();
        d1.x=400;
        d1.Print();
    }
```

本例中定义的派生关系产生的类体系如图 5-4 所示。

执行程序后输出：

```
    x=0    y=100
    x=0    z=300
    m=500
    x=400    y=100
    x=400    z=300
    m=500
```

说明：

(1) 派生类 D 的对象 d1 只有基类 A 的一个拷贝，当改变成员 x 值时，由基类 B 和基类 C 中成员函数输出的 x 的值相同。

(2) 虚基类数据成员 x 的初值为 0。这是因为由虚基类派生出的派生类必须在其构造函数的成员初始化列表中给出对虚基类构造函数的调用，若未列出则调用缺省的构造函数，所以虚基类必须要有缺省的构造函数。

(3) 由于类 D 中只有一个虚基类 A，所以在执行类 B 和类 C 的构造函数时都不调用虚基类的构造函数，而是在类 D 中直接调用虚基类 A 的缺省的构造函数：

      A(int a=0) {x=a;}

所以 x=0。若将构造函数改为：

      A(int a) {x=a;}

则编译时会发生错误。若将类 D 的构造函数改为：

      D(int a,int b,int d,int e,int f):B(a,b),C(d,e) ,A(100) {m=f;}

即在 D 中调用类 A 的构造函数，则 x 的初始值为 100。

(4) 必须强调，用虚基类进行多重派生时，若虚基类没有缺省的构造函数，则在派生的每一个派生构造函数的初始化列表中都必须有对虚基类构造函数的调用。

C++ 语言规定，对于继承过程中的虚基类，它们由最后派生出来的用于声明对象的类来初始化，而在这个派生类的基类中，对这个虚基类的初始化都被忽略。虚基类的构造函数也就只被调用一次。

【例 5-18】 有虚基类时，多继承方式下构造函数的调用顺序。

程序如下：

```
#include <iostream>
using namespace std;
class base1
{
        public:
            base1() {cout<<"constructing base1"<<endl;}
};

class base2
{
        public:
            base2(){cout<<"constructing base2 "<<endl;}
};

class derived1:public base2, virtual public base1
{
        public:
            derived1() {cout<<"constructing derived1"<<endl;}
};

class derived2:public base2, virtual public base1
{
        public:
            derived2() {cout<<"constructing derived2"<<endl;}
```

```
};
class Derived3:public derived1, virtual public derived2
{
    public:
        Derived3(){cout<<"constructing derived3"<<endl;}
};

int main()
{
    Derived3 obj;
    return 0;
}
```

读者可以自己分析运行结果。

5.5.3　虚基类的构造与析构(Constructing and Destructing Virtual Base Classes)

C++将建立对象时所使用的派生类称为最远派生类。对于虚基类而言，由于最远派生类对象中只有一个公共虚基类子对象，为了初始化该公共基类子对象，最远派生类的构造函数要调用该公共基类的构造函数，而且只能被调用一次。

虚基类的构造函数调用分三种情况：

(1) 虚基类没有定义构造函数。程序自动调用系统缺省的构造函数来初始化派生类对象中的虚基类子对象。

(2) 虚基类定义了缺省构造函数。程序自动调用自定义的缺省构造函数和析构函数。

(3) 虚基类定义了带参数的构造函数。这种情况下，虚基类的构造函数调用相对比较复杂。因为虚基类定义了带参数的构造函数，所以在整个继承结构中，直接或间接继承虚基类的所有派生类，都必须在构造函数的初始化表中列出对虚基类的初始化。但是，只有用于建立派生类对象的那个最远派生类的构造函数才调用虚基类的构造函数，而派生类的其他非虚基类中所列出的对这个虚基类的构造函数的调用被忽略，从而保证对公共虚基类子对象只初始化一次。

C++同时规定，在初始化列表中同时出现对虚基类和非虚基类构造函数的调用时，虚基类的构造函数先于非虚基类的构造函数执行。虚基类的析构顺序与构造顺序完全相反，最先析构的是最远派生类自身，最后析构的是虚基类。尽管从程序上看虚基类被析构多次，实际上只有在最后一次被执行，中间的全部被忽略。

5.6　赋值兼容规则

(Compatible Assignment Rules)

所谓赋值兼容规则指的是不同类型的对象间允许相互赋值的规定。面向对象程序设计语言中，在公有派生的情况下，允许将派生类的对象赋值给基类的对象，但反过来却不行，即不允许将基类的对象赋值给派生类的对象。这是因为一个派生类对象的存储空间总是大于它的基类对象的存储空间。若将基类对象赋值给派生类对象，这个派生类对象中将会出现一些未赋值的不确定成员。

允许将派生类的对象赋值给基类的对象，有以下三种具体做法：

(1) 直接将派生类对象赋值给基类对象。例如：

```
Base objB;
Derived objD;              //假设 Derived 已定义为 Base 的派生类
ObjB=objD;                 //合法
ObjD=objB;                 //非法
```

(2) 定义派生类对象的基类引用。例如：

```
Base &b=objD;
```

(3) 用指向基类对象的指针指向它的派生类对象。例如：

```
Base *pb=&objD;
```

赋值兼容规则是指在需要基类对象的任何地方都可以使用公有派生类的对象来替代。通过公有继承，派生类得到了基类中除构造函数、析构函数之外的所有成员，而且所有成员的访问控制属性也和基类完全相同。这样，公有派生类实际上就具备了基类的所有功能，凡是基类能解决的问题，公有派生类都可以解决。赋值兼容规则中所指的替代包括以下几种情况：

(1) 派生类的对象可以赋值给基类对象。

(2) 派生类的对象可以初始化基类的引用。

(3) 派生类对象的地址可以赋给指向基类的指针。

在替代之后，派生类对象就可以作为基类的对象使用，但只能使用从基类继承的成员。如果 B 类为基类，D 类为 B 类的公有派生类，则 D 类中包含了基类 B 中除构造函数、析构函数之外的所有成员，这时，根据赋值兼容规则，在可以使用基类 B 的对象的任何地方，都可以用派生类的对象来替代。在如下程序中，b1 为 B 类的对象，d1 为 D 的对象。

```
class B
 {…};
class D:public B
  {…};
void main()
  {      B b1,*pb1;
      D d1;
       …
      }
```

注意：

(1) 派生类对象可以赋值给基类对象，即用派生类对象中从基类继承来的成员赋值给基类对象的成员：b1=d1;

(2) 派生类的对象也可以初始化基类对象的引用：B &bb=d1；

(3) 派生类对象的地址也可以赋给指向基类的指针：pb1=&d1；

由于赋值兼容规则的引入，对于基类及其公有派生类的对象，可以使用相同的函数统一进行处理(因为当函数的形参为基类的对象时，实参可以是派生类的对象)，而没有必要为每一个类设计单独的模块，从而大大提高了程序的效率。这正是 C++语言的又一重要特色，即下一章要介绍的多态性。可以说，赋值兼容规则是多态性的重要基础之一。

下面来看一个例子，例中使用同样的函数对同一个类族中的对象进行操作。

【例 5-19】 赋值兼容规则示例。

本例中，基类 B0 以公有方式派生出 B1 类，B1 类再作为基类以公有方式派生出 D1 类，基类 B0 中定义了成员函数 display()，在派生类中对这个成员函数进行了覆盖。程序代码如下：

```cpp
#include <iostream>
using namespace std;
class B0
{
    public:
        void display()
        {
            cout<<"B0::display()"<<endl;
        }
};
class B1:public B0
{
    public:
    void display()
    {
        cout<<"B1::display()"<<endl;
    }
};
class D1:public B1
{
    void display()
    {
        cout<<"D1::display()"<<endl;
    }
};
void fun(B0 *ptr)
{
    ptr->display();
```

```
    }
    void main()            //主函数
    {
        B0 b0;             //声明 B0 类对象
        B1 b1;             //声明 B1 类对象
        D1 d1;             //声明 D1 类对象
        B0 *p;             //声明 B0 类指针
        p=&b0;             //B0 类指针指向 B0 类对象
        fun(p);
        p=&b1;             //B0 类指针指向 B1 类对象
        fun(p);
        p=&d1;             //B0 类指针指向 D1 类对象
        fun(p);
    }
```

程序运行结果：

```
    B0::display()
    B0::display()
    B0::display()
```

这样，通过“对象名.成员名”或者“对象指针->成员名”的方式，就可以访问到各派生类中新添加的同名成员。虽然根据赋值兼容原则可以将派生类对象的地址赋值给基类 B0 的指针，但是通过这个基类类型的指针，却只能访问到从基类继承的成员。

在程序中，定义了一个形参为基类 B0 类型指针的普通函数 fun()，根据赋值兼容规则，可以将公有派生类对象的地址赋值给基类类型的指针，这样，使用 fun()函数就可以统一对这个类族中的对象进行操作。程序运行过程中，分别把基类对象、派生类 B1 的对象和派生类 D1 的对象赋值给基类类型指针 p，但是，通过指针 p 只能使用继承来的基类成员。也就是说，尽管指针指向派生类 D1 的对象，fun()函数运行时通过这个指针只能访问到 D1 类从基类 B0 继承过来的成员函数 display()，而不是 D1 类自己的同名成员函数。因此，主函数中三次调用函数 fun()的结果是同样的——访问了基类的公有成员函数。

5.7　程序举例

(Program Examples)

【例 5-20】　编写一个程序分别计算出球、圆柱和圆锥的表面积和体积。

分析：由于计算它们都需要用到圆的半径，有时还可能用到圆的面积，所以可把圆定义为一个类。它包含的数据成员为半径，由于不需要作图，所以不需要定义圆心坐标。圆的半径应定义为保护属性，以便派生类能够继承和使用。圆类的公用函数是给半径赋初值的构造函数、计算圆面积的函数；也可以包含计算圆的体积的函数，但让其返回 0，表示圆的体积为 0。定义好圆类后，再把球类、圆柱类和圆锥类定义为圆的派生类。在这些类中同样包含有新定义的构造函数、求表面积的函数和求体积的函数。另外在圆柱和圆锥类中应分别新定义一个表示其高度的数据成员。此题的完整程序如下：

```cpp
#include<iostream>
#include<cmath>
using namespace std;
const double PI=3.1415926;
class Circle
{

    protected:
    double r;
     public:
    Circle(double radius=0)
    {   r=radius;
    }
    double Area()
    {   return   PI*r*r ;
    }
    double Volume()
    {   return   0;
    }
};
class Sphere: public Circle              //球体类
{   public:
    Sphere(double radius = 0): Circle(radius){   }
    double Area()
        {   return 4*PI*r*r ;
    }
        double Volume()
    {return 4*PI*pow(r,3)/3;
    }
};
class Cylinder:public Circle
{
    double h;
        public:
    Cylinder(double radius=0, double height = 0) : Circle(radius)
        {h = height;
    }
```

```
        double Area()
        {    return 2*PI*r*(r+h);
        }
        double Volume()
        {    return PI*r*r*h;
        }
};
class Cone:public Circle              //圆锥体类
{ double h;
    public:
            Cone(double radius = 0,double height = 0):Circle(radius)
        {      h=height;
        }
            double Area()
    { double l=sqrt(h*h+r*r); return PI*r*(r+l);
                }
    double Volume()
    { return PI*r*r*h/3;
    }
};
void main()
{ Circle r1(2);
    Sphere r2(2);
    Cylinder r3(2,3);
    Cone r4(2,3);
    cout << "Circle: " << r1.Area() << ' ' <<r1.Volume()<<endl;
    cout << "Sphere: " << r2.Area() << ' ' <<r2.Volume()<<endl;
    cout << "Clinder: " << r3.Area() << ' ' <<r3.Volume()<<endl;
    cout << "Cone: " << r4.Area() << ' ' <<r4.Volume()<<endl;
}
```

程序运行结果：

Circle:12.5664 0

Shhere:50.2655 33.5103

Clinder:62.8319 37.6991

Cone:35.2207 12.5664

【例 5-21】　　一个小型公司的人员信息管理系统。

(1) 问题的提出。

某小型公司，主要有 4 类人员：经理、兼职技术人员、销售经理和兼职推销员。现在，需要存储这些人员的姓名、编号、级别、当月薪水，计算月薪总额并显示全部信息。

人员编号基数为 1000，每输入一个人员信息编号顺序加 1。

程序要有对所有人员提升级别的功能。为简单起见，在本例中，所有人员的初始级别均为 1 级，然后进行升级，经理升为 4 级，兼职技术人员和销售经理升为 3 级，推销员仍为 1 级。

月薪计算办法是：经理拿固定月薪 8000 元；兼职技术人员按 100 元/小时领取月薪；兼职推销员的月薪按该推销员当月销售额的 4%提成；销售经理既拿固定月薪也领取销售提成，固定月薪为 5000 元，销售提成为所管辖部门当月销售总额的 5‰。

(2) 类设计。

根据上述需求，设计一个基类 employee，然后派生出 technician(兼职技术人员)类、manager(经理)类和 salesman(兼职推销员)类。由于销售经理既是经理又是销售人员，兼具两类人员的特点，因此同时继承 manager 和 salesman 两个类。

在基类中，除了定义构造函数和析构函数以外，还应统一定义对各类人员信息应有的操作，这样可以规范类族中各派生类的基本行为。但是各类人员的月薪计算方法不同，不能在基类 employee 中统一确定计算方法。各类人员信息的显示内容也不同，同样不能在基类 employee 中统一确定显示方法。因此，在本例中，可以使基类中实现上述行为的函数体为空，然后在派生类中再根据同名覆盖原则定义各自的同名函数实现具体功能。

由于本例的问题比较简单，因此对于类图中各类属性的详细说明请参看源程序注释。

由于 salesmanager 类的两个基类又有公共基类 employee，为了避免二义性，这里将 employee 设计为虚基类。程序代码如下：

```
//employee.h
class employee
{
    protected:
        char * name;              //姓名
        int   individualEmpNo;    //个人编号
        int   grade;              //级别
        float accumPay;           //月薪总额
        static int employeeNo;    //本公司职员编号目前最大值
    public:
        employee();               //构造函数
        ~employee();              //析构函数
        void pay();               //计算月薪函数
        void promote(int);        //升级函数
        void displayStatus();     //显示人员信息
};

class technician:public employee  //兼职技术人员数
{
    private:
```

```
            float hourlyRate;                    //每小时酬金
            int workHours;                       //当月工作时数
        public:
            technician();                        //构造函数
        void pay();                              //计算月薪函数
        void displayStatus();                    //显示人员信息
    };
    class salesman:virtual public employee       //兼职推销员类
    {
        protected:
            float CommRate;                      //按销售额提取酬金的百分比
            float sales;                         //当月销售额
        public:
            salesman();                          //构造函数
            void pay( );                         //计算月薪函数
            void displayStatus( );               //显示人员信息
    };


    class manager:virtual public employee        //经理类
    {
        protected:
                float monthlyPay;                //固定月薪数
        public:
            manager();                           //构造函数
            void    pay( );                      //计算月薪函数
            void    displayStatus();             //显示人员信息
    };
    class salesmanager:public manager,public salesman    // 销售经理类
    {
        public:
            salesmanager( );                     //构造函数
            void pay();                          //计算月薪函数
            void displayStatus();                //显示人员信息
    };
    //empfunc.cpp
    #include<iostream>
    #include<cstring>
    using namespace std;
    //#include"employee.h"
```

```cpp
int employee::employeeNo=1000;          //员工编号基数为 1000

employee::employee()
{
    char namestr[50];                   //输入雇员姓名时首先临时存放在 namestr 中
    cout<<"请输入下一个雇员的姓名:";
    cin>>namestr;
    name=new char[strlen(namestr)+1];
                                        //动态申请用于存放姓名的内存空间
    strcpy(name,namestr);               //将临时存放的姓名复制到 name
    individualEmpNo=employeeNo++;
        //新输入的员工，其编号为目前最大编号加 1
    grade=1;                            //级别初值为 1
    accumPay=0.0;                       //月薪总额初值为 0
}
employee::~employee()
{
    delete[] name;
}                                       //在析构函数中删除为存放姓名动态分配的内存空间
void employee::pay() { };               //计算月薪，空函数
void employee::promote(int increment)
{
    grade+=increment;
}                                       //升级，提升的级数由 increment 指定
void employee::displayStatus(){};       //显示人员信息，空函数
technician::technician()
{
    hourlyRate=100;
}                                       //每小时酬金 100 元
void technician::pay()
{
    cout<<"请输入"<<name<<"本月的工作时数:";
    cin>>workHours;
    accumPay=hourlyRate*workHours;      //计算月薪，按小时计酬
    cout<<"兼职技术人员"<<name<<"编号"
    <<individualEmpNo<<"本月工资"<<accumPay<<endl;
}

void technician::displayStatus()
```

```
{
    cout<<"兼职技术人员"<<name<<"编号"<<individualEmpNo
    <<"级别为"<<grade<<"级,已付本月工资"<<accumPay<<endl;
}
salesman::salesman()
{
    CommRate=(float)0.04;
}                                                //销售提成比例 4%
void salesman::pay()
{   cout<<"请输入"<<name<<"本月的销售额:";
    cin>>sales;
    accumPay=sales*CommRate;             //月薪=销售提成
    cout<<"推销员"<<name<<"编号"<<individualEmpNo
    <<"本月工资"<<accumPay<<endl;
}
void salesman::displayStatus()
{
    cout<<"推销员"<<name<<"编号"<<individualEmpNo
    <<"级别为"<<grade<<"级,已付本月工资"<<accumPay<<endl;
}


manager::manager()
{
    monthlyPay=8000;
}                                                //固定月薪 8000
void manager::pay()
{
    accumPay=monthlyPay;                 //月薪总额即固定月薪数
    cout<<"经理"<<name<<"编号"<<individualEmpNo<<"本月工资"<<accumPay<<endl;
}
void manager::displayStatus()
{
    cout<<"经理"<<name<<"编号"<<individualEmpNo<<"级别为"
    <<grade<<"级,已付本月工资"<<accumPay<<endl;
}
salesmanager::salesmanager()
{
    monthlyPay=5000;        CommRate=(float)0.005;
}
```

```cpp
void salesmanager::pay()
{
    cout<<"请输入"<<employee::name<<"所管辖部门本月的销售总额:";
    cin>>sales;
    accumPay=monthlyPay+CommRate*sales;        //月薪=固定月薪+销售提成
    cout<<"销售经理"<<name<<"编号"<<individualEmpNo
        <<"本月工资"<<accumPay<<endl;
}

void salesmanager::displayStatus()
{
    cout<<"销售经理"<<name<<"编号"<<individualEmpNo
        <<"级别为"<<grade<<"级,已付本月工资"<<accumPay<<endl;
}
#include<iostream>
using namespace std;
//#include"employee.h"
void main()
{
    manager m1;    technician t1; salesmanager sm1;    salesman s1;
    m1.promote(3);              //经理 m1 提升
    m1.pay();                   //计算 m1 月薪
    m1.displayStatus();         //显示 m1 信息
    t1.promote(2);              //t1 提升 2 级
    t1.pay();                   //计算 t1 月薪
    t1.displayStatus();         //显示 t1 信息
    sm1.promote(2);             //sm1 提升 2 级
    sm1.pay();                  //计算 sm1 月薪
    sm1.displayStatus();        //显示 sm1 信息
    s1.pay();                   //计算 s1 月薪
    s1.displayStatus();         //显示 s1 信息
}
```

程序运行结果：

    请输入下一个雇员的姓名：zhou
    请输入下一个雇员的姓名：li
    请输入下一个雇员的姓名：wang
    请输入下一个雇员的姓名：zhao
    经理 zhou 编号 1000 本月工资 8000

经理 zhou 编号 1000 级别为 4 级，已付本月工资 8000

请输入 li 本月的工作时数：30

兼职技术人员 li 编号 1001 本月工资 3000

兼职技术人员 li 编号 1001 级别为 3 级，已付本月工资 3000

请输入 wang 所管辖部门本月的销售总额：400000

销售经理 wang 编号 1002 本月工资 7000

销售经理 wang 编号 1002 级别为 3 级，已付本月工资 7000

请输入 zhao 本月的销售额：700000

推销员 zhao 编号 1003 本月工资 28000

推销员 zhao 编号 1003 级别为 1 级，已付本月工资 28000

5.8　常见编程错误

(Common Programming Errors)

　　1．使用派生机制时，由于默认的继承方式是私有继承，要使用公有继承，必须指明关键字 public。

```
class BC{      //base class
    //…
};
//Caution:public not specified so inheritance is private
class DC :BC{
    //…
};
```

DC 类的继承方式是私有的，也就是说，上述代码等同于代码：

```
class BC{      //base class
    //…
};
class DC :private BC{
    //…
};
```

要使用公有继承，必须指明 public 关键字：

```
class BC{      //base class
    //…
};
class DC :public BC{
    //…
};
```

　　2．除非是 friend 函数，否则不能在类层次之外访问类的保护成员。下面的代码是错误的：

```
class BC{                        //base class
protected:
    void set_x(int);
//...
};
class DC :public BC{             //derived class
public:
void    f () {    set_x(0 ) ;}    //OK:set_x is protected in DC
//...
};
int main()
    {BC c1;
    c1.set_x(0) ;                //ERROR:ste_x is protected in BC
//...
    }
```

错误原因是：'set_x' : cannot access protected member declared in class 'BC'。set_x()只能由 BC 类的成员和 BC 类的 friend 函数访问，当然某些特定的类(例如从 BC 类派生而来的 DC 类)及其 friend 函数也可以访问 set_x()。

3．除非是 friend 函数，否则不能在类的外面访问类的私有成员。下面的代码是错误的：

```
class BC{                        //base class
private:
    int x;
//...
};
class DC :public BC{             //derived class
public:
//ERROR: x not visible in DC
void f() const{ return x ;}      //...
};
```

错误的原因是：x 只能由 BC 的成员函数和 friend 函数访问，即使是 BC 的派生类，也不能访问 BC 的私有数据成员 x。

4．如果基类拥有构造函数但没有默认构造函数，那么派生类构造函数必须显式地在其初始化段中调用基类的某个构造函数：

```
class BC
{                                //base class
public:
    //constructors—but no default constructor
    BC( int a){ x=a; z=-1;}
```

```
    BC( int a1, int a2 ){ x=a1; z=a2;}
private:
    int x,z;
};
class DC1 :public BC
{ //derived class
public:
//ERROR: DC1(int) must explicitly invoke one of BC's constructors
DC1( int a ) { y=a;}
private:
    int y;
};
Class DC2:public BC
{
public:
    //ok—DC2 explicitly invokes a BC constructor in its initialization //section
    DC2( int a):BC( a ) { y=a }
private:
    int y
};
```

5. 如果派生类某个成员函数和基类的某个成员函数同名，那么基类的这个成员函数就被隐藏了，这时调用基类的成员函数会导致错误，如下所示：

```
class BC
{                        //base class
public:
    void f(double);
//…
};
class DC :public BC
{                        //derived class
public:
void f( char [] );        //caution—hides BC::f
//…
};
int main
{
    DC d;
    //ERROR:DC::f,which hides BC::f,expects a character array,not a double
```

```
    d.f(3.14)
};
```

本 章 小 结

(Chapter Summary)

通过继承，派生类在原有类的基础上派生出来，它继承了原有类的属性和行为，并且可以扩充新的属性和行为，或者对原有类中的成员进行更新，从而实现了软件重用。继承方式有 public、protected、private，各种继承方式下，基类的私有成员在派生类中不可存取。public 继承方式基类成员的访问控制属性在派生类中不变，protected 继承方式基类成员的访问控制属性在派生类中为 protected, private 继承方式基类成员的访问控制属性在派生类中为 private。

在派生类建立对象时，会调用派生类的构造函数，在调用派生类的构造函数前，先调用基类的构造函数。派生类对象消失时，先调用派生类的析构函数，然后再调用基类的析构函数。

类型兼容是指在公有派生的情况下，一个派生类对象可以作为基类的对象来使用：派生类对象可以赋值给基类对象；派生类对象可以初始化基类的引用；派生类对象的地址可以赋给指向基类的指针。

多继承时，多个基类中的同名的成员在派生类中由于标识符不唯一而出现二义性。在派生类中采用成员名限定或重定义具有二义性的成员来消除二义性。

在多继承中，当派生类的部分或全部直接基类又是从另一个共同基类派生而来时，可能会出现间接二义性。消除间接二义性除了采用消除二义性的两种方法外，可以采用虚基类的方法。

习 题 5

(Exercises 5)

一、选择题

1. 下列对派生类的描述中，(   )是错误的。
   A．一个派生类可以作为另一个派生类的基类
   B．派生类至少有一个基类
   C．派生类的成员除了它自己的成员以外，还包含了它的基类的成员
   D．派生类中继承的基类成员的访问权限到派生类保持不变

2. 派生类的对象对它的基类成员中(   )是可以访问的。
   A．公有继承的公有成员   B．公有继承的私有成员
   C．公有继承的保护成员   D．私有继承的公有成员

3. 对基类和派生类的关系的描述中，(   )是错误的。

    A．派生类是即类的具体化　　　　B．派生类是基类的子集

    C．派生类是基类定义的延续　　　D．派生类是基类的组合

4．派生类的构造函数的成员初始化列中，不能包含(　　)。

    A．基类的构造函数　　　　　　　B．派生类中子对象的初始化

    C．基类的子对象的初始化　　　　D．派生类中一般数据成员的初始化

5．类 O 定义了私有函数 fun()。P 和 Q 为 O 的派生类,定义为 class P: protected　O{…};
class Q: public O{…}。(　　)可以访问 fun()。

    A．O 的对象　　　　　　　　　　B．P 类内

    C．O 类内　　　　　　　　　　　D．Q 类内

6．关于子类型的描述中，(　　)是错误的。

    A．子类型就是指派生类是基类的子类型

    B．一种类型当它至少提供了另一种类型的行为，则这种类型是另一种类型的子类型

    C．在公有继承下，派生类是基类的子类型

    D．子类型关系是不可逆的

7．关于多继承二义性的描述中，(　　)是错误的。

    A．一个派生类的两个基类中都有某个同名成员，在派生类中对该成员的访问可能
出现二义性

    B．解决二义性的最常用的方法是对成员名的限定法

    C．基类和派生类中同时出现的同名函数，也存在二义性问题

    D．一个派生类是从两个基类派生出来的，而这两个基类又有一个共同的基类，对
该基类的成员进行访问时也可能出现二义性

8．设置虚基类的目的是(　　)。

    A．简化程序　　　　　　　　　　B．消除二义性

    C．提高运行效率　　　　　　　　D．减少目标代码

9．带有虚基类的多层派生类构造函数的成员初始化列表中，都要列出虚基类的构造函
数，这样将对虚基类的子对象初始化(　　)。

    A．与虚基类下面的派生类个数有关　　　B．多次

    C．二次　　　　　　　　　　　　　　　D．一次

10．若类 A 和类 B 的定义如下:

```
class   A
{
        int i,j;
public:
    void get();
    //…
};
class B: public A
{
        int k;
```

```
    public:
        void make();
        //....
};
void B::make()
{
    k=i*j;
}
```

则上述定义中，（ ）是非法的表达式。

    A．void get();   B．int k;   C．void make();   D．k=i*j;

二、填空题

1．在继承中，缺省的继承方式是_____。

2．派生类中的成员函数不能直接访问基类中的_____成员。

3．保护派生时，基类中的所有非私有成员在派生类中是_____成员。

4．当创建一个派生类对象时，先调用_____的构造函数，然后调用_____的构造函数，最后调用_____的构造函数。

5．对于基类数据成员的初始化必须在派生类构造函数中的_____处执行。

6．为了解决在多重继承中因公共基类带来的_____问题，C++语言提供了虚基类机制。

7．将下列的类定义补充完整。

```
class base
{
public:
    int f();
};
class derived:public base
{
    int f();
    int g();
};
void derived::g()
{
    f();                    //被调用的函数是 derived:: f()
    _____        //调用基类的成员函数 f
}
```

8．有如下程序，输出结果为：

```
x=1
y=2
```

z=3

xyz=4

请将程序补充完整。

```cpp
#include<iostream>
using namespace std;
class base
{
protected:
    int x;
public:
    base(int x1)
    { x=x1;cout<<"x="<<x<<endl;}
};
class base1:virtual public base
{
    int y;
public:
    base1(int x1,int y1):base(x1)
    { y=y1;cout<<"y="<<y<<endl;}
};
class base2:virtual public base
{ int z;
public:
    base2(int x1,int z1):base(x1)
    { z=z1;cout<<"z="<<z<<endl;}
};
class derived:public base1,public base2
{ int xyz;
public:

    _____

    { xyz=xyz1;cout<<"xyz="<<xyz<<endl;}
};
void main()
{derived obj(1,2,3,4);}
```

三、判断题(正确划 √，错误划 ×)

1. C++语言中，既允许单继承，又允许多继承。( )

2. 派生类是从基类派生出来的，它不能生成新的派生类。( )

3. 派生类的继承方式有两种：公有继承和私有继承。( )

4. 在公有继承中，基类中的公有成员和私有成员在派生类中都是可见的。（ ）

5. 在公有继承中，基类中只有公有成员对派生类是可见的。（ ）

6. 在私有继承中，基类中只有公有成员对派生类是可见的。（ ）

7. 在私有继承中，基类中所有成员对派生类的对象都是不可见的。（ ）

8. 在保护继承中，对于垂直访问同于公有继承，而对于水平访问同于私有继承。（ ）

9. 派生类是它的基类的组合。（ ）

10. 构造函数可以被继承。（ ）

11. 析构函数不能被继承。（ ）

12. 子类型是不可逆的。（ ）

13. 只要是类 M 继承了类 N，就可以类 M 是类 N 的子类型。（ ）

14. 如果 A 类型是 B 类型的子类型，则 A 类型必然适应于 B 类型。（ ）

15. 多继承情况下，派生类的构造函数的执行顺序取决于定义派生类时所指定的各基类的顺序。（ ）

16. 单继承情况下，派生类对基类的成员的访问也会出现二义性。（ ）

17. 解决多继承情况下出现的二义性的方法之一就是使用成员名限定法。（ ）

18. 虚基类是用来解决多继承中公共基类在派生类中只产生一个基类子对象的问题。
（ ）

四、分析下列程序写出运行结果

1. 分析下列程序的运行结果。

```
#include <iostream>
using namespace std;
class base{
public:
    base(){cout<<"constructing base!"<<endl;}
    ~base(){cout<<"destructing base!"<<endl;}
};
class derived: public base{
public:
    derived(){cout<<"constructing derived!"<<endl;}
    ~derived(){cout<<"destructing derived!"<<endl;}
};
int main()
{
    derived x;
    return 1;
}
```

2. 分析下列程序的运行结果。

```
# include <iostream>
```

```cpp
using namespace std;
class vehicle
{
    int wheels;
    float weight;
public:
    void message()
    {cout<<"vehicle message\n";}
};
class car:public vehicle
{
    int passengers;
public:
    void message(){
    cout<<"car message\n";}
};
class truck:public vehicle
{
    int goods;
public:
    void message(){
    cout<<"truck message\n";}
};
void main()
{
    vehicle obj,*ptr;
    car obj1;
    truck obj2;
    ptr=&obj;
    ptr->message();
    ptr=&obj1;
    ptr->message();
    ptr=&obj2;
    ptr->message();
}
```

3. 分析下列程序的运行结果。

```cpp
#include<iostream>
using namespace std;
```

```cpp
class A
{
public:
    A(int i,int j){a=i;b=j;}
    void Move(int x,int y){a+=x;b+=y;}
    void Show(){cout<<"("<<a<<","<<b<<")"<<endl;}
private:
    int a,b;
};
class B:private A
{
public:
    B(int i,int j,int k,int l):A(i,j){x=k;y=l;}
    void Show(){cout<<x<<","<<y<<endl;}
    void fun(){Move(3,5);}
    void f1(){A::Show ();}
private:
    int x,y;
};
void main()
{
    A e(1,2);
    e.Show ();
    B d(3,4,5,6);
    d.fun();
    d.Show ();
    d.f1 ();
}
```

4. 分析下列程序的运行结果。

```cpp
#include<iostream>
using namespace std;
class A
{
public:
    A(int i,int j){a=i;b=j;}
    void Move(int x,int y){a+=x;b+=y;}
    void Show(){cout<<"("<<a<<","<<b<<")"<<endl;}
private:
    int a,b;
```

```
    };
    class B:public A
    {
    public:
        B(int i,int j,int k,int l):A(i,j),x(k),y(l){ }
        void Show(){cout<<x<<","<<y<<endl;}
        void fun(){Move(3,5);}
        void f1(){A::Show ();}
    private:
        int x,y;
    };
    void main()
    {
        A e(1,2);
        e.Show ();
        B d(3,4,5,6);
        d.fun();
        d.A::Show ();
        d.B::Show ();
        d.f1 ();
    }
```

5. 分析下列程序的运行结果。

```
#include<iostream>
using namespace std;
class L
{
public:
    void InitL(int x,int y){X=x;Y=y;}
    void Move(int x,int y){X+=x;Y+=y;}
    int GetX(){return X;}
    int GetY(){return Y;}
private:
    int X,Y;
};
class R:public L
{
public:
    void InitR(int x,int y,int w,int h)
    {
```

```
            InitL(x,y);
            W=w;
            H=h;
        }
        int GetW(){return W;}
        int GetH(){return H;}
    private:
        int W,H;
    };
    class V:public R
    {
    public:
        void fun(){Move(3,2);}
    };
    void main()
    {
        V v;
        v.InitR(10,20,30,40);
        v.fun();
        cout<<"{"<<v.GetX()<<","<<v.GetY()<<","<<v.GetW()<<","<<v.GetH()<<"}"<<endl;
    }
```

6. 分析下列程序的运行结果。

```
#include<iostream>
using namespace std;
class P
{
public:
    P(int p1,int p2){pri1=p1;pri2=p2;}
    int inc1(){return ++pri1;}
    int inc2(){return ++pri2;}
    void display(){cout<<"pri1="<<pri1<<",pri2="<<pri2<<endl;}
private:
    int pri1,pri2;
};
class D1:virtual private P
{
public:
    D1(int p1,int p2,int p3):P(p1,p2)
    {
```

```
        pri3=p3;
    }
    int inc1(){return P::inc1 ();}
    int inc3(){return ++pri3;}
    void display()
    {
        P::display ();
        cout<<"pri3="<<pri3<<endl;
    }
private:
        int pri3;
};
class D2:virtual public P
{
public:
        D2(int p1,int p2,int p4):P(p1,p2)
        {   pri4=p4; }
        int inc1()
        {
            P::inc1();
            P::inc2();
            return P::inc1();
    }
    int inc4(){return ++pri4;}
    void display()
    {
            P::display();
            cout<<"pri4="<<pri4<<endl;
    }
private:
    int pri4;
};
class D12:private D1,public D2
{
public:
        D12(int p11,int p12,int p13,int p21,int p22,int p23,int p)
            :D1(p11,p12,p13),D2(p21,p22,p23),P(p11,p21)
            {pri12=p;}
        int inc1()
```

```
        {
                D2::inc1 ();
                return D2::inc1();
        }
        int inc5(){return ++pri12;}
        void display()
        {
                cout<<"D2::display()\n";
                D2::display ();
                cout<<"pri12="<<pri12<<endl;
        }
    private:
        int pri12;
};
void main()
{
        D12 d(1,2,3,4,5,6,7);
        d.display ();
        cout<<endl;
        d.inc1 ();
        d.inc4 ();
        d.inc5 ();
        d.D12::inc1 ();
        d.display ();
}
```

五、简答题

1. 派生类如何实现对基类的私有成员的访问?

2. 什么是赋值兼容?它会带来什么问题?

3. 多重继承时,构造函数和析构函数的执行顺序是如何实现的?

4. 继承与组合之间的区别与关系是什么?

六、编程题

1. 编写一个学生和教师数据输入和显示程序,学生数据有编号、姓名、班号和成绩,教师数据有编号、姓名、职称和部门。要求将编号、姓名的输入和显示设计成一个类 person,并作为学生数据操作类 student 和教师数据操作类 teacher 的基类。

2. 编写一个程序,其中有一个简单的串类 string,包含设置字符串、返回字符串长度及内容等功能。另有一个具有编辑功能的串类 edit_string,它的基类是 string,在其中设置一个光标,使其能支持在光标处的插入、替换和删除等编辑功能。

3. 编写一个程序,有一个汽车类 vehicle,它具有一个需传递参数的构造函数,类中的数据成员有：车轮个数 wheels 和车重 weight 放在保护段中；小车类 car 是它的私有派生类，其中包含载人数 passenger_load；卡车类 truck 是 vehicle 的私有派生类，其中包含载人数 passenger_load 和载重量 payload。每个类都有相关数据的输出方法。

4．编写一个程序实现小型公司的工资管理。该公司主要有 4 类人员：经理、兼职技术人员、销售员和销售经理。要求存储这些人员的编号、姓名和月工资，计算月工资并显示全部信息。月工资的计算办法是：经理拿固定月薪 8000 元；兼职技术人员按每 100 元/小时领取月薪；销售员按该当月销售额的 4%提成；销售经理既拿固定月工资也领取销售提成，固定月工资为 5000 元，销售提成为所管辖部门当月销售总额的 5‰。

以加姓名（如一个了汽车对象 wheel, blower, engine）放在原有的对象内，组成复合对象。有几个基本类之上还可以派生出一些新类，如乘客类 passenger_load，其关键字 engine 相关派生，派生出的对象可再载 passenger_load 和 payload，等等……所组合的对象属性再整合而成。

从这种意义上说，面向对象的方式的软件开发过程中，设计过程对软件的开发产生的作用，它们以关的表达方式，如了一个汽车对象 0.5 吨货货重 5000 吨，列表容量，其它容量 100-24/每年其它的参数由它组成对象，从而组合的对象构造的种基本关的表达方式，重新派生的表达方式与参数 5500 吨，其它由 200 吨派生对象参数是容量参数 SS 等。

第 6 章 多态与虚函数

第 6 章　多态与虚函数

(Polymorphism and Virtual Functions)

****

【学习目标】

　📖 掌握多态性的概念。
　📖 理解静态联编和动态联编的概念。
　📖 掌握使用虚函数实现动态联编。
　📖 理解静态多态性与动态多态性的区别与实现机制。
　📖 理解纯虚拟函数和抽象类的概念和实现方法。
　📖 了解虚拟析构函数的概念和作用，掌握其声明和使用方法。
　📖 掌握运算符的重载规则，会重载常用的运算符。

****

多态性(polymorphism)是面向对象程序设计的一个重要特征。利用多态性可以设计和实现一个易于扩展的系统。现实生活中，经常出现这种情况：面对同样的消息，不同的人会产生不同的反应。面向对象语言是解决现实世界问题的，也需要对这种实际情况进行处理。

在面向对象语言中，使用多态性来实现不同接收者对同一个消息采取不同的响应方式。也就是说，每个对象可以用自己的方式去响应共同的消息。所谓消息，是指对类的成员函数的调用，不同的行为是指不同的实现，也就是调用了不同的函数。在 C++程序设计中，在不同的类中定义了其响应消息的方法，那么使用这些类时，不必考虑它们是什么类型，只要发布消息即可。

在本章中主要介绍虚拟函数实现和动态联编、运算符重载。

6.1　静态联编和动态联编

(Static Binding and Dynamic Binding)

从实现的角度来看，多态可以划分为两类：编译时的多态和运行时的多态。前者是在编译的过程中确定了同名操作的具体操作对象，而后者则是在程序运行过程中才动态地确定操作所针对的具体对象。这种确定操作的具体对象的过程就是联编(binding)，也称为绑定。

6.1.1　静态联编(Static Binding)

联编是指一个计算机程序自身彼此关联的过程。联编在编译和连接时进行，称为静态联编。

静态联编是指在编译、链接过程中，系统可以根据类型匹配等特征确定程序中操作调用与执行该操作的代码的关系，即确定了某一个同名标识到底是要调用哪一段程序代码，这种联编又称早期联编，因为这种联编过程是在程序开始运行之前完成的。函数的重载、函数模板的实例化均属于静态联编。

【例 6-1】　分析程序输出结果，理解静态联编的含义。

程序如下：

```cpp
#include <iostream>
const double PI=3.14;
using namespace std;
class Figure                           //定义基类
{
    public:
        Figure(){};
        double area() const {return 0.0;}
};
class Circle : public Figure           //定义派生类，公有继承方式
{
    public:
        Circle(double myr){R=myr;}
        double area() const {return PI*R*R;}
    protected:
        double R;
};
class Rectangle : public Figure        //定义派生类，公有继承方式
{
    public:
        Rectangle (double myl,double myw){L=myl;W=myw;}
        double area() const {return L*W;}
    private:
        double L,W;
};
int main()
{
    Figure fig;                        //基类 Figure 对象
    double area;
```

```
        area=fig.area();
        cout<<"Area of figure is "<<area<<endl;
          Circle    c(3.0);                        //派生类 Circle 对象
        area=c.area();
          cout<<"Area of circle is "<<area<<endl;
        Rectangle rec(4.0,5.0);                    //派生类 Rectangle 对象
          area=rec.area();
        cout<<"Area of rectangle is "<<area<<endl;
          return 0;
    }
```

程序运行结果为：

 Area of figure is 0

 Area of circle is 28.26

 Area of rectangle is 20

运行结果表明：Circle 类和 Rectangle 类是 Figure 类的派生类。由于每个图形求面积的方法不同，在派生类中重新定义了 area()。这是继承机制中经常要用到的。编译器在编译时决定对象 fig、c 和 rec 分别调用自己类中的 area()来求面积。

静态联编的主要优点是程序执行效率高，因为在编译、链接阶段有关函数调用和具体的执行代码的关系已经确定，所以执行速度快。但是静态联编也存在缺点，它需要程序员必须预测在每一种情况下所有的函数调用中将要使用哪些对象，这无形中增加编程的负担。

根据赋值兼容规则可知，派生类的对象可以赋值给基类对象，派生类的对象可以初始化基类的引用，派生类对象的地址可以赋给指向基类的指针。下面修改例 6-1，用统一的函数来输出面积。

【例 6-2】 静态联编的问题。

程序如下：

```
    #include <iostream>
    const double PI=3.14;
    using namespace std;
    class Figure                                   //定义基类
    {
        public:
            Figure(){};
            double area() const {return 0.0;}
    };
    class Circle : public Figure                   //定义派生类，公有继承方式
    {
        public:
            Circle(double myr){R=myr;}
            double area() const {return PI*R*R;}
```

```
        protected:
            double R;
};
class Rectangle : public Figure                    //定义派生类，公有继承方式
{
    public:
        Rectangle (double myl,double myw){L=myl;W=myw;}
        double area() const {return L*W;}
    private:
        double L,W;
};
void func(Figure &p)                               //形参为例基类的引用
{
    cout<<p.area()<<endl;
}
int main()
{
    Figure fig;                                    //基类 Figure 对象
    cout<<"Area of   is Figure is ";
    func(fig);
    Circle   c(3.0);                               //Circle 派生类对象
    cout<<"Area of circle is ";
    func(c);
    Rectangle rec(4.0,5.0);                        //Rectangle 派生类对象
    cout<<"Area of rectangle is ";
    func(rec);
    return 0;
}
```

程序运行结果为：

Area of figure is 0.0

Area of circle is 0.0

Area of rectangle is 0.0

程序分析：在程序编译、运行时均没出错，可是结果不对。原因在于：在编译时，编译器将函数 void func(Figure &p);中的形参 p 所执行的 area()操作联编到 Figure 类的 area()上，这样访问的只是从基类继承来的同名成员。

从对静态联编的上述分析中可以知道，程序在编译阶段并不能确切知道将要调用的函数，只有在程序执行时才能确定将要调用的函数。在这种情况下要确切知道该调用的函数，就要求联编工作在程序运行时进行。

6.1.2 动态联编(Dynamic Binding)

联编在程序运行时进行，称为动态联编，或称动态绑定，又叫晚期联编。在编译、链接过程中无法解决的联编问题，要等到程序开始运行之后再来确定。只有向具有多态性的函数传递一个实际对象时，该函数才能与多种可能的函数中的一种联系起来。在例 6-2 中，静态联编时，func()函数中所引用的对象被绑定到 Figure 类上。从上述分析可以看出静态联编和动态联编都是属于多态性的，它们是不同阶段对不同实现进行不同的选择。该函数的参数是一个类的对象引用，静态联编和动态联编实际上是在选择它的静态类型和动态类型。联编是对这个引用的多态性的选择。

C++规定动态联编是在虚函数的支持下实现的。动态联编在程序运行的过程中，根据指针与引用实际指向的目标调用对应的函数，也就是在程序运行时才决定如何动作。在程序代码中要指明某个成员函数要进行动态联编，就要用关键字 virtual 标记为虚函数。

动态联编的主要优点是提供了更好的编程灵活性、问题抽象性和程序易维护性，但是与静态联编相比，函数调用速度慢，因为动态联编需要在程序运行过程中搜索以确定函数调用(消息)与程序代码(方法)之间的匹配关系。

6.2 虚 函 数

(Vitual Functions)

动态联编是在程序运行的过程中，根据指针与引用实际指向的目标调用对应的函数，也就是在程序运行时才决定如何调用。虚函数(virtual function)允许在运行时才建立函数调用与函数体之间的联系，是实现动态联编的基础。虚函数经过派生之后，可以在类族中实现运行时的多态，充分体现了面向对象程序设计的动态多态性。

6.2.1 虚函数的定义和使用(Definition and Usage of Virtual Functions)

1. 定义虚函数

声明虚函数的一般格式为：

```
class <类名> {
public：
virtual <返回类型> <函数名>(<参数表>);            //虚函数的声明
};
<返回类型> <类名>：：<函数名>(<参数表>)          //虚函数的定义
{  …  }
```

其中：virtual 关键字说明该成员函数为虚函数。虚函数的定义与类的一般成员函数定义的区别仅在于其定义格式前多了一个 virtual 关键字以限定该成员函数。

在定义虚函数时要注意以下几点：

(1) 虚函数不能是静态成员函数，也不能是友元函数。因为静态成员函数和友元函数不属于某个对象。

(2) 内联函数是不能在运行中动态确定其位置的，即使虚函数在类的内部定义，编译时仍将其看做非内联的。

(3) 只有类的成员函数才能说明为虚函数，虚函数的声明只能出现在类的定义中。因为虚函数仅适用于有继承关系的类对象，普通函数不能说明为虚函数。

(4) 构造函数不能是虚函数，析构函数可以是虚函数，而且通常声明为虚函数。

如果基类的某个成员函数被说明为虚函数，它无论被公有继承多少次，仍然保持其虚函数的特性。一般而言，虚函数是在基类中定义的，在派生类中将被重新定义，用以指明派生类中该函数的实际操作。从这个意义上说，基类中定义的虚函数为整个类族提供了一个通用的框架，说明了一般类所应该具有的行为。

在正常情况下，对虚函数的访问与其他成员函数完全一样。只有通过指向基类的指针或引用来调用虚函数时才体现虚函数与一般函数的不同。

使用虚函数是实现动态联编的基础。要实现动态联编，需要满足以下三个条件：

(1) 应满足类型兼容规则。

(2) 在基类中定义虚函数，并且在派生类中要重新定义虚函数。

(3) 要由成员函数或者是通过指针、引用访问虚函数。

2．使用虚函数

当在类的层次结构中声明了虚函数以后，并不一定就能实现运行时的多态性，必须合理调用虚函数才能实现动态联编。只有在程序中使用基类类型的指针或引用调用虚函数时，系统才以动态联编方式实现对虚函数的调用。如果使用对象名调用虚函数，系统仍然以静态联编方式完成对虚函数的调用，也就是说，用哪个类说明的对象，就调用在哪个类中定义的虚函数。

为了实现动态联编而获得运行时的多态性，通常都用指向第一次定义虚函数的基类对象的指针或引用来调用虚函数。

因此调用虚函数的步骤如下：

(1) 定义一个基类指针变量。

(2) 将基类对象地址或派生类对象的地址赋给该指针变量。

(3) 用"指针->虚函数(实参)"方式去调用基类或派生类中的虚函数。

【例 6-3】　理解运行时的多态性。

程序如下：

```
#include <iostream>
const double PI=3.14;
using namespace std;
class A                              //定义基类
{
    public:
        A(){};
```

```
        virtual double area() const {return 0.0;}   //定义为虚函数
    };
    class B : public A                              //定义派生类，公有继承方式
    {
        public:
            B(double myr){R=myr;}
            virtual double area() const {return PI*R*R;}   //定义为虚函数
        protected:
            double R;
    };
    class C : public A                              //定义派生类，公有继承方式
    {
        public:
            C (double myl,double myw){L=myl;W=myw;}
            virtual double area() const {return L*W;}   //定义为虚函数
        private:
            double L,W;
    };
    void func(A &p)                                 //形参为基类的引用
    {
        cout<<p.area()<<endl;
    }
    double main()
    {
        A fig;                                      //基类 A 对象
        cout<<"Area of A is ";
        func(fig);
        B   c(3.0);                                 //B 派生类对象
        cout<<"Area of B is ";
        func(c);
        C rec(4.0,5.0);                             //C 派生类对象
        cout<<"Area of C is ";
        func(rec);
        return 0;
    }
```

程序运行结果为：

Area of A is 0

Area of B is 28.26

Area of C is 20

程序分析：此程序结果与例 6-1 完全一样，在程序中，语句 virtual double area() const {return 0.0;}指明 area()具有多态性要进行动态联编，等到运行时，传递一个实际对象给函数 void func(Figure &p)中的形参 p，p 执行的 area()操作被联编到对象所属类的 area()上。

3．虚函数与函数重载的关系

在派生类中重新定义基类中的虚函数，是函数重载的另一种形式。但虚函数与一般重载函数有区别，具体区别在于：

(1) 重载函数的调用是以所传递参数序列的差别作为调用不同函数的依据；而虚函数是根据对象的不同去调用不同类的虚函数。

(2) 重载函数在编译时表现出多态性，是静态联编；虚函数则在运行时表现出多态性，是动态联编。

(3) 构造函数可以重载，析构函数不能重载；正好相反，构造函数不能定义为虚函数，析构函数能定义为虚函数。

(4) 重载函数只要求函数有相同的函数名，并且重载函数是在相同作用域中定义的名字相同的不同函数；而虚函数不仅要求函数名相同，而且要求函数的签名、返回类型也相同。

(5) 重载函数可以是成员函数或友元函数；而虚函数只能是非静态成员函数。

6.2.2　虚函数的特性(Virtual Functions Feature)

由虚函数实现的动态多态性就是：同一类中不同的对象对同一函数调用作出不同的响应。在派生类中重新定义函数时，要求函数名、函数类型、函数参数个数和类型全部与基类的虚函数相同，并根据派生类的需要重新定义函数体。C++规定，当一个成员函数被声明为虚函数后，其派生类中的同名函数都自动成为虚函数。因此在派生类重新声明该虚函数时，可以加 virtual，也可以不加，但习惯上一般在每一层声明该函数时都加 virtual，使程序更加清晰。如果在派生类中没有对基类的虚函数重新定义，则派生类简单地继承其直接基类的虚函数。

通过虚函数与指向基类对象的指针变量的配合使用，就能方便地调用同一类族中不同类的同名函数，只要先用基类指针指向即可。如果指针不断地指向同一类族中不同类的对象，就能不断地调用这些对象中的同名函数。为了区分重载函数，我们把一个派生类中重定义基类的虚函数称为覆盖(Overriding)。

【例 6-4】　虚函数的特性。

程序如下：

```
//继承虚属性
#include <iostream>
using namespace std;
class Base
{
    public:
        virtual int func(int x)                    //虚函数
        {
```

```
                    cout <<"This is Base class ";
                    return x;
                }
        };
    class Subclass :public Base
    {
        public:
            int func(int x)                                    //实为虚函数
            {
                    cout <<"This is Sub class ";
                    return x;
                }
    };
    void test (Base& x)
    {
        cout<<"x= "<<x.func(5)<<endl;
    }
    void main()
    {
        Base bc;
        Subclass sc;
        test (bc);
        test (sc);
    }
```

程序运行结果为：

    This is Base class x=5

    This is Sub class x=5

程序分析：本程序实现的是动态联编，在派生类中并没有显式给出虚函数声明，派生类中的 func()符合覆盖条件，从而自动成为虚函数，保持了虚特性。

一般情况下，虚函数在派生类中被重新定义时，派生类的虚函数就覆盖了基类的虚函数。不仅如此，派生类中的虚函数还会隐藏基类中同名函数的所有其他重载形式。当派生类重定义的虚函数不满足覆盖条件时，主要有两种情况：第一种是虚函数的返回类型不同；第二种是虚函数的形参类型不同。

对于第一种情况，派生类与基类仅仅返回类型不同，其余相同，不符合覆盖的要求，因此编译不能通过，这种情况 C++认为是虚函数使用不恰当。

【例 6-5】 演示虚函数使用不恰当。

程序如下：

```
    #include <iostream>
```

```
using namespace std;
class Base
{
    public:
        virtual int func(int x)                    //虚函数返回类型为 int
            {
            cout <<"This is Base class ";
            return x;
            }
};
class Subclass :public Base
{
    public:
        virtual float    func(int x)               //虚函数返回类型为 float
            {
            cout <<"This is Sub class ";
            float y=float(x);
            return y;
            }
};
void test(Base& x)
{
    cout<<"x= "<<x.func(5)<<endl;
}
void main()
{
    Base bc;
    Subclass sc;
    test (bc);
    test (sc);
}
```

编译程序，出现错误提示 "overriding virtual function differs from 'Base::func' only by return type or calling convention"。这说明派生类显式地给出了虚函数声明，但派生类中的 func()与基类的 func()返回类型不同，不符合覆盖条件，也不符合函数重载的要求，因此编译不能通过。

对于第二种情况，派生类与基类的虚函数仅函数名相同，其他不同，则 C++认为是重定义函数，虚函数失效。

【例 6-6】　演示虚函数特性失效程序。

程序如下：

```
#include <iostream>
using namespace std;
class Base
{
    public:
        virtual int func(int x)                      //虚函数，形参为 int 型
            {
            cout <<"This is Base class ";
            return x;
            }
};
class Subclass :public Base
{
    public:
        virtual int func(float x)                    //虚函数，形参为 float 型
            {
            cout <<"This is Sub class ";
            int y=float(x);
            return y;
            }
};
void test(Base& x)
{
    cout<<"x= "<<x.func(5)<<endl;
}
void main()
{
    Base bc;
    Subclass sc;
    test(bc);
    test(sc);
}
```

程序运行结果为：

```
This is Base class x=5
This is Base class x=5
```

一个类中的虚函数说明只对派生类中重定义的函数有影响，对它的基类中的函数并没有影响。

【例 6-7】 虚函数对它的基类中的函数没有影响程序。

程序如下：

```cpp
#include <iostream>
using namespace std;
class A
{
    public:
        int func(int x)                          //不是虚函数
            {
                cout <<"This is A class ";
                return x;
            }
};
class B :public A
{
    public:
        virtual int func(int x)                  //虚函数
            {
                cout <<"This is B class ";
                return x;
            }
};
class C :public B
{
    public:
        int func(int x)                          //自动成为虚函数
            {
                cout <<"This is C class ";
                return x;
            }
};
void main()
{   B bb ;
    B &sc3=bb;
    C sc2;
    A &bc=sc2;
    cout<<"x= "<<bc.func(5)<<endl;
    cout<<"x= "<<sc3.func(5)<<endl;
    B &sc1=sc2;
```

```
        cout<<"x= "<<sc1.func(5)<<endl;
    }
```

程序运行结果为：

```
    This is A class x=5
    This is B class x=5
    This is C class x=5
```

程序分析：基类成员函数 func()不是虚函数，对于 C 类对象 sc2 而言调用基类的 func()时是按静态联编进行的，调用 B 类的 func()时就会采取动态联编。

6.3　纯虚函数和抽象类

(Pure Virtual Functions and Abstract Classes)

在派生类中没有重新定义虚函数时，就会使用基类中定义的虚函数。一般情况下，基类常用来表示抽象的概念，基类中的虚函数没有实际的意义，保留它的目的就是为了被所有派生类覆盖，我们把具有这一特殊性的虚函数称为纯虚函数，含有纯虚函数的类就是抽象类。

6.3.1　纯虚函数(Pure Virtual Functions)

纯虚函数是一种特殊的虚函数，它是被标明为不具体实现的虚函数，从语法上讲，纯虚函数是在虚函数的后面加上"=0"，表示该虚函数无函数体，这里的"="并非赋值运算。声明纯虚函数的一般格式如下：

```
        virtual <返回类型> <函数名>(<参数表>)=0;
```

纯虚函数是一个在基类中说明的虚函数，它在该基类中没有具体的操作内容，要求派生类根据自己的实际需要定义自己的版本。

纯虚函数不需要进行定义，它只是为其所有派生类提供一个一致的接口。如果某个类是从一个带有纯虚函数的类派生出来的，并且在该派生类中没有提供该纯虚函数的定义，则该纯虚函数在派生类中仍然是纯虚函数，因而该派生类也是一个抽象类。

【例 6-8】　使用纯虚函数。

程序如下：

```
    #include <iostream.h>
    #include <math.h>                    //包含 pow(x,y)数学函数(求 x 的 y 次方)的声明
    class Base                           //抽象类
    {
        protected:
            int x,y;
        public:
            void setx(int i,int j=0) { x=i;y=j; }
```

```
            virtual void disp()=0;                 //声明纯虚函数
};
class Square:public Base
{
        public:
            void disp()
            {       cout << "x=" << x << ":";
                    cout << "x square=" << x*x << endl;
            }
};
class Cube:public Base
{
        public:
            void disp()
            {       cout << "x=" << x << ":";
                    cout << "x cube=" << x*x*x << endl;
            }
};
class Chpow:public Base
{
        public:
            void disp()
            {       cout << "x=" << x << " y=" << y << ":";
                    cout << "pow(x,y)=" << pow(double(x),double(y)) << endl;
            }
};
void main()
{       Base *ptr;                  //ptr 为对象指针
        Square B;                   //定义对象 B
        Cube C;                     //定义对象 C
        Chpow D;                    //定义对象 D
        ptr=&B;                     //ptr 指向对象 B
        ptr->setx(5);               //相当于 B.setx(5)
        ptr->disp();                //相当于 B.disp()
        ptr=&C;                     //ptr 指向对象 C
        ptr->setx(6);               //相当于 C.setx(6)
        ptr->disp();                //相当于 C.disp()
        ptr=&D;                     //ptr 指向对象 D
        ptr->setx(3,4);             //相当于 D.setx(5)
```

```
        ptr->disp();                      //相当于 D.disp()
    }
```

程序运行结果为：

x=5:x square=25

x=6:x cube=216

x=3 y=4:pow(x,y)=81

程序分析：上面程序中，基类 Base 中声明了一个纯虚函数 disp()，在它的派生类 Square、Cube 和 Chpow 中分别实现。由于是纯虚函数，该函数采用动态联编，disp()在执行时选择绑定哪一个类的 disp()函数。

6.3.2 抽象类(Abstract Classes)

在许多情况下，定义不实例化为任何对象的类是很有用处的，这种类称为"抽象类"。因为抽象类要作为基类被其他类继承，所以通常也把它称为"抽象基类"。抽象基类不能用来建立实例化的对象。抽象类的唯一用途是为其他类提供合适的基类，其他类可以从它这里继承接口和(或)继承实现。

如果将带有虚函数的类中的一个或者多个虚函数声明为纯虚函数，则这个类就称为抽象类。带有纯虚函数的类是抽象类。抽象类的主要作用是通过它为一个类族建立一个公共的接口，使得它们能够更有效地发挥多态特性。

抽象类派生出新的类之后，如果派生类给出所有纯虚函数的具体实现，这个派生类就可以声明自己的对象，即不再是抽象类；反之，如果派生类没有给出全部纯虚函数的实现，这时的派生类仍然是一个抽象类。

抽象类为抽象和设计的目的而建立，将有关的数据和行为组织在一个继承层次结构中，保证派生类具有要求的行为。对于暂时无法实现的函数，可以声明为纯虚函数，留给派生类去实现。

注意：不能声明抽象类的对象，但是可以声明抽象类的指针和引用。通过指针或引用，就可以指向并访问派生类对象，进而访问派生类的成员。

6.3.3 抽象类的应用(Application of Abstract Classes)

在类层次结构中，尽可能地为类设计一个统一的公共接口(界面)，即采用抽象基类设计方法。一个统一的公共接口必须要经过精心的分析和设计。通常采用如下策略：

(1) 分析相关对象的需求，设计出一组实现公共功能的函数。

(2) 将这些函数作为基类的虚函数(或纯虚函数)，它们定义了一个统一的公共接口。

(3) 由该基类派生出若干子类，在各个子类中实现这些虚函数。

【例 6-9】 建立一个如图 6-1 所示图形类的继承层次结构。基类 Shape 是抽象类，通过它能够访问派生类 Point、Circle、Cylinder 的类名、面积、体积。

程序如下：

```
//Shape.h
#ifndef SHAPE_H
```

```cpp
#define SHAPE_H
#include <iostream>
using namespace std;
class Shape
{
public:
        virtual double area() const { return 0.0; }
        virtual double volume() const { return 0.0; }

        virtual void printShapeName() const = 0;
        virtual void print() const = 0;
};


#endif

//Point.h
#ifndef POINT_H
#define POINT_H
#include "Shape.h"

class Point : public Shape {
public:
    Point(int = 0, int = 0);
    void setPoint(int, int);
    int getX() const { return x; }
    int getY() const { return y; }
    virtual void printShapeName() const
                { cout << "Point: "; }
    virtual void print() const;
private:
     int x, y;
};
#endif
//Point.cpp
#include "Point.h"
Point::Point(int a, int b) { setPoint(a, b); }
void Point::setPoint( int a, int b )
{
   x = a;
```

```cpp
        y = b;
}

void Point::print() const
{ cout << '[' << x << ", " << y << ']';
}
//Circle.h
#ifndef CIRCLE_H
#define CIRCLE_H
#include "point.h"

class Circle : public Point {
public:
    Circle(double r = 0.0, int x = 0, int y = 0);
    void setRadius(double);
    double getRadius() const;
    virtual double area() const;
    virtual void printShapeName() const { cout << "Circle: "; }
    virtual void print() const;
private:
    double radius;                              //radius of Circle
};
#endif
//Circle.cpp
#include "circle.h"
Circle::Circle(double r, int a, int b)    : Point(a, b)
{ setRadius(r); }
void Circle::setRadius(double r) {radius = r > 0 ? r : 0;}
double Circle::getRadius() const {return radius;}
double Circle::area() const
{       return 3.14159 * radius * radius;       }
void Circle::print() const
{               Point::print();             cout << "; Radius = " << radius;
}
//Cylinder.h
#ifndef CYLINDR_H
#define CYLINDR_H
#include "circle.h"
```

```cpp
class Cylinder : public Circle
{
    public:
        Cylinder(double h = 0.0, double r = 0.0,
        int x = 0, int y = 0);


        void setHeight(double);
        double getHeight();
        virtual double area() const;
        virtual double volume() const;
        virtual void printShapeName() const {cout << "Cylinder: ";}
        virtual void print() const;
    private:
        double height;
};
#endif
//Cylinder.cpp
#include "cylinder.h"
Cylinder::Cylinder(double h, double r, int x, int y) : Circle( r, x, y )
{ setHeight(h); }
void Cylinder::setHeight( double h )
{    height = h > 0 ? h : 0; }
    double Cylinder::getHeight() { return height; }
double Cylinder::area() const
{

    return 2 * Circle::area() + 2 * 3.14159 * getRadius() * height;

}
double Cylinder::volume() const
{    return Circle::area() * height; }
void Cylinder::print() const
{

    Circle::print();

    cout << "; Height = " << height;

}
//main.cpp
#include <iostream>
using namespace std;
#include <iomanip.h>
#include "shape.h"
```

```cpp
#include "point.h"
#include "circle.h"
#include "cylinder.h"

void virtualViaPointer(const Shape *);
void virtualViaReference(const Shape &);
void virtualViaPointer(const Shape *baseClassPtr)
{
    baseClassPtr->printShapeName();
    baseClassPtr->print();
    cout << "\nArea = " << baseClassPtr->area()
        << "\nVolume = " << baseClassPtr->volume() << "\n\n";
}


void virtualViaReference(const Shape &baseClassRef)
{
    baseClassRef.printShapeName();
    baseClassRef.print();
    cout << "\nArea = " << baseClassRef.area()
        << "\nVolume = " << baseClassRef.volume() << "\n\n";
}
int main()
{
    cout << setiosflags(ios::fixed | ios::showpoint)
        << setprecision(2);

    Point point(7, 11);
    Circle circle(3.5, 22, 8);
    Cylinder cylinder(10, 3.3, 10, 10);

    point.printShapeName();
    point.print();
    cout << '\n';

    circle.printShapeName();
    circle.print();
    cout << '\n';

    cylinder.printShapeName();
```

```
    cylinder.print();
    cout << "\n\n";
    Shape *arrayOfShapes[3];
    arrayOfShapes[0] = &point;
    arrayOfShapes[1] = &circle;
    arrayOfShapes[2] = &cylinder;
    cout << "Virtual function calls made off "
         << "base-class pointers\n";
    for (int i = 0; i < 3; i++)
    virtualViaPointer(arrayOfShapes[i]);
    cout << "Virtual function calls made off "
         << "base-class references\n";
    for (int j = 0; j < 3; j++)
    virtualViaReference(*arrayOfShapes[j]);
    return 0;
}
```

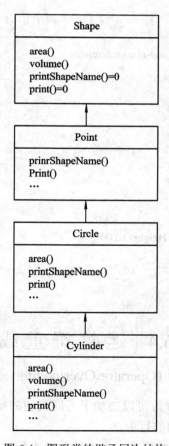

图 6-1 图形类的继承层次结构

程序运行结果为：

    Point:[7,11]

    Circle:[22,8];Radius=3.50

    Cylinder:[10,10];Radius=3.30; Height=10.00

    Virtual function calls made off base-class pointers

    Point:[7,11]

    Area=0.00

    Volume=0.00

    Circle:[22,8];Radius=3.50

    Area=38.48

    Volume=0.00

    Cylinder:[10,10];Raduys=3.30; Height=10.00

    Area=275.77

    Volume=342.12

    Virtual function calls made off base-class references

    Point:[7,11]

    Area=0.00

    Volume=0.00

    Circle:[22,8];Radius=3.50

    Area=38.48

    Volume=0.00

    Cylinder:[10,10];Raduys=3.30; Height=10.00

    Area=275.77

    Volume=342.12

6.4 运算符重载

(Operator Overloading)

    运算符重载是指同样的运算符可以施加于不同类型的操作数上，使同样的运算符作用于不同类型的数据时可导致不同的行为。

    C++语言中预定义的运算符的操作对象只能是基本数据类型，例如：

```
    int i=20,j=30;
    float x=35.6,y=47.8;
    cout<<"i+j="<<i+j;
    cout<<"x+y="<<x+y;
    cout<<"i+x="<<i+x;
    ...
```

从上可以看出：同一个运算符"+"可以完成不同数据类型数据的加法运算，是因为 C++语言针对预定义数据类型已经对某些运算符做了适当的重载。

大家知道，整数和浮点数的表示方法明显不同，因此，在计算机内实现整型数相加的算法与实现浮点数相加的算法也不相同。当编译表达式"i+j"的时候，根据说明 i 和 j 的语句已经知道现在要完成整型数相加的操作，于是使用整型数相加的算法；类似地，编译表达式"x+y"时，编译程序自动使用浮点数相加的算法；而在编译表达式"i+x"时，因为被操作数类型不同，编译程序首先自动完成类型转换，把 i 转换成浮点数，然后采用浮点数相加的算法计算表达式之值。

运算符重载是通过静态联编实现的，同样是在编译时根据被操作数的类型，决定该运算符的具体含义。

实际上，对于很多用户的自定义类型，也需要有类似的运算操作。例如，在解决科学与工程计算问题时，往往使用复数和分数。可以通过定义复数类、分数类等实际工作中需要的类对 C++语言本身进行扩充。例如下面定义的一个简化的复数类，它向外界提供了加运算：

```
    class Complex
    {
        private:
            float Real;
            float Imag;
        public:
            Complex(){ Real=0;Imag=0;   }
            Complex(float Re,float Im)
                {   Real=Re;Imag=Im;   }
            Complex    Add(const Complex &c);                //加运算
    };
    inline Complex Complex::Add(const Complex& c)
    {
        return Complex(Real+c.Real,Imag+c.Imag);
    }
    void main()
    {
        Complex c1(5.0,10.0);                          //5+10i
        Complex c2(3.0,-2.5);                          //3-2.5i
```

```
        Complex c;
        c=c1.Add(c2);                              //8+7i
    }
```

在函数 main 中，语句 c=c1.Add(c2)的含义是：向复数类对象 c1 发送消息，请它完成把自己的复数值与对象 c2 的复数值相加的运算，然后把求和后得出的复数值赋值给对象 c。因此，当像上面那样定义了复数类之后，为完成复数 c1 和复数 c2 的相加操作，可以使用向对象发送消息的函数调用方式：

        c1.Add(c2) 或 c2.Add(c1)

当然，我们希望使用"+"运算符写出表达式"c1+c2"，但是编译时将会产生语法错误。因为编译器不知道该如何完成这个加法运算。能不能让自定义类型的数据和预定义类型的数据一样，使用人们习惯的方式进行算术运算呢？C++语言提供了重载运算符机制，使我们能够重新定义运算符，让加"+"、减"−"、乘"*"、除"/"等运算符可以直接作用于 Complex 类的对象之上，从而大大简化了 Complex 类对象算术运算表达式的书写，使得程序读起来更直观，更符合人们的习惯。

6.4.1 运算符重载的规则(Rules of Operator Overloading)

运算符重载的规则如下：

(1) C++语言中的运算符除了少数几个之外，全部可以重载，而且只能重载 C++语言中已有的运算符。

(2) 重载之后的运算符的优先级和结合性都不会改变。

(3) 不能改变原运算符操作数的个数，如 C++语言中的"~"是一个单目运算符，只能有一个操作数。

(4) 运算符重载是针对新类型数据的实际需要，对原有运算符进行适当的改造，不能改变运算符对预定义类型数据的操作方式。从这条规定可知，重载运算符时必须至少有一个自定义类型的数据(即对象)作为操作数。

不能重载的运算符只有 5 个，它们是类属关系运算符"."、成员指针运算符"*"、作用域分辨符"::"、sizeof()运算符和三目运算符"?:"。

运算符重载的形式有两种，重载为类的成员函数和重载为类的友元函数。运算符重载为类的成员函数的一般语法为：

        <函数类型> operator <运算符>(<参数表>)
        {
                <函数体;>
        }

运算符重载为类的友元函数的一般语法为：

        friend <函数类型> operator <运算符>(<参数表>)
        {
                <函数体;>
        }

函数类型为运算符函数返回值的类型,即运算结果的类型;operator 是运算符重载时必须使用的关键字,它和被重载的运算符连在一起,作为运算符函数的专用函数名,务必把该函数说明为公有的;运算符是被重载的运算符名称,必须是 C++语言中可重载的运算符;参数表中给出重载运算符所需的参数和类型;对于运算符重载为友元函数的情况,要在函数类型说明之前使用 friend 关键字来声明。

运算符重载的实质就是函数重载。在实现过程中,首先把指定的运算符表达式转化为对运算符函数的调用,把运算对象转化为函数的形参,然后根据实参的类型来确定需要调用的函数,这个过程是在编译过程中完成的。

重载后的运算符对自定义类型操作数的处理,实际上是通过函数调用来完成的,是调用函数的一种特殊形式。因为函数直接访问对象的私有数据成员,所以只能使用成员函数或友元函数来重载运算符。用来重载运算符的成员函数或友元函数,统称为运算符函数。

6.4.2　运算符重载为成员函数(Operator Overloaded into Member Function)

前面已经讲到,运算符重载实质上就是运算符函数的重载。在实际使用时,总是通过该类的某个对象访问重载的运算符。

(1) 如果是单目运算符,函数的参数为空。在这种情况下,当前对象(即调用该运算符函数的对象)作为该运算符的唯一的操作数。

对于前置单目运算符 S,如果要重载 S 为类 X 的成员函数,用来实现表达式 S xobj,其中 xobj 是类 X 的对象,经过重载后,表达式 S xobj 就相当于函数调用 xobj.operatorS()。对于后置运算符"++"和"--",如果要将它们重载为类 X 的成员函数,用来实现 xobj++或 xobj--,这时函数参数要带一个整型(int)形参。重载后,表达式 xobj++和 xobj--就相当于函数调用 xobj.operator++(0)和 xobj.operator-- (0)。

(2) 如果是双目运算符,参数表中有一个参数。在这种情况下,当前对象作为该运算符的左操作数,参数作为右操作数。

对于双目运算符 D,如果要重载为类 X 的成员函数,实现表达式 xobj1 D xobj2,则函数只有一个形参,形参的类型是 xobj2 所属的类型,经过重载后,表达式 xobj1 D xobj2 相当于函数调用 xobj1.operator D(xobj2)。

【例 6-10】　用成员函数形式实现复数类加减法运算符重载。

程序如下:

```
#include <iostream>
using namespace std;
class Complex
{
  private:
     float Real;
     float Imag;
  public:
    Complex(){ Real=0;Imag=0;   }
```

```
        Complex(float Re,float Im)
          {   Real=Re;Imag=Im;   }
        Complex operator+(Complex c);                    //运算符"+"重载成员函数
            Complex operator-(Complex c);                //运算符"-"重载成员函数
        void display();
};
Complex Complex::operator +(Complex c)
{
    return Complex(Real+c.Real,Imag+c.Imag);
}
Complex Complex::operator-(Complex c)
{
    return Complex(Real-c.Real,Imag-c.Imag);
}
void Complex::display()
{
        cout<<"("<<Real<<","<<Imag<<")"<<endl;
}
void main()
{
    Complex c1(5.0,10.0),c2(3.0,-2.5),c3;                //定义复数类对象
    cout<<"c1=";c1.display();
    cout<<"c2=";c2.display();
    c3=c1+c2;                                            //用重载运算符实现复数加法
    cout<<"c3=c1+c2";
    c3.display();
    c3=c1-c2 ;                                           //用重载运算符实现复数减法
    cout<<"c1-c2=";
    c3.display();
    }
```

程序的运行结果为：

　　c1=(5,10)

　　c2=(3,-2,5)

　　c3=c1+c2(8,7.5)

　　c1-c2=(2,12.5)

　　程序说明：将复数加减法这样的运算重载为复数类的成员函数，可以看出，除了在函数声明及实现的时候使用了关键字 operator 之外，运算符重载成员函数与类的普通成员函数没有什么区别。

例 6-10 中，语句 c3=c1+c2 右侧的表达式 c1+c2，虽然像对预定义数值类型一样，用"+"号做 c1 和 c2 两个对象的加运算，但实际上是调用运算符函数来完成加运算。也就是说，表达式 c1+c2 应解释为：

      c1.operrator+(c2);

调用运算符函数的对象是 c1，指向 c1 的 this 指针作为隐含参数传入该函数，而运算符右侧的 c2 被作为参数显式地传入该函数。

值得说明的是：重载运算符函数的返回值类型为 Complex，这就使得"+"运算符可以用在诸如 c1+c2+c3 这样的复杂表达式中。

使用了重载后的运算符在操作类的对象时，虽然形式与操作预定义类型数据时相同，但是它的实际含义却是调用相应的运算符函数。由于 C++语言规定了运算符函数的独特命名方式，因此，当用习惯方式使用重载后的运算符时，编译程序仍然知道把它翻译成对相应运算符函数的调用。

【例 6-11】　成员函数形式实现单目运算符"++"的重载。

分析：本例是一个时钟类的例子，可以把单目操作符"++"重载为时钟类的成员函数。对于前置单目运算符，重载函数没有形参，对于后置单目运算符，重载函数有一个整型形参。程序如下：

```cpp
#include <iostream>
using namespace std;
class Clock
{
  private:
     int Hour,Minute,Second;
  public:
    Clock(int H=0,int M=0,int S=0);
    void ShowTime();
    void    operator++();           //前置单目运算符重载成员函数
       Clock   operator++(int);     //后置单目运算符重载成员函数
};
Clock::Clock(int H,int M,int S)
{
        if(H>=0&&H<24&&M>=0&&M<60&&S>=0&&S,60)
        { Hour=H;Minute=M;Second=S; }
        else
            cout<<" 时间错误！ "<<endl;
}
void Clock::ShowTime()
{
        cout<<Hour<<":"<<Minute<<":"<<Second<<endl;
}
```

```
    void Clock::operator++()
    {
        Second++;
        if(Second>=60)
        { Second-=60;
          Minute++;
          if(Minute>=60)
              { Minute-=60;Hour++;Hour%=24; }
        }
    }
    Clock Clock:: operator++(int)
    {
        Clock h(Hour,Minute,Second);
            Second++;
        if(Second>=60)
        { Second-=60;
          Minute++;
          if(Minute>=60)
              { Minute-=60;Hour++;Hour%=24; }
        }
            return h;
    }

    void main()
    {
        Clock clock(23,59,59),c;           //定义时钟对象
        cout<<"First time:";clock.ShowTime();
        ++clock;
        cout<<"++clock:";clock.ShowTime();
        c=clock++;
        cout<<"clock++:";c.ShowTime();
        cout<<"colck:";clock.ShowTime();
    }
```

程序运行结果：

```
First time:23:59:59
++clock:0:0:0
clock++:0:0:0
colck:0:01
```

程序说明：例 6-11 中，把时间自增前置"++"和后置"++"运算重载为时钟类的成员函数，其主要区别就在于重载函数的形参。语法规定，前置单目运算符重载为成员函数时没有形参，而后置单目运算符重载为成员函数时需要有一个 int 型形参。

6.4.3　运算符重载为友元函数(Operator Overloaded into Friend Function)

运算符也可以重载为类的友元函数，这样，它就可以访问该类中的任何数据成员。这时，运算符所需要的操作数都需要通过函数的参数表来传递，在参数表中形参从左到右的顺序就是运算符操作数的顺序。

(1) 对于双目运算符 D，如果要重载为类 X 的友元函数，实现表达式 xobj1 D xobj2，则函数有两个形参，其中 xobj1 和 xobj2 是类 X 的对象，经过重载后，表达式 xobj1 D xobj2 相当于函数调用 operator D(xobj1,xobj2)。

注意：对于运算符重载为友元函数的情况，要在函数类型说明之前使用 friend 关键字来声明。

【例 6-12】　用友元函数实现分数类的相加、相等运算。

程序如下：

```
#include <iostream>
using namespace std;
#include <stdlib.h>
class Franc
{
    private:
        int nume;
        int deno;
    public:
        Franc(){ }
        Franc(int nu,int de)
        {
            if(de==0)
            {
                cerr<<"除数为零！"<<endl;
                exit(1);                    //终止程序运行，返回 C++主操作窗口
            }
            nume=nu;deno=de;
        }
    friend Franc operator+(Franc f1,Franc f2);      //运算符"+"重载友元函数
    friend bool operator==(Franc f1,Franc f2);      //运算符"=="重载友元函数
        void FranSimp();
            void display();
```

```cpp
};
void Franc::display()
{
    cout<<"("<<nume<<"/"<<deno<<")"<<endl;          //输出分数
}

void Franc::FranSimp()                              //化简为最简分数
{                                                   //求 x 分数的分子和分母的最大公约数
    int m,n,r;
    m=nume;n=deno;
    r=m%n;
    while(r!=0)
    {
        m=n;n=r;
        r=m%n;
    }
    if(n!=0)
    {                                               //化简为最简分式
        nume/=n;
        deno/=n;
    }
    if(deno<0)
    {                                               //分母为负时处理
        nume=-nume;
        deno=-deno;
    }
}

Franc operator+(Franc f1,Franc f2)
{
    Franc f;
    f.nume=f1.nume*f2.deno+f2.nume*f1.deno;          //计算结果分数的分子
    f.deno=f1.deno*f2.deno;                          //计算结果分数的分母
    f.FranSimp();                                    //对结果进行简化处理
    return f;                                        //返回结果分数
}
bool   operator==(Franc f1,Franc f2)
{
    if(f1.nume*f2.deno==f2.nume*f1.deno)
```

```
            return true;
        else
            return false;
    }

    void main()
    {
        Franc f1(5,6),f2(1,-2),f3;              //定义分数类对象
        cout<<"f1=";f1.display();
        cout<<"f2=";f2.display();
        f3=f1+f2;                               //用重载运算符实现分数加法
        cout<<"f1+f2=";
        if(f1==f2) cout<<"f1 和 f2 相等"<<endl;   //判断 f1 和 f2 是否相等
        else cout<<"f1 和 f2 不相等"<<endl;
    }
```

程序运行结果:

f1=(5/6)

f2=(1/-2)

f1+f2=f1 和 f2 不相等

　　程序说明: 例 6-12 中将运算符重载为类的友元函数, 就必须把操作数全部通过形参的方式传递给运算符重载函数。运算符 "+" 重载函数实现两个分数的相加, 表达式 f1+f2 就相当于函数调用 operator+(f1,f2); 运算符 "==" 重载函数实现两个分数的比较, 表达式 f1==f2 相当于函数调用 operator==(f1,f2)。

　　在例 6-12 中使用了类 Franc 的成员函数实现分数的化简。先求出分子、分母的最大公约数, 然后用公约数分别去除分子、分母, 同时对分母为负做了处理。

　　(2) 对于前置单目运算符 S, 如果要重载 S 为类 X 的友元函数, 用来实现表达式 S xobj, 其中 xobj 是类 X 的对象, 经过重载后, 表达式 S xobj 就相当于函数的调用 operator S(xobj)。对于后置运算符 "++" 和 "--", 如果要将它们重载为类 X 的友元函数, 用来实现 xobj++ 或 xobj--。重载后, 表达式 xobj++ 和 xobj-- 相当于函数调用 operator++(xobj,0) 和 operator--(xobj,0)。具体实现请读者参考习题自行完成。

　　本节只介绍了几个简单运算符的重载, 还有一些运算符, 如 "[]"、"=", "<<"、">>"、类型转换等, 进行重载时有一些不同的情况, 读者需要时可参考有关资料自行完成。

6.5 实 例 分 析

(Case Study)

　　本节以一个小型公司人员的信息管理系统为例, 用面向对象的继承、多态实现对不同层次人员信息的处理。

6.5.1 问题提出(Questions)

【例 6-13】 小型公司人员的信息管理系统。

某小型公司主要有 4 类人员：经理、兼职技术人员、销售经理、兼职销售员，这些人员具有以下属性。

经理：姓名、编号、级别、固定工资、当月薪水、计算月薪、显示信息。

兼职技术人员：姓名、编号、级别、工作小时、每小时工资额、当月薪水、计算月薪、显示信息。

兼职销售员：姓名、编号、级别、销售额、销售额提成、当月薪水、计算月薪、显示信息。

销售经理：姓名、编号、级别、固定工资、销售额、销售额提成、当月薪水、计算月薪、显示信息。

要求：

人员编号要求基数为 1000，每输入一个人员信息编号顺序加 1；对所有人员有升级功能(初始级别为 1 级)。

月薪计算办法：

经理固定月薪 8000 元；兼职技术人员按 100 元/小时领取月薪；兼职推销员按当月销售额的 4%提成；销售经理固定月薪 5000，销售提成为所管辖部门当月销售总额的 5‰。

6.5.2 类设计(Classes Designing)

根据题目要求，设计一个基类 employee，然后派生出 technician(兼职技术人员)类、manager(经理)类和 salesman(兼职销售员)类。由于销售经理既是经理又是销售人员，拥有两类人员的属性，因此同时继承 manager 类和 salesman 类。

在基类中，除了定义构造函数和析构函数外，还应定义对各类人员信息应有的操作，这样可以规范类族中各派生类的基本行为。但是各类人员月薪的计算方法不同，需要在派生类中进行重新定义其具体实现，在基类中将 pay()定义为纯虚函数，将 displayStatus()定义为虚函数。这样便可以在主函数中依据赋值兼容原则用基类 employee 类型的指针数组来处理不同派生类的对象，这是因为当用基类指针调用虚函数时，系统会执行指针所指向的对象的成员函数。

由于各类人员显示的信息基本相同，只是显示的职务不同,故在基类中用 displayStatus()虚函数输出基本信息，在派生类中重新定义，输出其职务，然后调用基类的 displayStatus()为虚函数输出其基本信息。

级别提升可以通过升级函数 promote(int)实现，其函数体是一样的，只是不同类型的人员升级时使用的参数不同(指定提升的级数)，可以将其在基类中定义，各派生类中可以继承该函数。主函数中根据不同职员使用不同参数调用。

由于 salesManager(销售经理)类的两个基类又有公共基类 employee，为了避免二义性，将 employee 类设计为虚基类。

类图设计如图 6-2 所示。

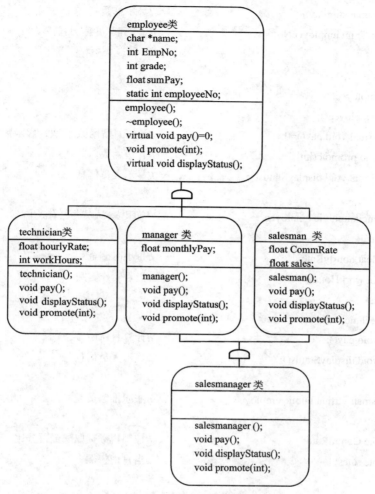

图 6-2　例 6-13 的类图

6.5.3　程序代码设计(Program Coding)

本程序分为 3 个独立的文档：employee.h 是类头文件，包括各个类的声明部分；empfun.cpp 是类的实现文件，包括类中各成员函数的定义；liti6_8.cpp 是主函数文件，实现人员信息管理。

源程序：

```
//employee.h 头文件
class employee
{                                          //定义职员类
    protected:
    char*name;                             //定义姓名
        int EmpNo;                         //个人编号
        int grade;                         //级别
```

```cpp
        double sumPay;                          //月薪总额
        static int employeeNo;                  //本公司职员编号目前最大值

    public:
        employee();
        ~employee();
        virtual void pay()=0;                   //计算月薪函数,解决: 虚函数
        void promote(int);                      //升级函数
        virtual void displayStatus();           //显示人员信息
};
class technician:public employee                //兼职技术人员类(公有派生)
{   protected:
        float hourlyRate;                       //每小时酬金
        int workHours;                          //当月工作时数
    public:
        technician();
        void pay();                             //计算月薪函数
        void displayStatus();                   //显示人员信息
};
class salesman:virtual public employee          //兼职推销员类
{ protected:
        double CommRate;                        //按销售额提取酬金百分比
        double sales;                           //当月销售额
    public:
        salesman();
        void pay();                             //计算月薪函数
        void displayStatus();                   //显示人员信息
};
class manager:virtual public employee           //经理类
{    protected:
        float monthlyPay;                       //固定月薪数
    public:
        manager();
        void pay();                             //计算月薪函数
        void displayStatus();                   //显示人员信息
};
class salesManager:public manager,public salesman //销售经理类
{    public:
        salesManager();
```

```cpp
        void pay();                              //计算月薪函数
        void displayStatus();                    //显示人员信息
};
//empfun.cpp
#include <iostream.h>
#include <string.h>
#include "employee.h"
int employee::employeeNo =1000;                  //员工编号基数

employee::employee()
{
    char str[20];cout<<"\n 输入雇员姓名：";
    cin>>str;
    name=new char[strlen(str)+1];                //动态申请
    strcpy(name,str);
    EmpNo=employeeNo++;                          //新员工编号自动生成
    grade=1;                                     //级别初始 1
    sumPay=0.0;                                  //月薪总额初始 0
}
employee::~employee()
{
    delete []name;                               //释放空间
}
void employee::displayStatus()
{
    cout<<name<<":"<<"编号:" <<EmpNo<<",级别："<<grade<<",本月工资"<<sumPay <<endl;
}
void employee::promote(int increment)
{
    grade+=increment;                            //升级
}
technician::technician()
{
    hourlyRate=100;                              //每小时酬金 100 元
}
void technician::pay()
{
    cout<<"输入本月工作时数："<<";cin>>workHours;   //计算月薪
    sumPay=hourlyRate*workHours;
```

```
}
void technician::displayStatus()
{
    cout<<"兼职技术人员:";
    employee::displayStatus();
}
salesman::salesman()
{
    CommRate=0.04;                          //提成比例
}
void salesman::pay()
{
    cout<<"输入本月销售额: ";cin>>sales;
    sumPay=sales*CommRate;                  //月薪=销售提成
}
void salesman::displayStatus()
{
    cout<<"推销员:";
    employee::displayStatus();
}
manager::manager()
{
    monthlyPay=8000;
}
void manager::pay()
{
    sumPay=monthlyPay;                      //月薪总额=固定月薪数
}
void manager::displayStatus()
{
    cout<<"经理:";
    employee::displayStatus();
}
salesManager::salesManager()
{
    monthlyPay=5000;
    CommRate=0.0005;
}
void salesManager::pay()
```

```cpp
{
    cout<<"输入"<<employee::name<<"部门本月销售总额："; cin>>sales;
    sumPay=monthlyPay+CommRate*sales;          //月薪=固定月薪+销售提成
}
void salesManager::displayStatus()
{
    cout<<"销售经理:";
    employee::displayStatus();
}
//ch6_8.cpp
#include <iostream.h>
#include <string.h>
#include "employee.h"
void main()
{   //经理："
    manager m1;
    m1.promote(3);
    m1.pay();
    m1.displayStatus();
    //兼职技术人员："
    technician t1;
    t1.promote(2);
    t1.pay();
    t1.displayStatus();
    //销售经理："
    salesManager sm1;
    sm1.promote(2);
    sm1.pay();
    sm1.displayStatus();
    //兼职推销员："
    salesman s1;
    s1.promote(3);
    s1.pay();
    s1.displayStatus();
    cout<<"\n 使基类指针指向子类对象"<<endl;
    employee *ptr[4]={&m1,&t1,&sm1,&s1};
    for(int i=0;i<4;i++)
    ptr[i]->displayStatus();
}
```

程序运行结果为：

　　输入雇员姓名：wangping

　　经理：wangping：编号：1000，级别：4，本月工资 8000

　　输入雇员姓名：wujing

　　输入本月工作时数：100

　　兼职技术人员：wujing：编号：1001，级别：3，本月工资 10000

　　输入雇员姓名：zhaoguanglin

　　输入部门本月销售总额：5000

　　销售经理：zhaoguanglin：编号：1002，级别：3，本月工资 5002.5

　　输入雇员姓名：lifang

　　输入本月销售额：10000

　　推销员：lifang：编号：1003，级别：4，本月工资 400

　　使基类指针指向子类对象

　　经理：wangping：编号：1000，级别：4，本月工资 8000

　　兼职技术人员：wujing：编号：1001，级别：3，本月工资 10000

　　销售经理：zhaoguanglin：编号：1002，级别：3，本月工资 5002.5

　　推销员：lifang：编号：1003，级别：4，本月工资 400

6.6　常见编程错误

(Common Programming Errors)

1．只有成员函数才可以声明为虚函数，声明一个顶层函数为虚函数是错误的。

```
virtual bool f();     //***error:f is not a method
```

2．不能声明一个静态成员函数为虚函数。

```
class base
{   public:
    virtual void m();                //ok .object method
    virtual static void s ();        // ***** ERROR:static method
};
```

3．虚函数采用类内声明类外定义时，只需在声明处使用关键字 virtual，定义处不需要使用 virtual。

```
class base
{   public:
    virtual void m1() { …} //ok
```

```
    virtual void m2() {…}//ok
    };
    // **** ERROR: virtual should not occur in a definition outside the class declaration
    virtual void C::m2 () { //…}
```

4. 构造函数不能声明为虚函数，但析构函数可以是虚函数。

```
    class base {
    public:
        virtual base(); // ***** ERROR:constructor
        virtual base(int); //***** ERROR:constructor
        virtual ~base();   //ok.destructor
    };
```

5. 用 new 创建对象，在对象失效后，一定要用 delete 释放该对象。

```
    class base
        {
            //…};
        void fun()
        {   base* p=new base;   //dynamically create a base a object
                //…     use it
            delete   p;
    }//delete it
```

6. 如果一个成员函数隐藏了继承而来的成员函数，不指定其全名来调用继承的成员函数会导致错误。

```
    class base   {
    public:
        void m(int) {//…};
    class debase:public base {
    public:
        void m() { //… };
    };
    int main(){
        debase a1;
        a1.m(-58);               // *****ERROR :debase ::m hides base ::m
        a1.base::m(-58);              //ok,full name
        a1.m();                  //ok, local method
        //…
    }
```

7. 为了使多态性有效，两个虚函数必须有相同的函数签名。

```
    class base{
        public:
```

```
            virtual void m(){ cout<<"base::m"<<endl;}
        };
    class debase:public base{
        public:
            virtual void m (int){cout<<"base::m"<<endl;}
        };
```

debase::m 不能覆盖 base::m，因为两个成员函数的函数签名不同。在这个例子中，两个虚函数互不关联，只是共享一个函数名而已。

8. 不能创建一个抽象类对象。

```
    class base{
      public:
        virtual void m()=0;            //pure virtual method
    };
    base aa;                           //error:base is abstract
```

9. 如果类 C 从抽象基类 ABC 派生而来，但没有覆盖基类 ABC 的所有纯虚函数，C 仍然是抽象类，不能创建 C 的对象。

```
    class ABC {                        //abstract base class
    public:
    virtual void m1()=0;               //pure virtual method
    virtual void m2()=0;               //pure virtual method
    };
    class C:public ABC{
    public:
        virtual void m1(){/*...*/}      //override m1
                                        //*** m2 not overridden
    };
    C c1;                               //***** ERROR:C is abstract
```

10. 重载表 6-1 所列的操作符会发生错误。

表 6-1 重载会出错的操作符及其作用

操作符	作 用
.	Class member operator
.*	Class member object selector operator
::	Scope resolusion operator
?:	Conditional operator

11. 赋值操作符是唯一不会被派生类继承的操作符。

12. 除了内存管理操作符 new、new[]、delete 和 delete[]之外，所有的操作符要么以类的成员函数形式重载，要么其参数表中至少有一个类的对象，例如：

```
//**** ERROR: neither a method nor a
//function that takes a class argument
int operator+(int num1, int num2) {
    //...
}
```

代码中有一个错误，因重载的操作符既不是成员函数，参数表中也没有类对象。

13．必须以成员函数的形式重载下标操作符"[]"。

14．必须以成员函数的形式重载下标操作符"="。

15．必须以成员函数的形式重载下标操作符"->"。

16．如果二元操作符以成员函数的形式重载，它只能有一个参数，例如：

```
//***** ERROR: + is binary
complex Complex::operator+(const Complex& c1,
                           const Complex& c2) cont {
    //...
}
```

上面的声明是错误的，因为"+"是一个二元操作符，表达式

```
c1 + c2    //c1 and c2 are Complex
```

可以写成

```
c1.operator+(c2)
```

所以成员函数 operator+只能有一个参数，如下所示：

```
//ok
Complex Complex::operator+(const Complex&c) const {
    //...
}
```

17．如果一个一元操作符以成员函数的形式重载，除了后置的自增、自减操作符外，不应该有其他的参数和。下面声明方式是错误的：

```
//***** ERROR: ! is binary
String String::operator!(String& s)  {
    //...
}
```

因为"!"是一元操作符，表达式 "!ss // ss is String object"可以简写成：

```
ss.operator!()
```

成员函数 operator!不能有参数，下列写法是正确的：

```
//ok
String String::operator!() {
    ??...
}
```

18．如果一个二元操作符以顶层函数的形式重载，它必定有两个参数。下列写法是错误的：

```
//***** ERROR: +is binary
Complex operator+(const Complex& c) {
    //...
}
```

正确的写法是：

```
//ok
Complex operator+(const Complex& c1,
                        const Complex& c2)
{
// ...
}
```

19．如果一个一元操作符以顶层函数的形式重载，它必定有一个参数，下列写法是错误的：

```
//***** ERROR: !is unary
string operator+()
{
    //...
}
```

正确的写法是：

```
//ok
string operator!(string& s)
{
// ...
}
```

20．重载"＞＞"操作符用于输入时，对象必须以引用的形式传入，因为输入的数据将被写入对象，而不是对象的拷贝，因此，以下代码是错误的：

```
istream& operator>>(istream& in,complex c)
{
    return   in >>c.read>>c.imag;
}
```

正确的写法是：

```
istream& operator>>(istream& in,complex& c)
{
    return   in >>c.read>>c.imag;
}
```

本 章 小 结

(Chapter Summary)

　　本章主要学习了类的多态特性，多态性是指发出同样的消息被不同类型的对象接收时导致完全不同的行为，是对类的特定成员函数的再抽象。

　　C++中的多态有以下几种实现形式：函数重载、运算符重载、虚函数等。重载是指同一个函数、过程可以操作于不同类型的对象；运算符重载是对已有的运算符赋予多重含义，使用已有运算符对用户自定义类型(比如类)进行运算操作，运算符重载实质上是函数重载。虚函数是实现类族中定义于不同类中的同名成员函数的多态行为。

　　多态从实现的角度来讲可以分为两类：编译时的多态和运行时的多态，前者是在编译过程中确定了同名操作的具体操作对象，而后者则是在程序运行过程中才动态地确定所针对的具体对象。这种确定操作的具体对象的过程就是联编，有的也称编联、束定或绑定。编译时的多态通过静态联编解决，如函数重载或运算符重载，它们在编译、链接过程中，系统就可以根据类型匹配等特征确定程序中操作调用与执行代码的关系，即确定了某一个同名标识到底要调用哪一段程序代码。运行时的多态通过动态联编实现，虚函数是实现动态联编的基础，若定义了虚函数就可以通过基类指针或引用，执行时会根据指针指向的对象的类，决定调用哪个函数。虚函数具有继承性，其本质不是重载声明而是覆盖。

　　纯虚函数是在基类中说明的虚函数，它在该基类中可以不给出函数体，要求各派生类根据实际需要编写自己的函数体。带有纯虚函数的类是抽象类，抽象类的主要作用是通过它为一个类族建立一个公共的接口，使它们能够更有效地发挥多态特性。

　　本章最后以一个小型公司的人员信息管理为例，对第 5 章的例子进行了改进，以此说明了虚函数的作用和使用方法，读者应该从中领悟面向对象程序设计的基本方法。

习　题　6

(Exercises 6)

一、选择题

1. 下列属于动态多态的是(　　)。
    A. 函数重载
    B. 运算符重载
    C. 虚函数
    D. 构造函数重载
2. 类中普通成员函数的重载属于静态联编，下列说法(　　)是错误。
    A. 在同一个类中说明名字相同、参数特征不同的多个成员函数，可以根据参数类型不同或个数不同，在编译阶段确定调用函数的代码
    B. 在派生类中重载基类的成员函数，如果名字和参数完全相同可以使用作用域区分符加以区分
    C. 在派生类中重载基类的成员函数，如果名字和参数完全相同可以使用对象名访

问成员函数

    D. 在派生类中重载基类的成员函数，如果名字和参数完全相同可以使用将基类指针指向不同对象，使用基类指针访问各个类中的成员函数

3. 下列(　　)说法是不正确的。

    A. 不能声明虚构造函数

    B. 不能声明虚析构函数

    C. 不能定义抽象类的对象，但可以定义抽象类的指针或引用

    D. 纯虚函数定义中不能有函数体

4. 重载运算符的实质是函数调用，如果重载了后置单目运算符"++"，执行 C++，则相当于执行了(　　)函数。

    A. c.operator++(c,0);   B. c.operator++();

    C. operator++(c);   D. operator++(c,0);

5. 关于虚函数的调用，(　　)是错误的。

    A. 可以使用指向派生类的基类指针   B. 可以使用基类的引用

    C. 可以使用派生类的对象直接访问   D. 可以使用基类的对象

二、填空题

1. 使一个计算机程序的不同部分彼此关联的过程称为_____。静态联编在_____阶段完成，动态联编在_____阶段完成。

2. 为了能够使用虚函数带来的运行时多态性机制，派生类应该从它的父类_____。

3. 运算符重载后，运算符对操作数的处理，实际上是通过_____来实现的。不论使用成员函数重载还是使用友元函数重载，运算符函数的名字都必须由关键字_____加上被重载的_____构成。

4. 如果派生类中没有给出纯虚函数的具体实现，这个派生类仍然是一个_____。

5. 抽象类只能作为其他类的基类，不允许声明抽象类的_____，但可以声明抽象类的_____。

三、简答题

1. 什么是多态性？C++语言中是如何实现多态性的？

2. 运算符重载的实质是什么？它是如何实现的？

3. C++语言能否声明虚构造函数？为什么？能否声明虚析构函数？有何用途？

4. 什么是抽象类？抽象类有何作用？

5. 简述使用虚函数实现动态联编的运行机理。

四、写出运行结果并上机验证

1. 分析程序的功能，写出执行过程及运行结果。

```
#include<iostream>
using namespace std;
#include <stdlib.h>
class Franc
{
```

```
        private:
            int nume;
            int deno;
        public:
                Franc(){ }
    friend Franc operator++(Franc& f);                      //前置运算符"++"重载友元函数
    friend Franc operator++(Franc& f,int);                  //后置运算符"++"重载友元函数
    friend istream& operator>>(istream& istr,Franc &x );
    //从键盘上按规定格式输入一个分数到 x 中，">>"运算符重载
    friend ostream& operator<<(ostream& ostr,Franc &x );
    //按规定格式输出一个分数，>>运算符重载
    };
    Franc operator++(Franc& f)
    {                                                       //先增 1，然后返回它的引用
        f.nume+=f.deno;
        return f;                                           //返回结果分数
    }
    Franc operator++(Franc& f,int)
    {
         Franc x=f;
        f.nume+=f.deno;
         return x;
    }
    istream& operator>>(istream& istr,Franc &f )
    {   char ch;
            cout<<"Input a franction(a/b):";
        istr>>f.nume>>ch>>f.deno;
            if(f.deno==0)
            {
                    cerr<<"除数为零！ "<<endl;
                    exit(1);                                //终止程序运行，返回 C++主操作窗口
             }
             return istr;
    }
     ostream& operator<<(ostream& ostr,Franc &f )
    {
        ostr<<f.nume<<"/"<<f.deno;
            return ostr;
    }
```

```
void main()
{
    Franc f;                              //定义分数类对象
    cin>>f;                               //用重载运算符 ">>" 实现分数输入
    cout<<"f="<<f<<endl;                  //用重载运算符 "<<" 实现分数输出
    cout<<"++f="<<++f<<endl;              //重载前置 "++"
    cout<<"f++="<<f++<<endl;              //重载后置 "++"
    cout<<"f="<<f<<endl;
}
```

2. 下面的程序中有 7 处错误，请指出并修改，并写出正确的运行结果。

```
#include<iostream>
using namespace std;
class X1
{
    int x;
public:
        X1(int xx){x=xx;}
        void Output()=0;
};
class Y1:private X1
{
int y;
public:
        Y1(int xx=0,int yy=0):X1(xx)
        {y=yy;}
        virtual void Output()
        {
        cout<<"x="<<x<<",y="<<y<<endl;
        }
        };
        class Z1:protected X1
        {
            int z;
        public:
            Z1(int xx=0,int zz=0):X1(xx)
            {z=zz;}
            void Output(){
            cout<<"x="<<x<<",z="<<z<<endl;
            }
```

```
    };
    void main()
    {
        X1 a(2);
        Y1 b(3,4); Z1 c(5,6);
        X1* p[3]={&a,&b,&c};
        for(int i=0;i<3;i++){
            p[i]->Output();
        }
    }
```

五、编程题

1. 请用成员函数为分数类 Franc 重载加、减、前置"--"运算符、后置"--"运算符。

2. 请用友元函数为复数类重载加、减、"<<"、">>"运算符。

3. 根据如下描述编写程序：其中 Person 类包括 name(姓名)和 age(年龄)两个数据成员，大学生类 Student 和职工类 Worker 从 Person 类派生，大学生类新增的数据成员是 score(成绩)，职工类新增的数据成员是 salary(工资)，每个类都有用于显示各数据成员值的成员函数 show。设计主函数，定义 Student 类的对象，对所编程序进行测试。

第 7 章   模   板

(Templates)

****

【学习目标】
  📖 理解模板的概念。
  📖 理解函数模板与模板函数。
  📖 理解类模板与模板类。
  📖 了解类模板的友元。
  📖 了解 STL 标准库的相关内容。

****

  模板是 C++ 语言进行通用程序设计的工具之一。代码重用是程序设计的重要特性，为实现代码重用，使代码具有更好的通用性，需要代码不受数据类型的限制，自动适应不同的数据类型，实现参数化的程序设计。由于有大量标准数据结构用于容纳数据，人们自然就想到了为这些数据结构提供标准的、可移植的标准模板库 STL。该库包含了许多在计算机科学领域里常用的基本数据结构和基本算法，为编写程序提供了可扩展的应用框架。本章我们重点介绍函数模板和类模板的相关知识，对于模板库 STL，因篇幅所限，不涉及 STL 的方方面面，我们只介绍其中包含的一些基本类。

7.1   模板的概念

(Templates Concept)

  模板是 C++ 语言的一个重要特性。模板使得程序员能够快速建立具有类型安全的类库集合和函数集合，是通用程序设计的利器。它的实现，提供了重用程序源代码的有效方法，方便了更大规模的软件开发。

  若一个程序的功能是对任意类型的数据进行同样的处理，则将所处理的数据类型说明为参数，就可以把这个程序改写为模板(Template)，模板实际上就是把函数或类要处理的数据类型参数化，表现为参数的多态性。模板用于表达逻辑结构相同，且具体数据元素类型不同的数据对象的通用行为，从而使得程序可以从逻辑功能上抽象，把被处理的对象(数据)类型作为参数传递。

  当函数重载时，函数名称和执行的功能完全相同，不同的只是函数的返回类型和参数类型，但必须为它们分别定义函数体，例如，一个求最大值的函数 max()，要根据不同的数据类型分别定义不同的函数体：

```
int max(int x,int y){    return (x>y?)x:y;    }
float max(float x, float y){    return (x>y)?x:y;    }
double max(double x,double y){    return (x>y?)x:y;    }
```

能否为这些函数只写一套代码来避免代码的重复呢？当然可以，我们可以用宏定义：

```
#define max(x, y)    {    (x>y?) x:y;    }
```

但宏定义有两个问题，一是它避开了类型检查，在某些情况下，会导致不同类型参数之间的比较，引起错误；二是可能在不该替换的地方进行了替换，如：

```
class A
{
    int max(int x,int y);
    //…

}
```

宏定义会将 max()函数的声明进行替换而引发错误。因此，C++语言不主张使用宏定义。为此，引入了模板的概念。

模板是实现代码复用的一种工具，它可以实现类型参数化，把类型定义为参数，实现代码的真正复用。C++提供了两种模板机制：函数模板和类模板(也称为类属类)。模板中的类型参数也称为类属参数。

在声明了一个函数模板后，当编译系统发现有一个对应的函数调用时，将根据实参中的类型来确认是否匹配函数模板中对应的类型形参，然后生成一个重载函数。该重载函数的定义体与函数模板的函数定义体相同，它称之为模板函数(Template Function)。

函数模板与模板函数的区别是：函数模板是一个模板，其中用到通用类型参数，不能直接执行。模板函数是一个具体的函数，它由编译系统在遇到具体函数调用时所生成，具有程序代码，可以执行。

类模板允许用户为类定义一种模式，使得类中的某些数据成员、成员函数的参数和成员函数的返回值能取任意类型。

同样，在声明了一个类模板之后，可以创建类模板的实例，它称为模板类。类模板与模板类的区别是：类模板是一个模板，不是一个实实在在的类，其中用到通用类型参数；而模板类是一个类，可以由它定义对象。

模板经过实例化后就得到模板函数或模板类，模板函数或模板类再经过实例化后就得到对象。模板、模板类、对象和模板函数之间的关系如图 7-1 所示。

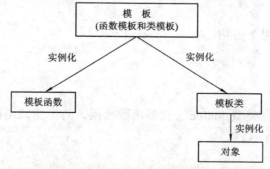

图 7-1   模板、模板类、对象和模板函数之间的关系

7.2 函数模板与模板函数

(Function Template and Template Function)

重载函数通常基于不同的数据类型实现类似的操作。如果对不同数据类型的操作完全相同，那么，用函数模板实现就更为简洁方便。C++语言根据调用函数时提供参数的类型，自动产生单独的目标代码函数——模板函数来正确地处理每种类型的调用。

7.2.1 函数模板的声明(Declaration of Function Template)

为了定义函数模板或类模板，首先要进行模板说明，其作用是说明模板中使用的类属参数。函数模板可以用来创建一个通用的函数，以支持多种不同的形参，避免重载函数的函数体重复设计。它的最大特点是把函数使用的数据类型作为参数。

函数模板的声明形式为：

```
template<typename 类型形参表>
  <返回类型>   <函数名>(参数表)
{
    函数体
}
```

说明如下：

模板说明用关键字 template 开始，之后是用尖括号"<>"相括形式的类型参数(类属参数)表，template 是定义模板函数的关键字；template 后面的尖括号不能省略；typename 是声明数据类型参数标识符的关键字，用以说明它后面的标识符是数据类型标识符。这样，在以后定义的这个函数中，凡希望根据实参数据类型来确定数据类型的变量，都可以用数据类型参数标识符来说明，从而使这个变量可以适应不同的数据类型。例如：

```
template<typename T>
T fuc(T x, int y)
{
    T x;
    //…
}
```

如果主调函数中有以下语句：

```
double d;
int a;
fuc(d,a);
```

则系统将用实参 d 的数据类型 double 去代替函数模板中的 T 生成函数：

```
double fuc(double x,int y)
{
    double x;
```

```
//…
}
```

函数模板只是声明了一个函数的描述即模板，不是一个可以直接执行的函数，只有根据实际情况用实参的数据类型代替类型参数标识符之后，才能产生真正的函数。

关键字 typename 也可以使用关键字 class，这时数据类型参数标识符就可以使用所有的 C++数据类型。

7.2.2 函数模板(Function Template)

函数模板定义由模板说明和函数定义组成。所有在模板说明的类属参数必须在函数定义中至少出现一次。函数参数表中可以使用类属类型参数，也可以使用一般类型参数。

编写函数模板的一般方法如下：

(1) 定义一个普通的函数，数据类型采用具体的普通的数据类型。例如：求两个数中的较大值的普通函数定义如下：

```
int max(int a,int b)
{
return a>b? a:b;
}
```

(2) 将数据类型参数化，即将具体的数据据类型(如 int)替换成抽象的类型参数名(如 T)，上面的代码改为：

```
T    max(T a,T b)
{
return a>b? a:b;
}
```

(3) 在函数头前用关键字 template 引出对类型参数名的声明。

```
template <typename T>
T max(T a, T b)
{return a>b? a:b;}
```

当程序中使用这个函数模板时，编译程序将根据函数调用时的实际数据类型产生相应的函数。如产生求两个整数中的较大值的函数，或求两个浮点数中的较大值函数等等。

7.2.3 模板函数(Template Function)

函数模板是对一组函数的描述，它以类型作为参数及函数返回值类型。它不是一个实实在在的函数，编译时并不产生任何执行代码。当编译系统在程序中发现有与函数模板中相匹配的函数调用时，便生成一个重载函数。该重载函数的函数体与函数模板的函数体相同，参数为具体的数据类型。我们称该重载函数为模板函数，它是函数模板的一个具体实例。

函数模板的实例化由编译器来完成，它主要采用下面两个步骤：

(1) 根据函数调用的实参类型确定模板形参的具体类型。

(2) 用相应的类型替换函数模板中的模板参数，完成函数模板的实例化。

【例 7-1】 求两个数之中的大值。

程序如下：

```cpp
//ex7_1.cpp
//Max.h
#include<iostream>
#include<string>
using namespace std;
#ifndef MAX_H
#define MAX_H
template <typename T>
T Max(T a, T b)
{ return a>b ? a : b; }
#endif
void main()
{ int a,b;
cout<<"Enter two integer : \n";
cin >> a >> b;
cout << "Max(" << a << "," <<b << ") = " << Max(a,b) << endl;
float x, y;
cout << "Enter two double : \n";
cin >> x >> y;
cout << "Max(" << x << "," << y << ") = " << Max(x,y) << endl;
char c, d;
cout << "Enter two character : \n";
cin >> c >> d;
cout << "Max(" << c << "," << d << ") = " << Max(c,d) << endl;
cout << "Enter two strings : \n";
string g,f;
cin>>g>>f;
cout<< "Max(" << g << "," << f << ") = " << Max(g,f) << endl;
}
```

程序的运行结果为：

```
Enter two integer:
12   45
Max(12,45)=45
Enter two double:
3.5   8.4
Max(3.5,8.4) = 8.4
```

Enter two character:

A　b

Max(A,b)=b

Enter two strings :

good　better

Max(good,better)=good

　　函数模板是不能直接执行的,需要实例化为模板函数后才能执行。当编译系统发现有一个函数调用:

　　　　函数名(实参表);

　　C++语言将根据"实参表"中的类型生成一个重载函数即模板函数。该模板函数的定义体与函数模板的函数定义体相同,而"形参表"的类型则以"实参表"的实际类型为依据。

　　图 7-2 给出了函数模板和模板函数的关系示意。其中的重载函数,通过函数模板按实际类型生成模板函数,这个过程称为实例化。编译程序实例化后的模板函数自动生成目标代码。

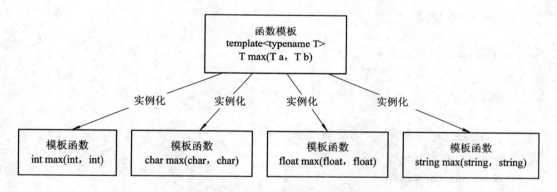

图 7-2　函数模板与模板函数

　　在模板函数被实例化之前,必须在程序的某个地方首先声明它,这样,就可以到后面再实例化为模板函数。

　　模板函数有一个特点,虽然模板参数 T 可以实例化成各种类型,但是采用模板参数 T 的各参数之间必须保持完全一致的类型。

　　使用函数模板中应注意的几个问题:

　　(1) 函数模板允许使用多个类型参数,但在 template 定义部分的每个形参前必须有关键字 typename 或 class,即:

　　　　template<class 数据类型参数标识符 1,…, class 数据类型参数标识符 n>

　　　　<返回类型><函数名>(参数表)

　　　　{

　　　　　　函数体

　　　　}

　　(2) 在 template 语句与函数模板定义语句<返回类型>之间不允许有别的语句。如下面的声明是错误的:

```
template<class T>
int i;
T min(T x,T y)
{
    函数体
}
```

(3) 模板函数类似于重载函数，但两者有很大区别：函数重载时，每个函数体内可以执行不同的动作，但同一个函数模板实例化后的模板函数都必须执行相同的动作。

【例 7-2】 分析以下程序中的错误。

```
#include<iostream>
using namespace std;
template <typename T>
T Min(T a, T b )
{
    return a<b ? a : b ;
}
void main()
{
    int n=3;
    char d='a';
    double w=2.4;
    cout<<min(n,n)<<endl;
    cout<<min(d,d)<<endl;
    cout<<min(w,w)<<endl;
    cout<<min(n,d)<<endl;          //error
    cout<<min(n,w)<<endl;          //error
    cout<<min(d,w)<<endl;          //error
}
```

分析：程序中有 3 个语句在编译时出现错误。原因是 min 模板参数 T 的各参数之间必须保持完全一致的类型，但这 3 个语句的实参的类型与形参不一致，如 min(n,d)，系统找不到与 min(int,char)相匹配的函数定义，虽然 int 和 char 之间可以隐式转换，完全可以认为是 min(int,int)，但是模板类型没有这种识别能力。

【例 7-3】 定义冒泡排序法的函数模板。

程序如下：

```
#include<iostream>
using namespace std;
#include<stdlib.h>
#include<time.h>
template <typename ElementType>          //模板说明
```

```
     void SortBubble (ElementType *a, int size)        //具有类属类型参数和整型参数的参数表
     {   int i, work ;
         ElementType temp ;                            //类属类型变量
         for (int pass = 1; pass < size; pass ++)       //对数组排序
         { work = 1;
            for (i = 0; i<size-pass; i ++)
            if (a[i] > a[i+1])
            { temp = a[i];
               a[i] = a[i+1];
               a[i+1] = temp;
               work = 0;
            }
            if ( work ) break;
         }
     }


     void main()
     {   int a[10];
         srand(time(0));                               //调用种子函数
         for(int i = 0; i<10; i++) a[i] = rand() % 100;  //用随机函数初始化数组
         for(i = 0; i<10; i++) cout << a[i] << " ";      //输出原始序列
         cout << endl;
         SortBubble(a, 10); //调用排序函数模板
         cout << "After Order:" << endl;
         for(i = 0; i<10; i++) cout << a[i] << " ";      //输出排序后序列
         cout << endl;
     }
```

程序运行结果为：

83 55 71 24 96 18 97 64 92 77

Afrer Order:

18 24 55 64 71 77 83 92 96 97

在程序运行过程中由于使用了随机函数初始化数组，所以每次运行都会有一组随机数，然后再对这一组数据(10 个数)进行冒泡排序。

7.2.4　重载函数模板(Overloading Function Template)

模板函数与重载是密切相关的。实际上，从函数模板产生的相关函数都是同名的，因此 C++编译系统采用重载的方法调用相应函数。

函数模板本身可以用多种方式重载，这需要提供其他函数模板，指定不同参数的相同

函数名。

【例7-4】　使用函数模板求最大值的程序。

程序如下：

```
#include<iostream>
using namespace std;
template <typename T>
T max(T m1, T m2)
{
 return (m1>m2) ? m1 : m2;
}
template <typename T>
T max(T m1, T m2, T m3)
{
    T temp=max(m1,m2);
 return max(temp , m3);
}
template <typename T>
T max(T a[], int n)
{
    T maxnum=a[0];
    for (int i=0;i<n ;i++)
        if(maxnum<a[i])    maxnum=a[i];
 return maxnum;
}
void main()
{
    double d[]={6.6,7.3,5.4,8.8,4.2,7.1,6.9,3.7,1.8,3.5};
    int a[]={-7,-6,-4,12,-9,2,-11,-8,-3,18};
    char c[]="goodmorning";
    cout<<" "<<max(12.9,5.4)<<" "<<max(12,28) << " "<<max('p','m')<<endl ;
    cout<<" max(16,34,52)="<< max(16,34,52)<<endl
        << "max(16.2,34.5,52.3) ="<< max(16.2,34.5,52.3)<<endl
        << "max('D','B','E') ="<< max('D','B', 'E')<<endl;
    cout<<"intarrmax="<<max(a,10)<<"     doublemax="<<max(d,10)
        << "     charmax ="<<max(c,10)<<endl;
}
```

程序运行结果为：

12.9　28　p

max(16,34,52)=52

max(16.2,34.5,52.3)=52.3

max('D', 'B', 'E')=E

intarrmax=18　　　doublemax=8.8　　　charmax=r

我们在分析例 7-2 错误时曾指出：模板类型并不知道 int 和 char 之间能进行隐式类型转换。但是，这样的转换在 C++中是很普通的。为了解决这个问题，C++允许函数模板可以参与重载。

用户可以用一个非模板函数重载一个同名的函数模板，例如，可以这样定义：

```
template<class T>
T max(T a, T b)
{
return (a>b)? a : b;
}
int max(int, int);              //显式地声明函数 max(int, int)，不是模板函数
void f(int i, char c)
{
max(i,i);                       //调用函数 max(int, int)
max(c,c);                       //调用模板 max(char,char)
max(i,c);                       //调用函数 max(int,int)
max(c,i);                       //调用函数 max(int, int)
}
```

这里，非模板函数 max(int, int)重载了上述的函数模板 max(T a, T b)，当出现调用语句：max(i,c);和 max(c,i);时，它执行的是重载的非模板函数版本 max(int, int)。还可以定义如下函数：

```
char max(char * x, char * y)
{
    return(strcmp(x,y)>0)?x :y;
}
```

非模板函数 max(ichar*x, char*y)也重载了上述的函数模板，当出现调用语句 max(a,b);时，它执行的是这个重载的非模板函数的版本，其中 a 和 b 都是字符串变量。

在 C++中，函数模板与同名的非模板函数的重载方法遵循下列约定：

(1) 寻找一个参数完全匹配的函数，如果找到了，就调用它。

(2) 寻找一个函数模板，将其实例化产生一个匹配的模板函数，如果找到了，就调用它。

(3) 试一试低一级的对函数的重载方法，如通过类型转换可产生参数匹配等，如果找到了，就调用它。

如果(1)、(2)、(3)均未找到匹配的函数，那么这个调用是一个错误。如果在第一步有多于一个的选择，那么这个调用是意义不明确的，也会产生一个错误。

以上重载模板函数的规则，可能会引起许多不必要的函数定义的产生，但一个好的实现应该是充分利用这个功能的简单性来抑制不合逻辑的回答。

7.3 类模板与模板类

(Class Template and Template Class)

在 C++中，不但可能设计函数模板，满足对不同类型数据的同一功能的要求，还可以设计类模板来表达具有相同处理方法的数据对象。

如同函数模板一样，类模板是参数化的类，即用于实现数据类型参数化的类。应用类模板可以使类中的数据成员、成员函数的参数及成员函数的返回值能根据模板参数匹配情况取任意数据类型，这种类型既可以是 C++预定义的数据类型，也可以是用户自定义的数据类型。如果将类看做包含某些数据类型的框架，把对支持该类的不同操作理解为将数据类型从类中分离出来，则允许单个类处理通用的数据类型 T。其实，这种类型并不是类，而仅仅是类的描述，常称之为类模板。在编译时，由编译系统将类模板与某种特定数据类型联系起来，就产生一个真实的类。一个类模板是类定义的一种模式，用于实现数据类型参数化的类。

7.3.1 类模板的定义(Definition of Class Template)

类模板的成员函数被认为是函数模板，也称为类属函数。因此，当给出一个类模板的成员函数的定义时，必须遵循函数模板的定义。定义类模板的一般格式如下：

```
template <类型形参表>
class 类名
{
    类声明体;
};
template 类型形参表
返回类型 类名 类型名表::成员函数(形参表)
{
    成员函数定义体;
}
```

其中的"<类型形参表>"中包含一个或多个用逗号分开的参数项，每一参数至少应在类的说明中出现一次。参数项可以包含基本数据类型，也可以包含类类型。若为类类型，则必须有前缀 class。模板形参表的类型用于说明数据成员和成员函数的类型。

【例 7-5】 求一个数的平方是算法中经常要用到的基本单元。对于 int 型和 double 型分别需要两个类来实现，类 Square1 实现求 int 型数据的平方，类 Square2 实现求 double 型数据的平方。如果采用类模板来实现，则只需要一次即可以实现。

程序如下：

```
class Square1
{
public:
```

```
        Square1(int y):x(y){}
        int fun()
        {
            return x*x;
        }
    private:
        int x;
    };


    class Square2
    {
    public:
        Square(double y):x(y){}
        double fun()
        {
            return x*x;
        }
    private:
        double x;
    };
```

采用类模板的方式实现：

```
    template <class T>                      //T 为模板参数
    class Square
    {
    public:
        Square(T y):x(y){}                  //T 的具体类型根据类模板的调用情况确定
        T fun()
        {
            return x*x;
        }
    private:
        T x;
    };
```

　　说明：类 Square1 和类 Square2 具有相同的逻辑功能，只是数据成员的类型不同，一个为 int 型，另一个为 double 型，这正是类模板可以解决的问题，因此可以采用类模板的方式实现。

　　模板类的成员函数必须是函数模板。类模板中的成员函数的定义，若放在类模板的定义之中，则与类的成员函数的定义方法相同；若在类模板之外定义，则成员函数的定义格式如下：

　　类名：template<模板形参表>
　　返回值类型　类模板名 类型名表：成员函数名(参数表)
　　{
　　　　成员函数体
　　}

7.3.2　类模板的使用(Usage of Class Template)

　　类模板也不能直接使用，必须先实例化为相应的模板类，定义该模板类的对象后才能使用。使用类模板是指用某一数据类型替代类模板的类型参数，声明类模板之后创建模板类，一般格式如下：
　　　　<类模板名> <类型实参表>
　　函数模板和类模板不同之处是：函数模板的使用是由编译系统在处理函数调用时自动完成的，而类模板的实例化必须由程序员在程序中显式地指定。当类模板实例化为模板类时，类模板中的成员函数同时实例化为模板函数。
　　由类模板经实例化而生成的具体类称为模板类，格式为：
　　　　<类模板名> <类型实参表> <对象名>[(<实参表>)]
　　其中，"类型实参表"应与该类模板中的"类型形参表"相匹配。"对象名"是定义该模板类的一个或多个对象。

　　【例 7-6】　定义一个数组类模板，了解类模板的实际作用。
　　程序如下：

```cpp
//通用数组类
#include <iostream>
#include <cstdlib>
using namespace std;
const int size = 10;
template <typename AType> class atype              //模板类
{
    public:
        atype()
        {
            int i;
            for(i=0;i<size;i++)array[i]=i;
        }
        AType &operator[] (int n);
    private:
        AType array[size];
};
template <typename AType> AType &atype<AType>::operator[] (int n)
```

```
    {
        //下标越界检查
        if(n< 0 ‖ n>=size)
            {   cout<<"下标"<<n<<"超出范围!"<<endl;
                exit(1);
            }
        return array[n];
    }
    int main()
    {

        atype<int> intob;                    //integer 数组类, intob 为该类的一个对象
        atype<double> doubleob;              //double 数组类, doubleob 为该类的一个对象
        int i;
        cout << "Integer 数组: ";
        for(i=0;i<size;i++)intob[i]=i;
        for(i=0;i<size;i++)
            cout<<intob[i]<<"    ";
        cout<<endl;
        cout<<"Double 数组: ";
        for(i=0;  i<size;  i++)
            doubleob[i]=(double)i/2;
        for(i=0;  i<size;  i++)
            cout<<doubleob[i]  <<"    ";
        cout<<endl;
        intob[12] = 100;                     //下标越界
        return 0;

    }
```

程序运行结果：

Integer 数组：0　1　2　3　4　5　6　7　8　9

Dounle 数组：0　0.5　1　1.5　2　2.5　3　3.5　4　4.5

下标 12 超出范围!

程序说明：该程序定义了一个类模板 atype(AType)，模板参数为 AType。其中语句"atype<int>intob"是用实际类型参数 int 替换类模板 atype 的模板参数 AType，将类模板 atype(AType)实例化为下面的模板类：

```
    class atype
    {
      public:
        atype();
        int &operator[](int n);
```

```
        private:
            int array[size];
    }
```

然后，表达式 intob 调用构造函数，创建模板类对象 intob。同理，主函数中的语句
"atype<double>doubleob;"将类模板 atype(AType)实例化为下面的模板类，并创建类对象
doubleob:

```
    class atype
    {
      public:
        atype();
        double &operator[](int n);
        private:
            double array[size];
    };
```

因此说，类模板的实例化创建的结果是一种类型，而类的实例化创建的结果则是一个
对象。类模板、模板类和对象三者的逻辑关系如图 7-3 所示。

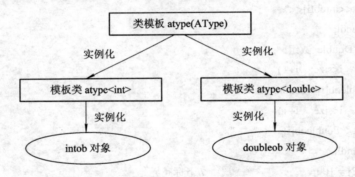

图 7-3　类模板、模板类和对象三者之间的逻辑关系

7.3.3　类模板的友元(Friend of Class Template)

类模板的友元和类的友元的特点基本相同，但也具有自身的特殊情况。以类模板的友
元函数为例，可以分为以下三种情况：

(1) 友元函数无模板参数。

(2) 友元函数含有类模板相同的模板参数。

(3) 友元函数含有与类模板不同的模板参数。

【例 7-7】　包含友元函数的类模板举例。

程序如下：

```
    #include<iostream>
    #include<iomanip>
    #include<cstdlib>
```

```
using namespace std;
const int Len=16;
template<class T>                                    //模板定义
class SeqLn                                          //顺序表类模板
{
public:
    SeqLn<T>():size(0){ }                            //类模板的构造函数
    ~SeqLn<T>(){ }                                   //类模板的析构函数
    void Insert(const T &m,const int nst);           //数据类型为模板形参 T
    T Delete(const int nst);                         //返回值类型为模板形参 T
    int LnSize()const
    {
        return size;
    }
private:
//转换函数模板的声明
friend void IntToDouble(SeqLn<int>&n,SeqLn<double>&da);
    friend void Display(SeqLn<T>&mySeqLn);           //类模板的友元
    friend void Success();                           //类模板的友元
private:
    T arr[Len];                                      //数据元素为模板形参 T
    int size;
};


template<class T>                                    //成员函数的模板定义
void SeqLn<T>::Insert(const T&m,const int nst)
{
    if (nst<0||nst>size)
    {
        cerr<<"nst Error!"<<endl;
        exit(1);
    }
    if (size==Len)
    {
        cerr<<"the List is over,can't insert any data!"<<endl;
        exit(1);
    }
    for (int i=size;i>nst;i--)arr[i]=arr[i-1];
    arr[nst]=m;
```

```
        size++;
    }

    template<class T>                              //成员函数的模板定义
    T SeqLn<T>::Delete(const int nst)
    {
        if (nst<0||nst>size-1)
        {
            cerr<<"nst Error!"<<endl;
            exit(1);
        }
        if (size==0)
        {
            cerr<<"the List is null,no data can be deleted!"<<endl;
            exit(1);
        }
        T temp=arr[nst];
        for(int i=nst;i<size-1;i++)
            arr[i]=arr[i+1];
        size--;
        return temp;
    }


    void Success()
    {
        cout<<"the Transform is over."<<endl;
    }


    template<class T>
    void Display(SeqLn<T> &mySeqLn)
    {
        for(int i=0;i<mySeqLn.size;i++)
        {
            cout<<setw(5)<<mySeqLn.arr[i];
        if((i+1)%8==0)                            //每行输出 8 个元素
            cout<<endl;
        }
    }
```

```
        template<class T1,class T2>                        //函数模板的模板定义
        void IntToDouble(SeqLn<T1>&n,SeqLn<T2>&da)
        {
            da.size=n.size;
            for(int i=0;i<n.size;i++)
                    da.arr[i]=double(n.arr[i]);
        }


        int main()
        {
            SeqLn<int>i_List;                              //定义 int 型顺序表类对象
            SeqLn<double>d_List;                           //定义 double 型顺序表类对象
            for(int i=0;i<Len;i++)
                    i_List.Insert(i,0);
            IntToDouble(i_List,d_List);
            Success();
                Display(d_List);                           //输出转换后的结果
            d_List.Delete(2);                              //执行删除操作
                Display(d_List);                           //输出删除以后的结果
                return0;
        }
```

程序运行结果为：

The Transform is over.

```
15   14   13   12   11   10   9   8
 7    6    5    4    3    3   1   0
15   14   12   11   10    9   8   7
 6    5    4    3    3    1   0
```

说明：程序中包含了类模板的友元函数的三种情况。第 2 组输出是因为第 2 号元素(14)之后删除了一个元素，因此，共有 15 个元素。函数 Success 是模板顺序表类 SeqLn<T>的友元函数，在程序中不起关键性作用，设计它的目的是为了说明友元函数无模板形参数的情况。Displayt()也是模板顺序表类 SeqLn<T>的友元函数，它具有和类模板相同的模板形参，该函数的作用是输出转换后的结果。函数 IntToDouble 属于类模板的友元函数的第三种情况，它具有和类模板不同的模板形参，该函数的作用是将 int 型顺序表对象中的数据转换为 double 型并存放到 double 型顺序表。

7.3.4　类模板与静态成员(Class Template and Static Member)

在非模板类中，类的所有对象共享一个静态数据成员，静态数据成员应在文件范围内初始化。

    从类模板实例化的每个模板类都有自己的类模板静态数据成员，该模板类的所有对象共享一个静态数据成员。和非模板类的静态数据成员一样，模板类的静态数据成员也应在文件范围内初始化。每个模板类有自己的类模板的静态数据成员副本。

【例 7-8】   类模板中含有静态数据成员示例。

程序如下：

```cpp
#include<iostream>
using namespace std;
template<class T>
class A
{
   T   m;
   static   T n;
 public :
    A(T a) :m(a) { n+=m}
    void disp()
    {cout<<"m="<<m<<",n="<<n<<endl;}
};
template<class T>
T A<T> ::n=0;
int main()
{
   A<int> a(2) , b(3);
   a.disp();
   b.disp();
   A<double> c(1.6),d(5.4);
   c.disp();
   d.disp();
   return0;
}
```

程序运行结果为：

```
m=2, n=5
m=3, n=5
m=1.6, n=7
m=5.4, n=7
```

    说明：程序中 A<T>是一个类模板，其中有一个静态数据成员 n。由 A<T>实例化两个模板类 A<int>和 A<double>，这两个模板类分别保存一个静态数据成员 n，而由它们实例化的对象共享这个静态数据成员。

7.4 标准模板库 STL

(Standard Template Library)

标准模板库(Standard Template Library，STL)是 C++标准支持的类模板和函数模板的集合。STL 是 C++语言的一部分，因此，每一个标准的 C++编译器必须支持该库。

STL 提高了代码的可重用性，也为程序员提供了功能强大的工具。程序员可以在 STL 中找到许多数据结构和算法，这些数据结构和算法可以在解决各种编程问题时使用。这些数据结构和算法是准确而有效的。在设计自己的模板和算法时，程序员需要花费大量的时间来测试，以保证算法正确、有效。而通过使用 STL 组件，用于测试的时间会显著减少。

C++通过提供模板机制和包含通用算法及可以用作任何类型的数据容器的数据结构的 STL 支持泛型程序设计(generic programming)。STL 为通用容器、迭代器和建立在它们之上的算法提供模板，程序设计者无需了解 STL 的基本原理，便可以使用其中的数据结构和算法。STL 由一些可以适合不同需求的群体类和一些能够在这些群体数据上操作的算法构成。如果从应用角度来看，构建 STL 的框架最关键的 5 个组件是容器(container)、迭代器(iterator)、算法(algorithm)、函数对象(function object)和适配器(allocators adapter)。这里算法处于核心地位，迭代器如同算法和容器类之间的桥梁，算法通过迭代器从容器中获取元素，然后将获取的元素传递给特定的函数对象进行的操作，最后将处理后的结果储存到容器中。

为了使用 STL 中的组件，必须在程序中使用#include 命令以包含一个或多个头文件：

(1) 向量容器、列表容器和双端队列容器类分别位于<vector>、<list>和<deque>中。

(2) 集合容器和多重集合容器位于<set>中，而映射容器 map 和多重映射容器 multimap 位于< map >中。

(3) stack 适配器位于<stack>中，而 queue 和 priority-queue 适配器位于<queue>中。

(4) 算法位于<algorithm>中，通用数值算法位于<numeric>中。

(5) 迭代器类和迭代器适配器位于<iterator>中。

(6) 函数对象类和函数适配器位于<functional>中。

7.4.1 容器(Containers)

容器是数据结构，是包含一组元素或元素集合的对象。容器类中包含一组元素或一个元素集合，作为通用元素收集器(generic holder)。C++语言的容器类中可以包含混合类型的元素，即容器类可以包含一组不同类型的元素或一组相同类型的元素。当容器类包含不同类型的元素时，称为异类容器类(heterogenous container)；当容器类包含相同类型的元素时，称为同类容器类(homogenous container)。

1. 容器的分类

在 C++标准库中包括 7 种基本容器：向量(vector)、双端队列(deque)、列表(list)、集合(set)、多重集合(multiset)、映射(map)和多重映射(multimap)等。这 7 种容器可以分为两种基本类型：顺序容器(sequence container)和关联容器(associative container)。顺序容器将一组具有相同类型的元素以严格的线性形式组织起来，向量、双端队列和列表容器就属于这一种；
关联容器具有根据一组索引来快速提取元素的能力，集合和映射容器就属于这一种。STL
的容器常被分为顺序容器、关联容器和容器适配器三类。顺序容器和关联容器又称为第一
类容器。

　　(1) C++提供的顺序类型容器有向量(vector)、链表(list)、双端队列(deque)。

　　(2) 关联容器主要包括集合(set)、多重集合(multiset)。

　　(3) 容器适配器主要指堆栈(stack)和队列(queue)，见表 7-1。

表 7-1　　STL 中的容器及头文件名

容器名	头文件名	说　　明
vector	<vector>	向量，从后面快速插入和删除，直接访问任何元素
list	<list>	双向链表
deque	<deque>	双端队列
set	<set>	元素不重复的集合
multiset	<set>	元素可重复的集合
stack	<stack>	堆栈，后进先出(LIFO)
map	<map>	一个键只对于一个值的映射
multimap	<map>	一个键可对于多个值的映射
queue	<queue>	队列，先进先出(FIFO)
priority_queue	<queue>	优先级队列

　　每种容器包括一个或多个公有的构造、复制构造、析构函数。除此之外，所有的容器
都支持一个运算符集合，这些运算符完成字典式的比较。

　　2．容器的接口

　　STL 经过精心设计，使容器提供类似的功能。许多一般化的操作所有容器都适用，也
有些操作是为某些容器特别设定。只有了解接口函数的原型，才能正确地使用标准模板库
的组件编程。标准容器类定义的公有函数见表 7-2，表 7-3 是顺序和关联容器共同支持的成
员函数。

表 7-2　　标准容器类定义的公有函数

成员函数名	说　　明
默认构造函数	对容器进行默认初始化的构造函数，常有多个，用于提供不同的容器初始化方法
拷贝构造函数	用于将容器初始化为同类型的现有容器的副本
析构函数	执行容器销毁时的清理工作
empty()	判断容器是否为空，若为空返回 true，否则返回 false
max_size()	返回容器最大容量，即容器能够保存的最多元素个数
size	返回容器中当前元素的个数
operator=	将一个容器赋给另一个同类容器
operator<	如果第 1 个容器小于第 2 个容器，则返回 true，否则返回 false
operator<=	如果第 1 个容器小于等于第 2 个容器，则返回 true，否则返回 false
operator>	如果第 1 个容器大于第 2 个容器，则返回 true，否则返回 false
operator>=	如果第 1 个容器大于等于第 2 个容器，则返回 true，否则返回 false
swap	交换两个容器中的元素

表 7-3 顺序和关联容器共同支持的成员函数

成员函数名	说　　明
begin()	指向第一个元素
end()	指向最后一个元素之后
rbegin()	指向按反顺序的第一个元素
rend()	指向按反顺序的末端位置
erase()	删除容器中的一个或多个元素
clear()	删除容器中的所有元素

3. 顺序容器

顺序容器将一组具有相同类型的元素以严格的线性形式组织起来。分为 vector、deque 和 list 三种类型。三种顺序容器在某些方面是相似的。例如，都有用于增加元素的 insert 成员函数以及用于删除元素的 erase 成员函数等，三种顺序容器的元素均可通过位置来访问。

1) 向量容器(vector)

向量容器属于顺序容器，用于容纳不定长线性序列(即线性群体)，提供对序列的快速随机访问(也称直接访问)。这一点与 C++ 语言支持的基本数组类型相同，但基本数组类型不是面向对象的。面向对象的向量是动态结构，它的大小不固定，可以在程序运行时增加或减少。

像传统 C++ 数组一样，向量容器为它所包含的元素提供直接访问。当元素存储在向量容器中时，它们可以按照索引直接访问。索引指明了元素相对于容器的位置。

向量容器可以用来实现队列、栈、列表和其他更加复杂的结构，事实上，向量容器可以用来实现其他所有容器的功能。

容器类库中的向量容器包含有以下 4 种构造函数：

(1) vector()；默认构造函数，它创建大小为零的向量容器。

(2) vector(size_type n,const T& value=T())；初始化了大小为 n 的向量，第二个参数是每个对象的初始值，默认为 T()构造的对象。

(3) vector(const vector& x)；拷贝构造函数，用常数向量 x 来初始化此向量。

(4) vector(const iterator first, const iterator last)；从支持常数迭代器 conat_iterator 的容器中选取一部分来建立一个新的向量。

像所有标准类库的集合和容器一样，向量容器具有自动存储管理功能。程序员不必写程序来分配或释放内存，向量容器可以自动管理内存。当一个向量离开作用域时，向量的析构函数将调用向量中元素的析构函数。向量的析构函数先从容器中移走现有的元素，每个元素都调用自身的析构函数。当元素被移走后，向量回收分配给这些元素的内存并返回给操作系统。

注意，如果仅从容器中移走元素，并不能收回这些元素占据的内存，它只是调用元素的析构函数。在使用 erase()成员函数时也不回收内存，只是从容器中移走元素。

向量容器有 4 个可以用来返回向量容器信息的成员函数：size()、max size()、capacity() 和 empty()。原型如下：

size-type size()const；记录在容器中已经存放了的元素的数量。

size type max size()const；返回容器最多可以容纳元素的数量。

size type capacity()const；不必再次分配内存而在容器中最多可以容纳的元素数量。

bool empty()const；如果容器为空则返回布尔型 true，否则返回 false。

可以使用构造函数、push-back()方法、insert()方法、"[]"运算符、"="运算符和 swap() 函数向向量放置元素。其中 push back()、insert()、swap()的原型如下：

void push_back (const T& x)；将元素添加在向量尾部，向量的内存不够时自动请求内存。

iterator insert(iterator it，const T& x=T())；把元素 x 复制到位置 it 之前。

void insert(iterator it，size-type n，const T& x)；把元素 x 在位置 it 之前复制 n 次。

void insert(iterator it, const iterator first, const iterator last)；把位于范围[first, last]之间的元素复制到位置 it 之前。

void swap(vector x)；交换当前向量容器与向量 x 容器中的元素。

从向量容器中移走元素有 3 种方法：pop-back()、erase()和 clear()。

原型如下：

void pop back()；删除向量中的最后一个元素。

iterator erase(iterator it)；删除 it 指向的元素。

iterator erase(iterator first，iterator last)；删除[first，last)范围的所有元素。

void clear()；清除整个向量容器，恢复到无任何元素时的状态，但保留缓冲区。

【例 7-9】 应用向量容器求 2～n 之间的素数。

程序如下：

```cpp
#include <iostream>
#include <iomanip>
#include <vector>                        //包含向量容器头文件
using namespace std;
void main( )
{
    vector<int>   A(10);                 //用来存放质数的向量，初始状态有 10 个元素
    int n;                               //质数范围的上限，运行时输入
    int primecount = 0, i, j;
    cout << "Enter a value >= 2 as upper limit for prime numbers: ";
    cin >> n;
    A[primecount++] = 2;                 //2 是一个质数
    for(i = 3; i < n; i++)
    {
        if (primecount == A.size())      //如果质数表已满，则再申请 10 个元素的空间
            A.resize(primecount + 10);
        if (i % 2 == 0)                  //大于 2 的偶数不是质数，因此略过本次循环的后继部分
```

```
            continue;                    //检查 3, 5, 7, ..., i/2 是否 i 的因子
        j = 3;
        while (j <= i/2 && i % j != 0)
            j += 2;

        if (j > i/2)                     //若上述参数均不为 i 的因子，则 i 为质数
            A[primecount++] = i;
    }
    for (i = 0; i < primecount; i++)     //输出质数
    {
        cout << setw(5) << A[i];
        if ((i+1) % 10 == 0)             //每输出 10 个数换行一次
            cout << endl;
    }
    cout << endl;
}
```

程序运行结果：

```
Enter a value >= 2 as upper limit for prime numbers: 100
2   3   5   8   11   13   17   19   23   29
31  37  41  43  47   53   59   61   67   71
73  79  83  89  97
```

2) 双端队列容器(deque)

双端队列容器是一种放松了访问权限的队列。在双端队列容器中，元素可以从队列的两端入队和出队。除了可以从队列的首部和尾部访问元素外，标准的双端队列也支持通过使用下标操作符"[]"进行直接访问。

在容器类库中双端队列容器提供了直接访问和顺序访问方法。

双端队列容器包含以下有 4 种形式的构造函数：

(1) deque()；构造 size()为 0 的双端队列容器。

(2) deque(size-type n，const T& v=T())；初始化大小为 n 的双端队列，第二个参数是每个元素的初始值，默认为 T()构造的对象。

(3) deque (const deque& x)；拷贝构造函数，用双端队列 x 来初始化此双端队列容器。

(4) deque(const iterator first，const iterator last)；从另一个支持 const iterator 的容器中选取一部分来建立一个新的双端队列容器。

成员函数 size()返回双端队列容器中元素的个数。

成员函数 max_size ()返回双端队列容器中最多可以容纳元素的个数。

成员函数 empty()的功能是，当双端队列容器中没有元素时返回布尔值 true，而在 size()大于 0 时返回布尔值 false。

与向量容器相同，有以下方法可以把元素放入双端队列容器中：构造函数、push_back()方法、insert()方法、[]运算符、=运算符、swap()函数。另外，由于双端队列容器为双向开口的(即在两端都可以操作)，所以还提供了 push_front 方法，其函数原型为：

void push_front(const T& x)；将元素 x 添加在双端队列容器头部。

使用 pop-back()、pop-front()、erase()、clear()方法可以从双端队列中删除元素。与向量容器相比，其中 pop-front()函数原型如下：

void pop- front()；删除双端队列容器中的最前端元素。

对于双端队列容器既可以顺序访问也可以直接访问。双端队列容器中的元素可以联合使用 pop_front()、pop_back()、front()、back()成员函数进行顺序访问，也可以使用迭代器来顺序遍历双端队列。双端队列容器支持随机访问迭代器，所以可以进行随机访问。

【例 7-10】 使用双端队列容器保存双精度数值序列。

程序如下：

```cpp
#include <iostream>
#include <deque>                      //包含双端队列容器头文件
#include <algorithm>                  //包含算法头文件
using namespace std;
int main()
{
    deque<double> values;             //声明一个双精度型 deque 序列容器
    ostream_iterator<double> output(cout, " " );
    values.push_front(2.2);           //应用函数 push_front 在 deque 容器开头插入元素
    values.push_front(3.5);
    values.push_back(1.1);            //应用函数 push_back 在 deque 容器结尾插入元素
    cout << "values contains: ";
    for (int i = 0; i < values.size(); ++i )
        cout << values[i] << ' ';
    values.pop_front();               //应用函数 push_front 从 deque 容器中删除第一个元素
    cout << "\nAfter pop_front values contains: ";
    copy (values.begin(), values.end(), output);
    values[1] = 5.4;                  //应用操作符[]来重新赋值
    cout << "\nAfter values[1] = 5.4 values contains: ";
    copy (values.begin(), values.end(), output);
    cout << endl;
    return0;
}
```

程序运行结果为：

```
Values contains: 3.5   2.2 1.1
After pop_front values contains: 2.2   1.1
After values[1]=5.4 values contains: 2.2     5.4
```

3)　列表容器(list)

列表容器由双向链表构成，因此可以从链表的任意一端开始遍历。与向量容器和双端队列容器不同，列表容器是只能按顺序访问的容器，不支持随机访问迭代器，因此某些算法不能适用于列表容器。

与向量容器和双端队列容器一样，列表容器也有 4 种形式的构造函数：

(1)　list()；构造 size()为 0 的列表容器。

(2)　list(size-type n，const T& v=T())；初始化一个大小为 n 的列表容器，把列表容器中的每个对象初始化为 T()构造的对象。

(3)　list(const list& x)；按另一个列表容器 x 初始化列表。

(4)　list(const_iterator first，const iterator last)；从另一个支持 const iterator 的容器中选取一部分来建立一个新的列表容器。

由于列表容器是顺序访问的容器，因此与向量容器不同，它没有 capacity()、operator[]和 at()这几个成员函数。除此之外，列表容器的访问函数与向量容器的访问函数相同，有 begin()、end()、rbegin()rend()size()、max_size()、empty()、front()和 back()等。

与向量容器和双端队列容器一样，列表容器也有 insert 函数，其形式和功能也与向量容器一样。但是有一点不同：列表容器的 insert 函数不会使任何迭代器或引用变得无效。

另外，列表容器作为链式结构，其最大优点就是序列便于重组，插入或删除列表中元素时无需移动其他元素的存储位置。

列表还提供了另一种操作——拼接(splicing)，其作用是将一个序列中的元素插入到另一个序列中。其原型如下：

void splice(iterator it，list& x)；将列表 x 中的元素插入到当前列表中 it 之前，删除 x 中的元素，使之为空。注意，x 与当前列表不能是同一个。

void splice(iterator it，list& x，iterator first)；将 first 所指向的元素从列表 x 中移出，并插入到当前列表中 it 之前。其中 x 与当前列表可以是同一个。如果 it==first 或 it==++ first，则此函数不进行任何操作。

void splice(iterator it，list& x，iterator first，iterator last)；将范围[first，last]中的元素从列表 x 中移出，并插入到当前列表中 it 之前。x 与当前列表可以是同一个，这时范围[first，last]不能包含 it 所指的元素

列表容器也提供了 erase()成员函数，但是该函数仅删除指向被删除元素的迭代器和引用。另外，列表容器的成员函数 remove()可以从列表容器中删除与 x 相等的元素，同时会减小列表容器的大小，其减小的数量等于被删除的元素个数，原型如下：

void remove(const T& x)；删除与 x 相等的元素。

【例 7-11】　利用标准 C++库中的列表容器 list 对链表进行操作。

程序如下：

```
#include<iterator>
#include<list>
using namespace std;
int main()
```

```
    {
        int i;
        list<int> list1,list2;
        list<int>::iterator iter;              //iter 是 list 用的迭代器，自动建为双向访问迭代器
        int arr1[]={5,7,17,19,23,43};
        int arr2[]={3,9,13,29,41};
        for(i=0;i<6;i++)   list1.push_back(arr1[i]);
        for(i=0;i<5;i++)   list2.push_front(arr2[i]);
        for(iter=list1.begin();iter!=list1.end();iter++)   cout<<*iter<<'\t';
        cout<<endl;
        for(iter=list2.begin();iter!=list2.end();iter++)   cout<<*iter<<'\t'; 3
        cout<<endl;
        list1.splice(list1.begin(),list2);               //list2 拼接到 list1 前
        for(iter=list1.begin();iter!=list1.end();iter++)   cout<<*iter<<'\t';
        cout<<endl;
        return 0;
    }
```

程序运行结果为：

```
5    7    17    19   23    43
41   29   13    9    3
41   29   13    9    35    7    17    19    23    43
```

7.4.2 迭代器(Iterators)

理解迭代器对于理解 STL 框架并掌握 STL 的使用至关重要。简单地说，迭代器是面向对象版本的指针，STL 算法利用迭代器对存储在容器中的元素序列进行遍历，迭代器提供了访问容器和序列中每个元素的方法。

迭代器是面向对象版本的指针，它们提供了访问容器和序列中每个元素的方法。实际上指针也是一种迭代器。很多容器和序列提供了类似于 current() 的成员函数，返回迭代器所指向的元素的地址或者引用。类似于指针，迭代器可以调用 next() 和 previous() 等成员函数顺序遍历容器。current()、next() 和 previous() 类型的成员函数允许用户访问容器或者序列中的每个元素。

虽然指针也是一种迭代器，但迭代器却不仅仅是指针。指针可以指向内存中的一个地址，通过这个地址就可以访问相应的内存单元。而迭代器更为抽象，它可以指向容器中的一个位置，我们也许不必关心这个位置的真正物理地址，但是我们可以通过迭代器访问这个位置的元素。

1. 代器的类型

为了满足某些特定算法的需要，STL 迭代器主要包括 5 种基本迭代器类别：输入、输出、前向、双向和随机访问迭代器，以及两种迭代器适配器(iterator adapters)：逆向迭代器适配器和插入迭代器适配器。各类迭代器及功能见表 7-4。

表 7-4　5 种基本迭代器

标准库定义迭代器类型	功　能
输入迭代器(InputIterator)	从容器中读取元素。输入迭代器一次只能向前移动一个元素，要重读必须从头开始
输出迭代器(OutputIterator)	向容器写入元素。输出迭代器一次只能向前移动一个元素。输出迭代器要重写，必须从头开始
正向迭代器(ForwardIterator)	组合输入迭代器和输出迭代器的功能，并保留在容器中的位置(作为状态信息)，所以重新读/写不必从头开始
双向迭代器(BidirectionalIterator)	组合正向迭代器功能与逆向移动功能(即从容器序列末尾到容器序列开头)
随机迭代器(RandomAccessIterator)	组合双向迭代器的功能，并能直接访问容器中的任意元素，即可向前或向后跳过任意个元素

表 7-4 中定义的各种迭代器可执行的操作如表 7-5 所示，从表中可清楚地看出，从输入/输出迭代器到随机访问迭代器的功能逐步加强。对比指针对数组的操作，两者的一致性十分明显。

表 7-5　各类迭代器可执行的操作

迭代器操作	功　能
所有迭代器	
++p	前置自增迭代器，先++后执行
--p	后置自增迭代器，执行后再++
输入迭代器	
*p	间接引用迭代器，作为右值
p=p1	将一个迭代器赋给另一个迭代器
p==p1	比较迭代器的相等性
p!=p1	比较迭代器的不等性
输出迭代器	
*p	间接引用迭代器，作为左值
p=p1	将一个迭代器赋给另一个迭代器
正向迭代器	提供输入和输出迭代器的所有功能
双向迭代器	包含正向迭代器的所有功能，再增加
--p	先++后执行，前置自减迭代器
p--	先执行后++，后置自减迭代器
随机迭代器	包含双向迭代器的所有功能，再增加
p+=i	迭代器 p 递增 i 位(后移 i 位)(p 本身变)
p-=i	迭代器 p 递减 i 位(前移 i 位)(p 本身变)
p+i	在 p 所在位置后移 i 位后的迭代器(迭代器 p 本身不变)
p-i	在 p 所在位置前移 i 位后的迭代器(迭代器 p 本身不变)
p[i]	返回与 p 所在位置后移 i 位的元素引用
p<p1	如迭代器 p 小于 p1，则返回 true，小即 p 在 p1 之前
p<=p1	如迭代器 p 小于等于 p1，则返回 true，否则返回 false
p>=p1	如迭代器 p 大于等于 p1，则返回 true，大即 p 在 p1 之后
p>p1	如迭代器 p 大于迭代器 p1，则返回 true，否则返回 false

    适配器是用来修改或调整其他类接口的,迭代器适配器便是用来扩展(或调整)迭代器功能的类。当然这样的适配器本身也被称为迭代器,只是这种迭代器是通过改变另一个迭代器而得到的。STL 中定义了两类迭代器适配器:

    (1) 逆向迭代器是一种适配器,它通过重新定义递增运算和递减运算,使其行为正好倒置。这样,使用这类迭代器,算法将以逆向次序处理元素。所有标准容器都允许使用逆向迭代器来遍历元素。

    (2) 插入型迭代器用来将赋值操作转换为插入操作。通过这种迭代器,算法可以执行插入行为而不是覆盖行为。C++标准程序库提供了 3 种插入型迭代器:后插入迭代器(back inserter)、前插入迭代器(front inserter)和普通插入迭代器(general inserter)。它们之间的差别仅在于插入位置。后插入迭代器将一个元素追加到容器尾部。C++标准库中只有向量容器、双端队列容器、列表容器和字符串容器类支持后插入迭代器。前插入迭代器将一个元素追加到容器头部。C++标准库中只有双端队列容器支持前插入迭代器。普通插入型迭代器根据容器和插入位置两个参数进行初始化。普通插入迭代器对所有容器均适合。

    【例 7-12】   应用逆向迭代器和后插入迭代器。

    程序如下:

```
#include <iostream>
#include <vector>
#include <algorithm>
using namespace std;
void main()
{
    int A[] = {1, 2, 3, 4, 5};
    const int N = sizeof(A) / sizeof(int);
    vector<int> col1(A,A+N);
    ostream_iterator< int > output(cout, " " );
    vector<int>::iterator iter;
    vector<int>::reverse_iterator r_iter;              //定义 vector 逆向迭代器

    cout << "List col1 contains: ";
    copy(col1.begin(), col1.end(), output);            //输出初始向量容器 col1 中的元素
    iter=col1.begin();                                 //定义指向初始元素的迭代器
    cout<<"\nThe fist element is: "<<*iter;            //输出第一个元素
    r_iter=col1.rbegin();                              //逆向迭代器指向最后一个元素
    cout<<"\nThe last element is: "<<*r_iter<<endl;    //输出最后一个元素
    back_insert_iterator<vector<int> > b_iter(col1);   //声明后插迭代器
    *b_iter=23;
    back_inserter(col1)=16;
    copy(col1.begin(), col1.end(), output);            //输出后插操作后的向量容器 col1 中的元素
    cout<<endl;
```

```
        for(r_iter=col1.rbegin();r_iter!=col1.rend();r_iter++)//逆向输出向量容器 col1 中的元素
            cout<<*r_iter<<' ';
        cout<<endl;
    }
```

程序运行结果为：

List col1 contains:1 2 3 4 5

The first element is :1

The last element is :5

1 2 3 4 5 23 16

16 23 5 4 3 2 1

2. 迭代器相关的辅助函数

C++标准程序库为迭代器提供了三个辅助函数：advance()、distance()和 iter_swap()。前两个函数提供了所有迭代器一些原本只有随机访问迭代器才有的访问能力，即前进或后退多个元素，以及处理迭代器之间的距离。第三个辅助函数允许用户交换两个迭代器的值。表 7-6 列出了三个辅助函数的功能及函数原型。

表 7-6 三个辅助函数

函　　数	功　　能	函数原型
advance()	可以将迭代器的位置增加，增加的幅度由参数决定，也就是说使迭代器一次前进或后退多个元素。该函数使输入型迭代器前进(或后退)n 个元素，对于双向或随机访问迭代器，n 可以取负值，表示向后访问	void advance(InputIterator pos1, InputIterator pos2);
distance()	该函数可以处理迭代器之间的距离，函数传回两个输入迭代器 pos1 和 pos2 之间的距离，两个迭代器必须指向同一个容器，如果不是随机访问迭代器，则从 pos1 开始往前走，必须能够到达 pos2，即 pos2 的位置必须与 pos1 相同或在后	dist distance(InputIterator pos1, InputIterator pos2);
iter_swap()	该函数可以交换两个迭代器所指向的元素值。函数用于交换迭代器 pos1 和 pos2 所指向的元素值，迭代器的类型不必相同，但是所指向的两个值必须可以相互赋值	void iter_swap(ForwardIterator1 Pos1, ForwardIterator2　pos2);

【例 7-13】　用三个迭代器辅助函数操作列表容器中的元素。

程序如下：

```
#include <iostream>
#include <list>
#include <algorithm>
using namespace std;
int main()
{
    int A[] = {1, 2, 3, 4, 5};
```

```
            const int N = sizeof(A) / sizeof(int);
            list<int> col1(A,A+N);
            ostream_iterator< int > output(cout, " " );
            cout << "List col1 contains: ";
            copy(col1.begin(), col1.end(), output );            //输出初始列表容器 col1 中的元素
            list<int>::iterator pos=col1.begin();               //定义指向初始元素的迭代器
            cout<<"\nThe fist element is: "<<*pos;               //输出第一个元素
            advance(pos,3);                                     //前进三个元素，指向第四个元素
            cout<<"\nThe 4th element is: "<<*pos;                //输出第四个元素
            cout<<"\nThe advanced distance is: "<<distance(col1.begin(),pos);
                                                                // 输出当前迭代器位置与初始位置的距离
            iter_swap(col1.begin(),--col1.end());               //交换列表容器中第一个元素和最后一个元素
            cout << "\nAfter exchange List col1 contains: ";
            copy(col1.begin(), col1.end(), output);             //输出交换元素后列表容器 col1 中的元素
            cout<<endl;
            return();
        }
```

程序运行结果：

List col1 contains:1 2 3 4 5

The first element is: 1

The 4th element is: 4

The advanced distance is: 3

After exchange List col1 contains 5 2 3 4 1

7.4.3 算法(Algorithms)

STL 算法是通用的，每个算法都适合于若干种不同的数据结构，而不是仅仅能够用于一种数据结构。算法不是直接使用容器作为参数，而是使用迭代器类型。这样，用户就可以在自己定义的数据结构上应用这些算法，仅仅要求这些自定义容器的迭代器类型满足算法要求。

算法是用操作容器中的数据的模板函数，STL 提供了大约 100 个实现算法的模板函数。这些算法覆盖了相当大的应用领域。函数本身与它们操作的数据结构和类型无关，因此它们可以在从简单数组到高度复杂容器的任何数据结构上使用，从而使许多代码可以被大大地简化，提高了编程的效率。STL 中几乎所有算法的头文件都是<algorithm>，它是由许多模板函数组成的，其中包括查找算法、排序算法、消除算法、记数算法、比较算法、变换算法、置换算法和容器管理等等。

1．不可变序列算法

不可变序列算法(Non-mutating Algorithm)是指不直接修改所操作的容器内容的算法。表7-7 是该类算法的功能列表。

表 7-7　不变序列算法表

算法名称	功　能
for_each	对区间内的每一个元素进行某操作
find	循环查找
find_if	循环查找符合特定条件者
adjacent_find	查找相邻而重复的元素
find_end	查找某个子序列的最后一次出现点
count	计数
count_if	在特定条件下计数
mismatch	找出不匹配点
equal	判断两个区间是否相等
search	查找某个子序列
search_n	查找连续发生 n 次的子序列

下面给出 adjacent_find、count、count_if 等 3 个不可变序列算法的简单应用。

【例 7-14】　　不可变序列算法对数据进行处理。

程序如下：

```
#include <iostream>
#include <algorithm>
#include <functional>
#include <vector>
using namespace std;
int main()
{
    int iarray[]={0,1,2,3,3,4,5,6,6,6,7,8};
    vector<int> ivector(iarray,iarray+sizeof(iarray)/sizeof(int));
    //找出 ivector 之中相邻元素值相等的第一个元素
    cout<<*adjacent_find(ivector.begin(),ivector.end())<<endl;
    //找出 ivector 之中元素值为 6 的元素个数
    cout<<count(ivector.begin(),ivector.end(),6)<<endl;
    //找出 ivector 之中小于 7 的元素个数
    cout<<count_if(ivector.begin(),ivector.end(),bind2nd(less<int>(),7))<<endl;
    return0;
}
```

程序运行结果为：

3

3

10

2. 可变序列算法

可变序列算法(Mutating Algorithm)可以修改它们所操作的容器的元素。表 7-8 给出了这类算法中包含的通用算法的功能列表。

表 7-8　可变序列算法表

算法名称	功　能
copy	复制区间所有元素
copy_backward	反向复制区间中元素
fill	用某一数值替换区间中的所有元素
generate	填充区间
remove	删除元素
replace	替换元素
reverse	反转区间元素次序
rotate	循环移位操作
swap	交换(对调)元素
swap_ranges	交换区间中的元素

【例 7-15】 　copy 函数使用示例。

程序如下：

```
#include <iostream>
#include <vector>
#include <algorithm>
#include <iterator>
using namespace std;
typedef vector<int> IntVector;
int main()
{
    int arr[10] = {2, 3, 7, 8, 4, 11, 5, 9, 1, 13} ;
    IntVector v(8);
    copy(arr, arr+8, v.begin());
    ostream_iterator<int, char> out(cout, "    ");
    copy(arr, arr+10, out);
    cout<< endl ;
    copy(v.begin(), v.end(), out);
    cout<< endl;
    return 0;
}
```

程序运行结果为：

```
2  3  7  8  4  11  5  9  1  13
2  3  7  8  4  11  5  9
```

3．排序相关算法

STL 中有一系列算法都与排序有关，其中包括对序列进行排序及合并的算法、搜索算法、有序序列的集合操作以及堆操作相关算法。表 7-9 给出这些算法的功能列表。

表 7-9　排序相关算法表

算法名称	功　　能
sort	对区间元素进行排序
stable_sort	对随机访问序列进行稳定排序
partial_sort	对区间元素进行了局部排序
binary_search	用二分法查找与某一值相等元素
lower_bound	用二分法查找与某一值相等元素，返回第一个可插入位置
upper_bound	用二分法查找与某一值相等元素，返回最后一个可插入位置
equal_range	用二分法查找与某一值相等元素，返回一个上下限区间
merge	合并两个有序区间
includes	检查区间中的元素是否包含在另一个区间中
set_union	生成两个集合的并集
set_intersection	生成两个集合的交集
set_difference	生成两个集合的差集
sort_heap	对堆中元素进行排序
min	返回最小值
max	返回最大值

【例 7-16】　排序算法的应用。

程序如下：

```
#include <iostream>
#include <algorithm>
#include <functional>
#include <vector>
using namespace std;
int main()
{
    int iarray[]={26,17,15,22,23,33,32,40};
    vector<int> ivector(iarray,iarray+sizeof(iarray)/sizeof(int));
    copy(ivector.begin(),ivector.end(),ostream_iterator<int>(cout," "));
    cout<<endl;
    //查找并输出最大、最小值元素
    cout<<*max_element(ivector.begin(),ivector.end())<<endl;
    //将 ivector.begin()+4-ivector.begin()各元素排序，放进[ivector.begin(),ivector.begin()+4]区间。
    //剩余元素不保证维持原来相对次序
    partial_sort(ivector.begin(),ivector.begin()+3,ivector.end());
```

```
copy(ivector.begin(),ivector.end(),ostream_iterator<int>(cout," "));
cout<<endl;
//局部排序并复制到别处
vector<int> ivector1(5);
partial_sort_copy(ivector.begin(),ivector.end(),ivector1.begin(),ivector1.end());
copy(ivector1.begin(),ivector1.end(),ostream_iterator<int>(cout," "));
cout<<endl;
//将指定元素插入到区间内不影响区间原来排序的最低、最高位置
cout<<*lower_bound(ivector.begin(),ivector.end(),24)<<endl;
//合并两个序列 ivector 和 ivector1，并将结果放到 ivector2 中
vector<int> ivector2(13);
merge(ivector.begin(),ivector.end(),ivector1.begin(),ivector1.end(),ivector2.begin());
copy(ivector2.begin(),ivector2.end(),ostream_iterator<int>(cout," "));
cout<<endl;
return0;
}
```

程序运行结果为：

```
26 17 15 22 23 33 32 40
40
15 17 22 26 23 33 32 40
15 17 22 23 26
33
15 15 17 17 22 22 23 26 23 26 33 32 40
```

4. 数值算法

STL 提供了四个通用数值算法。这四个算法在 numneric 头文件中定义。表 7-10 给出了这类算法的功能。

表 7-10 数 值 算 法 表

算法名称	功　　能
accumulate	计算给定区间的元素和
partial_sum	计算部分元素和
adjacent_defference	计算两个输入序列的差
inner_product	计算两个输入序列的内积

【例 7-17】 应用数值算法对数据序列进行操作。

程序如下：

```
#include <iostream>
#include <numeric>
#include <functional>
#include <vector>
```

```
using namespace std;
int main()
{
    int iarray[]={1,2,3,4,5};
    vector<int> ivector(iarray,iarray+sizeof(iarray)/sizeof(int));

    //元素的累计
    cout<<accumulate(ivector.begin(),ivector.end(),0)<<endl;
    //向量的内积
    cout<<inner_product(ivector.begin(),ivector.end(),ivector.begin(),10)<<endl;
    //向量容器中元素局部求和
    partial_sum(ivector.begin(),ivector.end(),ostream_iterator<int>(cout," "));
    cout<<endl;
    return0;
}
```

程序运行结果为：

15

65

1 3 6 10 15

7.4.4 适配器(Adapters)

STL 提供了可用于容器、迭代器和函数对象的不同的适配器类。适配器为容器提供了界面。不同类型的适配器应用于特定的容器，允许包含在容器内的对象组成一个不同的数据结构。容器和算法通过迭代器可以进行无缝链接。实际上，字符串(string)也可以认为是 STL 的一部分。3 种标准的容器适配器类的类型有：

(1) 堆栈适配器类：定义于堆栈头文件中，只能在容器的一端插入、删除对象，也称后进先出(last-in-first-out)数据结构。

(2) 队列适配器：定义于队列头文件中，能在容器的末端插入，在容器的前端删除对象，也称先进先出(first-in-first-out)数据结构。

(3) 优先队列适配器：定义于队列头文件中，能往容器中插入有序数据，能从容器前端删除数据，也称顺序先进先出(first-in-order-first-out)数据结构。

【例 7-18】 在向量、双端队列和列表容器中使用的堆栈和队列适配器示例。

程序如下：

```
#include <iostream>
#include <vector>
#include<stack>
#include<list>
#include<queue>
```

```
using namespace std;
int main()
{
    typedef vector<char > vchar;                //向量容器类型
    stack<int> dqStack;
    stack<char,vchar> vecStack;
    char ad []="CONTAINERADAPTOR";
    cout<<"*Using stack adaptor with deque and vector containers*";
    cout<<"\nPushing values into containers…"<<endl;
    for(int i=0;i<10;i++)
    {
       dqStack.push((i+1)*2);
       vecStack.push(ad[i]);
    }
    cout<<"Removing values from containers…"<<endl;
    cout<<"\ndeque container=>";
    while(!dqStack.empty())
    {
        cout<<dqStack.top()<<' ' ;
       dqStack.pop() ;
    }
    cout<<"\nvector container=>";
    while(!vecStack.empty())
    {
       cout<<vecStack.top()<<' ';
       vecStack.pop();
    }
    typedef list<double> lstf;//list container type
    queue<double,lstf> lstQueue;//queue adaptor with a list
    double values[5]={1.1,2.2,3.3,4.4,5.5};
    cout<<"\n\n*Using queue adaptpr with list container*"<<endl;
    cout<<"Pushing values into container…"<<endl;
    for(int j=0;j<5;j++)
    {
        lstQueue.push(values[j]);
    }
    cout<<"Removing values from container…"<<endl;
    cout<<"\nlist container=>";
    while(!lstQueue.empty())
```

```
        {
            cout<<lstQueue.front()<<' ';
            lstQueue.pop() ;
        }
        cout<<"\n\n";
        return0;
    }
```

程序分析：例 7-18 实例化了三个容器适配器：① dqStack 的堆栈适配器与双端队列容器一同使用；② vecStack 的堆栈适配器与向量容器一同使用；③ lstQueue 的队列适配器与列表容器一同使用。在默认情况下，堆栈适配器是与双端队列容器一同执行的，因此不必在 dqStack 适配器声明中指定 deque 容器类型。程序使用这些适配器向这三个容器插入(用 push())和删除(用 pop())值。dqStack 和 vecStack 堆栈适配器使用成员函数来得到存储在容器中的顶端对象的引用，适配器就是使用它实现的。队列适配器要在容器的后端插入，从容器的前端删除，程序中 lstQueue 适配器使用 front()成员函数来得到首先进入容器的对象的引用，然后，它使用 pop()从容器中删除该对象。

程序运行结果为：

Using stack adaptor with deque and vector containers

Pushing values into containers…

Removing values from containers…

deque container=>20 18 16 14 12 10 8 6 4 2

vector container=>A R E N I A T N O C *Using queue adaptpr with list container*

Pushing values into container…

Removing values from container…

7.5　常见编程错误

(Common Programming Errors)

1. 模板头使用一对尖括号<>，而不是{}或[]，以下写法是错误的：

```
template{ class T   }        //****ERROR:should be<class T>
class A {
    //…
};
template[class T] //****ERROR:should be<class T>
class Z {
    //…
};
```

2. 在模板头中指定模板参数时，不能省略关键字 class 或 typename，以下写法是错误的：

```
template<T>       //****ERROR:keyword class missing
class C {
    //...
};
```

3．在模板类的声明之处定义成员函数时，不能省略模板头，以下写法是错误的：

```
template<class T> class Array {
public:
    void m();                        //declaration
//...};
//****ERROR:template header missing
void Array<T>::,m(){... }           //definition
```

正确的写法是：

```
template<class T>
class Array {
public:
    void m();                        //declaration
//...};
template<class T>
void Array<T>::m(){... }  //definition
```

4．在模板类的声明之外定义成员函数时，类名必须出现在模板名和域解析符之间，以下写法是错误的：

```
template<class T> class Array {
public:
    void m();   //declaration
//...};
//****ERROR should be Array<T>::m()
template<class T>
    void Array::,m(){... }
```

5．模板类至少有一个类参数，以下写法是错误的：

```
template<int x>   //****ERROR: no class parameter
class C{
    //...
};
```

6．如果模板类有多个参数，必须用逗号分开，以下写法是错误的：

```
template<class T int x>   //****ERROR:no comma
class C{
        //...
};
```

7. 模板类的每个函数型参数，不管是内置的还是自定义的，都必须在模板头中指定其数据类型，以下写法是错误的：

```
template <class T, x>          //****ERROR: no data type for x
class C{
    //...};
```

8. 只能定义一个模板类实例对象，不能定义一个模板类的对象，以下写法是错误的：

```
template<class T>
class Array{
   //};
Array a1;                      //****ERROR:not an instantiation
Array<T> a2 ;                  //****ERROR:not an instantiation
template<class T>
Array<T> a3;                   //****ERROR:not an instantiation
Array<int> a4 ;                //ok
```

9. 要引用某个 STL 部件，必须包含新的 C++风格的合适的#include，而不是旧风格的头文件。

本 章 小 结

(Chapter Summary)

模板是 C++ 类型参数化的多态工具。所谓类型参数化，是指一段程序可以处理在一定范围内的各种类型的数据对象，这些数据对象呈现相同的逻辑结构。由于 C++ 程序的主要构件是函数和类，所以，C++ 提供了两种模板：函数模板和类模板。模板由编译器通过使用时的实际数据类型实例化，生成可执行代码。实例化的函数模板称为模板函数；实例化的类模板称为模板类。

从语法上讲，要说明一个函数模板，只需将模板说明语句放在一个函数说明的前面，并将相应的参数改为模板参数即可。要说明一个类模板，除了将模板说明语句冠以类说明之前以及设置类中相应的模板参数之外，还要将类模板的名字与模板参数(用尖括号括起来的参数串)一起使用。函数模板可以用多种方式重载。可以用不同的类属参数重载函数模板，也可以用普通参数重载为一般函数。类模板可以从模板类派生；类模板可以从非模板类派生；非模板类可以从类模板派生。

函数模板和类模板可以声明为非模板类的友元。使用类模板，可以声明各种各样的友元关系。类模板可以声明 static 数据成员。实例化的模板类的每个对象共享一个模板类的 static 数据成员。

在 C++ 中，一个发展趋势是使用标准模板类库(STL)，VC 和 BC 都把它作为编译器的一部分。STL 是一个基于模板的包容类库，包括向量、链表和队列，还包括一些通用的排序和查找算法等。STL 的目的是替代那些需要重复编写的通用程序。当理解了如何使用一个 STL 类之后，在所有的程序中不用重新编写就可以使用它。C++ 标准库中容器类可以方便地存储和操作群体数据，用好 C++ 标准库可以大大提高程序的开发效率。至于 STL 更多的内容读者可以通过在 MSDN 联机帮助系统和 SGI 关于 STL 的网站加以了解。

习　题　7

(Exercises 7)

一、选择题

1. 关于函数模板，描述错误的是(　)。
    A. 函数模板必须由程序员实例化为可执行的函数模板
    B. 函数模板的实例化由编译器实现
    C. 一个类定义中，只要有一个函数模板，则这个类是类模板
    D. 类模板的成员函数都是函数模板，类模板实例化后，成员函数也随之实例化

2. 下列的模板说明中，正确的是(　)。
    A. template <typename T1, T2>
    B. template <class T1, T2>
    C. template <class T1, class T2>
    D. template (typename T1, typename T2)

3. 假设有函数模板定义如下：
    template <typename T>
    Max(T a, T b ,T &c)
       {c= a + b;}
下列选项正确的是(　)。
    A. int x, y; char z;   B. double x, y, z;
       Max(x, y, z);   Max(x, y, z);
    C. int x, y; float z;   D. float x; double y, z;
       Max(x, y, z);   Max(x, y, z);

4. 关于类模板，描述错误的是(　)。
    A. 一个普通基类不能派生类模板
    B. 类模板从普通类派生，也可以从类模板派生
    C. 根据建立对象时的实际数据类型，编译器把类模板实例化为模板类
    D. 函数的类模板参数须通过构造函数实例化

5. 建立类模板对象的实例化过程为(　)。
    A. 基类->派生类   B. 构造函数->对象
    C. 模板类->对象   D. 模板类->模板函数

6. 在 C++中，容器是一种(　)。
    A. 标准类   B. 标准对象   C. 标准函数   D. 标准类模板

二、填空题

1. 模板可以用一个代码段指定一组相关函数，称为_____；或者一组相关的类，

称为_____。

　　2. 所有的函数模板都是以关键字_____开始的，关键字之后用_____括起来的是形式参数表。

　　3. 从一个函数模板产生的相关函数都是同名的，编译器用_____的解决方法调用相应的函数。

三、阅读下列程序，写出执行结果

1.
```cpp
#include <iostream>
using namespace std;
template <typename T>
void fun(T &x, T &y)
{ T temp;
    temp = x; x = y; y = temp;
}
void main()
{ int i , j;
    i = 10; j = 20;
    fun(i, j);
    cout << "i = " << i << '\t' << "j = " << j << endl;
    double a , b;
    a = 1.1; b = 2.2;
    fun(a, b);
    cout << "a = " << a << '\t' << "b = " << b << endl;
}
```

2.
```cpp
#include <iostream>
using namespace std;
template <typename T>
class Base
{ public:
    Base(T i , T j) {x = i; y = j;}
    T sum() { return x + y; }
    private:
      T x , y;
} ;
void main()
{ Base<double> obj2(3.3,5.5);
    cout << obj2.sum() << endl;
    Base<int> obj1(3,5);
    cout << obj1.sum() << endl;
```

```
        }
3.  #include <iostream>
    #include <set>
    using namespace std;
    void main()
    {   set<int> s;
        set<int>::iterator pos;
        s.insert(4);
        s.insert(3);
        s.insert(2);
        s.insert(1);
        cout << "s.size:" << s.size() << endl;
        cout << "s:";
        for (pos=s.begin();pos!=s.end();pos++)
                cout << *pos << " ";
        cout << endl;
    }
```

4. 分析下面的程序的运行结果，说明队列的读写过程。

```
    #include<iostream>
    using namespace std;
    const int MaxSize=20;
    template <class Type> class Queue
    {
        Type data[MaxSize];
        int head,tail;
    public:
        Queue(){head=0;tail=0;}
        void clear(){head=0;tail=0;}
        void input(Type& x);
        Type getout();
        int empty()const {return head==tail;}
        void printQueue()const;
        void printData()const;
    };
    template <class Type>
    void Queue<Type>::input(Type& x)
    {
        try{
                if((tail+1)%MaxSize==head) throw 1;
```

```
                tail=(tail+1)%MaxSize;
                data[tail]=x;
        }
    catch(int)
        {
                cout<<"Queue overflow!"<<endl;
        }
}
template <class Type>Type Queue<Type>::getout()
{
Type temp;
        try{
        if((head==tail)) throw 0;
        else{
                head=(head+1)%MaxSize;
                temp=data[head];
            }
    return temp;
        }
    catch(int){
                cout<<"Queue empty!"<<endl;
        }
}
template <class Type>void Queue<Type>::printQueue()const
{
    cout<<"print queue:    "<<endl;
    int h=head,t=tail;
    if(empty()) {cout<<"queue empty"<<endl;return;}
    if(h<t) for(int i=h+1;i<=t;i++)cout<<data[i]<<" ";
    else {
        for(int i=h+1;i<MaxSize;i++) cout<<data[i]<<" ";
        for( i=i%MaxSize;i<=t;i++) cout<<data[i]<<" ";
    }
    cout<<endl;
}
template <class Type>void Queue<Type>::printData()const
{
    cout<<"print data:    "<<endl;
    if(empty()) {cout<<"queue empty"<<endl;}
```

```cpp
    for(int i=0;i<MaxSize;i++)
        cout<<data[i]<<" ";
    cout<<endl;
    cout<<"head at: "<<head<<"    tail at: "<<tail<<endl;
}
void main()
{
    Queue <int>    intQueue;
    int a[]={1,1,2,3,5,8,13,21,34,55,89,144,233,377,610,987,1597,2584,4181};
    cout<<"input:    ";
    int i;
    for(i=0; i<MaxSize-1;i++){
        cout<<a[i]<<" ";
        intQueue.input(a[i]);
    }
    cout<<endl;
    intQueue.printQueue();
    intQueue.printData();
    cout<<"getout:    ";
    for(i=0; i<3;i++)
        cout<<intQueue.getout()<<" ";
    cout<<endl;
    intQueue.printQueue();
    intQueue.printData();  cout<<"input:    ";
    for( i=2; i<4;i++)
    {
        cout<<a[i]<<" ";
        intQueue.input(a[i]);
    }
    cout<<endl;
    intQueue.printQueue();
    intQueue.printData();
    cout<<"getout:    ";
    for(i=0; i<8;i++)
        cout<<intQueue.getout()<<" ";
    cout<<endl;
    intQueue.printQueue();
    intQueue.printData();
    cout<<"input:    ";
```

```
        for( i=5; i<9;i++)
    {
            cout<<a[i]<<" ";
            intQueue.input(a[i]);
    }
        cout<<endl;
        intQueue.printQueue();
        intQueue.printData();
        cout<<"input:    ";
        for( i=0; i<5;i++)
    {
            cout<<a[i]<<" ";
            intQueue.input(a[i]);
    }
        cout<<endl;
        intQueue.printQueue();
        intQueue.printData();
        cout<<"getout:    ";
        for(i=0; i<2;i++)
            cout<<intQueue.getout()<<" ";
        cout<<endl;
        intQueue.printQueue();
        intQueue.printData();
    }
```

四、编程题

1. 使用函数模板实现对不同类型数组求平均值的功能，并在 main()函数中分别求一个整型数组和一个单精度浮点型数组的平均值。

2. 建立结点包括一个任意类型数据域和一个指针域的单向链表类模板。在 main()函数中使用该类模板建立数据域为整型的单向链表，并把链表中的数据显示出来。

3. 浏览 MSDN Library 中 Visual C++的 STL，查阅主要的组件和接口。选择合适的组件，建立一个结点包括职工的编号、年龄和性别的单向链表，分别定义函数完成以下功能：

(1) 遍历该链表输出全部职工信息；

(2) 分别统计出男女性职工的人数；

(3) 在链表尾部插入新职工结点；

(4) 删除指定编号的职工结点；

(5) 删除年龄在 60 岁以上的男性职工或 55 岁以上的女性职工结点，保存在另一个链表中。

主函数建立简单菜单选择，测试程序。建立职工信息链表，并完成题中要求的各种操作。

4．设计一个全局函数模板 int isEqual(T a, T b)和一个模板向量类 Vector，然后编写测试程序，对 int 型、char 型变量和 Vector 类的对象进行相等与否的比较。

5．编程实现优先级队列类的演示。头文件用<queue>，优先级用数表示，压入优先级队列次序是：7→12→9→18，数值越大则优先级越高。

五、思考题

1．抽象类和模板都是提供抽象的机制，请分析它们的区别和应用场合。

2．类属参数可以实现类型转换吗？如果不行，应该如何处理？

3．类模板能够声明什么形式的友元？当类模板的友元是函数模板时，它们可以定义不同形式的类属参数吗？请写个验证程序试一试。

4．类模板的静态数据成员可以是抽象类型吗？它们的存储空间是什么时候建立的？请用验证程序试一试。

第 8 章　输入/输出流

(Input/Output Stream)

****

【学习目标】

  📖 理解输入/输出(I/O)流的基本概念。

  📖 了解输入/输出流类库基本结构和主要类。

  📖 熟悉格式化的输入/输出。

  📖 熟悉文件的读写操作。

****

  在 C++语言中没有定义专门的输入(input)/输出(output)(I/O)操作，但这些操作包含在 C++的实现中，由标准库提供了 C++的输入/输出(I/O)函数和流库，这些标准 I/O 函数继承于 C 语言并在其基础上作了扩充，以支持对文件和窗口等对象的高效读写。标准库所定义的 I/O 类型定义了如何读/写内置数据类型，还可以让程序员使用 I/O 标准库设计自定义对象。在 C++中，I/O 操作是用"流"来处理的。本章不讨论标准库管理中函数的实现机制，重点介绍 I/O 流的基础知识和基本操作。

8.1　流以及流类库结构

(Stream and Stream Class Library Structure)

8.1.1　流的概念(Stream Concept)

  C++输入/输出中的核心对象是流(stream)，表示一个字节序列，流是程序设计对 I/O 系统中对象之间的数据传输的一种抽象，它负责在数据的生产者和消费者之间建立联系，并管理数据流动。流的基本操作包括读入(reading from)和写出(writing to)，也即输入和输出，从流中获取数据的过程称为输入流，向流中添加数据的过程称为输出流，如图 8-1 所示。

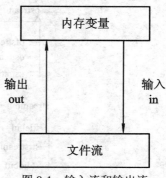

图 8-1　输入流和输出流

下面给出一段使用预定义输入/输出流信息的程序：

```
cout << "What was the total dollar amount of last month's sales?";
cin >> sales;
cout << "How many units did you sell?";
cin >> num;
if (num == 0)
{ cerr << "The average can not be computed.\n"; }        //输出错误信息
else
{
avgsales = sales / num;
cout << "The average selling price per nuit was ";
cout << avgsales << "\n";
}
```

在 C++语言中，输入/输出(I/O)包括三个方面：标准输入/输出(标准 I/O)、外存输入/输出设备(文件 I/O)、内存缓冲区的操作(串 I/O)。其中标准输入/输出主要相对内存变量而言，而非文件流。

当程序与外界环境进行信息交换时，存在两个对象，一个是程序中的对象，另一个是文件对象。凡是数据从一个地方传输到另一个地方的操作都是流操作。流在使用前要被建立，使用后要被删除，还要使用一些特定的操作，从流中获取数据或向流中添加数据。

C++针对流的特点，提供了如图8-2所示的由继承派生关系的层次结构来描述流的行为，并为这些抽象的流类定义了一系列的 I/O 操作函数，所包括的类主要有 ios、istream、ostream、iostream、ifstream、ofstream、fstream、istrstream、ostrstream、strstream 等。表 8-1 中给出了部分流类的简要说明。

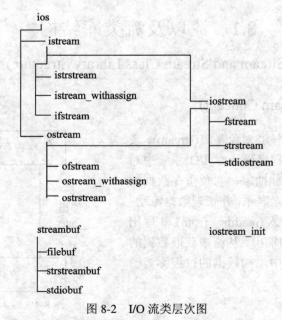

图 8-2　I/O 流类层次图

表 8-1　部分 I/O 流类列表

类　　名	说　　明	所在头文件
抽象流基类 ios	流基类	iostream.h
输入流类 istream	标准输入流类和其他输入流的基类	iostream.h
输出流类 ostream	标准输出流类和其他输出流的基类	iostream.h
输入/输出流类 iostream	标准 I/O 流类和其他 I/O 流类的基类	iostream.h
流缓冲区类 streambuf	抽象流缓冲区基类	iostream.h

　　C++ 提供的 I/O 函数库具有简明可读、类型安全(type safe)和易于扩充的优点，通过运算符的重载定义输入、输出等运算符，为各种用户定义的各类数据创造了方便扩充的条件。在 C 语言中常常使用的<stdio.h>中的 printf()函数很难完成这一功能。

1. 简明与可读性

　　直观地讲，C++提供的 I/O 函数更为简明，增加了可读性。用 I/O 运算符(提取运算符">>"和插入运算符 "<<")代替输入、输出函数名(如 printf，scanf 等)是一个很大的改进。例如，从下面的两个输出语句可以反映出二者之间的差别：

```
printf("n=%d,a=%f\n", n, a);
cout<<"n="<<n<<",a="<<a<<endl;
```

　　虽然两种语言的输出结果一样，但在编写程序语句和阅读它们时，感觉却是不同的。后者更为简洁、直观，掌握 C 语言编程的程序员都会很容易掌握这种形式。

2. 类型安全(type safe)

　　所谓类型安全，是指在进行 I/O 操作时不应对参加输入/输出的数据在类型上发生不该有的变化。仍以最简单的输出语句为例，下面是一个显示颜色值 color 和尺寸 size 的简单函数：

```
void show(int color, float size)
{
    cout<<"color="<<color<<",size="<<size<<endl;
}
```

　　在这个函数的调用过程中，编译器将自动按参数的类型定义检查实参的表达式，显示的结果中，第一个自然是整数值，第二个 size 是浮点类型值。如果采用 printf()函数，由于其参数中的数据类型必须由程序员以参数格式%d、%f、%c、%s 的形式给出，同样实现上述函数 show()，就可能产生编译器无法解决的问题，如下程序：

```
void show(int color,float size)
{
    printf("color=%f,size=%d\n", color, size);
}
```

　　程序在输出时就可能产生错误，这时输出数据的类型：color 是 int 型，size 是 float 型，但 printf 中对应的参数却正好相反。由此可见，C 语言的 I/O 系统是类型不安全的，而 C++ 语言的 I/O 系统是类型安全的。

3. 易于扩充

在 C++的 I/O 系统的流类的定义中，把 C 语言中的左、右移位运算符"<<"和">>"，通过运算符重载方法，定义为插入(输出)和提取(输入)运算符。这为各种用户定义的类型数据的输入/输出创造了很好的条件。而在 stdio.h 文件中说明的 printf()函数却很难做到这一点。例如：用户可以容易地对新的类型数据的输出来重载运算符"<<"。它可以作为用户定义的类型(例如类 complex)的友元函数来定义，如：

```
friend ostream & operator<<(ostream & s, complex c)
{
    s<<'('<<c.re<<','<<c.im<<')';
    return s;
}
```

8.1.2 流类库(Stream Class Library)

流类库是按面向对象方法组织的许多个流类的类层次集合，它主要由两个流类层次 streambuf 和 ios 组成，streambuf 类及其子类主要完成信息通过缓冲区的交换；ios 类及其子类是在 streambuf 类实现的缓冲区信息交换的基础上，增加了各种格式化的输入/输出控制方法。所谓缓冲区，就是一个队列的数据结构。下面首先简要介绍流类库中的各个流类，然后详细介绍两个流类层次：streambuf 和 ios。

1. 各个流类简介

1) ios 类

ios 类是所有流类的父类，以枚举方式定义一系列与 I/O 有关的状态标志、工作方式等常量，包括设置域宽、数据精度等输入、输出格式的成员函数，流的缓冲区指针是其数据成员。同时，类 ios 作为虚基类派生了输入流类 istream 和输出流类 ostream。

2) streambuf 类

Streambuf 类负责管理流缓冲区，包括设置缓冲区和在缓冲区与输入、输出流之间存取字符的操作的成员函数。

3) istream 类和 ostream 类

这两个类除继承了类 ios 的成员外，主要为 C++的系统数据类型分别对于运算符">>"和"<<"进行重载，是输入、输出的基础类，用以完成流缓冲区中字符格式化和非格式化之间的转换处理。

4) iostream 类

iostream 类同时以 istream 和 ostream 为基类，通过共享两个父类的接口，能够在同一个流上实现输入和输出操作。

5) istream-withassign 类

istream-withassign 类是 istream 类的派生类，主要增加了输入流(对象)之间的赋值"="运算。

6) ostream-withassign 类

ostream-withassign 类是 ostream 类的派生类，主要增加了输出流(对象)之间的赋值 "=" 运算。

7) iostream-withassign 类

iostream-withassign 类是 iostream 的派生类。允许输入/输出对象的赋值和拷贝操作。

这八个类(包括 istream 和 ostream 类)的继承关系如图 8-3 所示，大多数 I/O 操作函数包括在 ios 类、istream 类、ostream 类和 iostream 类中。名字带有 "withassign" 的三个类，实际补充了流对象的赋值操作。streambuf 类与 ios 类间无继承关系，是两个平行基类，当 I/O 操作需要使用 I/O 缓冲区时，可以创建缓冲区对象，通过流缓冲区指针完成有关缓冲区的操作。

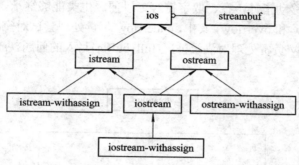

图 8-3　流类库的基本结构

2. 流类库中的两个主要层次

1) 输入/输出流类(ios)

ios 类及其派生类是在 streambuf 类实现的通过缓冲区信息交换的基础上，进一步增加了各种格式化的输入/输出控制方法。图 8-4 列出了类型之间的集成关系树。

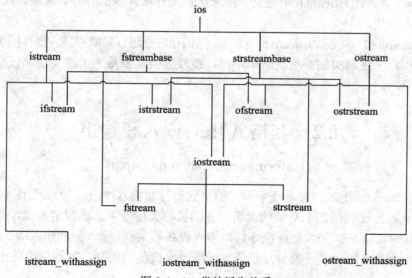

图 8-4　ios 类的派生关系

其中包含三个主要的 I/O 类型：iostream、fstream、sstream。其中，iostream 定义读写控制窗口的类型；fstream 定义读写已命名文件的类型；sstream 定义用于读写内存中存储的 string 对象的类型。fstream 和 stream 从 iostream 头文件定义的相关类型中派生出来。ios 类及其派生类均含有一个指向 streambuf 类的指针，通过 streambuf 类代理物理设备操作，从类 ios 开始，逐级派生，形成较为复杂的结构。为此，需要逐级了解其相关父类的 public 和 protected 类型的成员函数及变量。

2) 流缓冲区类(streambuf)

C++的 I/O 类库中的 streambuf 类用来提供物理设备的接口，该类及其派生类主要完成信息通过缓冲区的交换。缓冲区由一段预留的字符存储空间和两个指针组成，分别指向字符要被插入或取出的位置。streambuf 类定义了一组缓冲或处理流的通用方法，诸如设置缓冲区，读写缓冲区，移动指针，存、取字符等，以便派生类能够继承。streambuf 类还包括两个虚函数：underflow 和 overflow，其中，underflow 负责处理尝试对空缓冲区(empty buffer)读的问题，而 overflow 负责处理对满缓冲区(full buffer)写入的问题。streambuf 类有三个派生类，如图 8-5 所示。

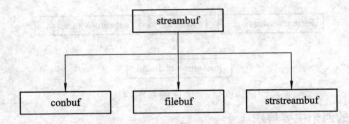

图 8-5　流缓冲区类的派生关系

(1) conbuf 类，在 constream.h 中定义，提供光标控制、清屏，定义活动窗口等控制台操作接口和 I/O 缓冲区管理功能。

(2) filebuf 类，在 fstream.h 中定义，用来维护文件缓冲区的打开、关闭、读、写，建立磁盘文件的内存代理。

(3) strstreambuf 类，在 strstream.h 中定义，提供在内存进行提取和插入操作的缓冲区管理。

可以看到，上述两类的类层次结构不同，缓冲区类主要是为了将高层和低层的输入/输出方法进行分离。

8.2　非格式化的输入和输出

(Unformatted Input and Output)

非格式化输入/输出是指按系统预定义的格式进行的输入/输出。在头文件 iostream.h 中除了类的定义外，还包括四个对象的说明，它们被称为标准流，或预定义流，分别为：

(1) 标准输入流 cin，一般与键盘等标准输入设备相关联，读入标准输入的 istream 对象。

(2) 标准输出流 cout，一般与显示器等标准输出设备相关联，写到标准输出的 ostream 对象。

(3) 非缓冲型错误信息流 cerr，与标准输出设备相关联，常用于程序错误信息。

(4) 缓冲型错误信息流 clog，与标准输出设备相关联。

因为标准输入流 cin 和标准输出流 cout 已经预先定义，所以只需包含头文件 iostream.h 即可，该头文件已经对有关的类和对象流进行了说明，并存储在其中。

与 cin 和 cout 的使用方法类似，cerr 和 clog 类均用来输出错误信息，它们的使用方法与 cout 基本相同，区别在于它们所关联的设备始终是控制显示器，而不像 cout 那样随着关联设备的改变而变化。cerr 不同于 clog，区别主要在于信息是否进行缓冲，cerr 对输出的错误信息不缓冲，将发送给它的内容立即输出；而 clog 对输出的错误信息进行缓冲，当缓冲区满时才进行输出。此外，也可利用刷新流的方式强迫刷新缓冲区导致显示输出。

8.3　格式化的输入和输出

(Formatted Input and Output)

有时需要按特定的格式进行输入/输出，例如，设定输出宽度、浮点数的输出精度等。C++提供了两种格式控制函数用来控制输入/输出的格式：ios 类中定义的格式控制成员函数和基于流对象的操纵符。

8.3.1　ios 类中定义的格式控制标志(Formatting Flags in Class ios)

ios 类中定义了一个数据成员：格式控制标志字 long x_flags。x_flags 每一位的状态值用枚举符号常量定义，例如：

```
enum{
    skipws   =0x0001,          //跳过输入空格
    left     =0x0002,          //输出左对齐调整
    right    =0x0004,          //输出右对齐调整
    internal =0x0008,          //输出符号和基指示符后的填补
    dec      =0x0010,          //转换为十进制 (in/out)
    oct      =0x0020,          //转换为八进制 (in/out)
    hex      =0x0040,          //转换为十六进制 (in/out)
    showbase =0x0080,          //输出显示基指示符
    showpoint=0x0100,          //输出显示小数点
    uppercase=0x0200,          //大写十六进制输出
    showpos  =0x0400,          //正整数显示前加上 "+"
    scientific=0x0800,         //输出用科学表示法表示浮点数
    fixed    =0x1000,          //输出用固定小数点表示浮点数
    unitbuf  =0x2000,          //在输出操作后刷新所有流
    stdio    =0x4000           //在输出后刷新 stdout 和 stderr
};
```

这个枚举定义指出标志状态字的各个不同的位所控制的不同功能。例如，dec=0x0010 说明其右第 5 位控制数据是否为十进制格式。

8.3.2　操作符(Manipulator)

　　C++标准库提供了标准的操作符专门操控流的状态,以免直接使用格式控制标志字去处理。操作符分为带参数和不带参数两种。不带参数的操作符定义在头文件 iostream.h 中,如表 8-2 所示。带参数的操作符定义在头文件 iomanip.h 中,如表 8-3 所示。

表 8-2　iostream.h 中的操作符

操作符	用 法 举 例	结 果 说 明
dec	cout<<dec<<intvar; cin>>dec>>intvar;	将整数转化为十进制格式输出 将整数转化为十进制格式输入
hex	cout<<hex<<intvar; cin>>hex>>intvar;	将整数转化为十六进制格式输出 将整数转化为十六进制格式输入
oct	cout<<oct<<intvar; cin>>oct>>intvar;	将整数转化为八进制格式输出 将整数转化为八进制格式输入
ws	cin>>ws;	忽略输入流中的空格
endl	Cout<<endl;	插入换行符,刷新流
ends	Cout<<ends;	插入串最后的串结束符
flush	Cout<<flush;	刷新一个输入流

表 8-3　iomanip.h 中的操作符

操作符	用 法 举 例	结 果 说 明
setprecision(int)	cout<<setprecision(6)	输出浮点数精度为6位小数
	cin>>setprecision(15)	输入浮点数精度为15位小数
setw(int)	cout<<setw(6)<<var;	输出数据宽度为6
	cin>>setw(24)>>buf;	输入数据宽度为24
setiosflags(long)	cout<<setioflags(ios::hex|ios::uppercase)	指定数据输出的格式为十六进制格式且用大写字母输出
	cin>>setioflags(ios::oct|ios::skipws)	指定数据输入的格式为八进制格式且跳过输入中的空白
resetiosflags(long)	cout<<resetiosflags(ios::dec)	取消数据输出的格式为十进制格式
	cin>>resetiosflags(ios::hex)	取消数据输入的格式为十六进制格式

8.3.3　格式化输入和输出的简单应用(Simple Application of Formatted Input and Output)

1. 输出宽度

可以通过使用 setw()操作符和 width()成员函数来为每个项指定输出宽度。

【例 8-1】　以下程序为 values 数组中每个元素指定输出宽度为 10。

```
#include <iostream>
using namespace std;
int main()
{
```

```
        double values[]={1.23,35.36,653.7,45};
        for(int i=0;i<4;i++){
              cout.width(10);cout<<values[i]<<'\n';}
        return0;
        }
```

【例 8-2】　输出形式同例 8-1。

```
#include <iostream>
#include <iomanip>        //流控制头文件, 包含一些流格式控制的函数、方法
using namespace std;
int main()
{
      double values[]={1.23,35.36,653.7,45};
      for(int i=0;i<4;i++){
            cout<< setw(10)<< values[i]<<'\n';}
      return0;
      }
```

setw()和 width()都不截断数值。如果数值位超过了指定宽度, 则显示全部值。

2. 对齐方式

输出流默认为右对齐文本, 可以根据需要自己设定对齐方式, 比如将前面例子中的对齐方式改为左对齐姓名和右对齐数值, 例如:

```
#include <iostream>
#inlcude <iomanip>
using namespace std;
int main(){
      double values[]={1.23,35.4,653.2,4214.34};
      char *names[]={"Zoot","Jimmy","A1","Stan"};
      for(int i=0;i<4;i++)
            cout<<setiosflags(ios::left ) <<setw(6)        //左对齐, 宽度为 6
            <<names[i]<<resetiosflags(ios::left)
             <<setw(10)<<values[i]<<endl;
return0;
      }
```

此处,通过使用带参数的 setiosflags 操作符设置左对齐,参数是 ios::left。通过 resetiosflags 操作符取消左对齐。

3. 精度控制

浮点数输出精度的默认值是 6。为改变精度, 可以使用 setprecision 操作符, 该操作符有两个标志, ios::fixed 和 ios::scientific, 前者浮点数使用普通记数法表示, 后者浮点数使用科学记数法表示。

【例 8-3】 控制输出精度范例。

```cpp
#include <iostream>
#include <iomanip>
using namespace std;
int main(){
    double values[]={1.23,35.36,657.6,778.2};
    char* names[]={"Zoot","Jimmy","A1","Stan"};
    for(int i=0;i<4;i++)
        cout<<setiosflags(ios::left)<<setw(6)<<name[i]
        <<resetiosflags(ios::left)<<setw(6)<<setiosflags(ios::fixed)
        <<setprecision(1)<<values[i]<<endl; //设置浮点数的输出精度为 1 位
    return0;
}
```

8.4　文件的输入和输出

(File Input and Output)

8.4.1　文件与流(File and Stream)

文件是计算机的基本概念，一般指存储于外部介质上的信息集合。在程序中，文件的概念不单是狭义地指硬盘上的文件，所有的有输入/输出功能的设备，例如键盘、控制台、显示器、打印机都被视为文件。每个文件应有一个包括设备及路径信息的文件名。其中外部介质主要指硬盘，也可包括光盘或磁带等。信息是数据和程序代码的总称。文件分为文本文件和二进制文件，前者以字节(byte)为单位，每字节对应一个 ASCII 码，表示一个字符，故又称字符文件。二进制文件以字位(bit)为单位，是由 0 和 1 组成的序列。例如，整数"1245"以文本形式存储占用四个字节，以二进制形式存储则可能只占用两个字节(16 bits)。

对程序员来讲，文件只与信息的输入/输出相关，而且这种输入/输出是串行序列形式的。于是，文件的概念被抽象为"流"(stream)。C++的 I/O 系统定义了一系列由某种继承派生关系的流类，并为这些抽象的流类定义一系列的 I/O 操作函数，当需要进行实际的 I/O 操作时，只需创建这些类的对象(称为流)，并令其与相应的物理文件(硬盘文件名或外设名)相联系。

因此，文件可以说是个物理概念，而流则是一个逻辑概念。I/O 操作针对抽象的流进行定义，对文件的 I/O 操作，其前提是将文件与一个(对象)流相联系，这是 C++的 I/O 系统的基本原理。

8.4.2　文件的打开和关闭(File Open and Close)

为了对一个文件进行 I/O 操作，即读/写操作，必须首先打开文件，I/O 操作完成后再将其关闭。对于 C++的 I/O 系统来说，打开工作包括在流(对象)的创建工作之中。流的创建由对应流类的构造函数完成，其中包括把创建的流与要进行读/写操作的文件名联系起来，并打开这个文件。

　　文件流可分别对于 ifstream 类、ofstream 类和 fstream 类说明其对象的方式创建。三个类的构造函数为：

　　(1) ifstream::ifstream(char * name,int mode=ios::in,int file_attrb=filebuf::openprot)；

　　ifstream 类是系统提供给用户处理输入文件流的。因为 ifstream 类从 istream 类公有派生产生，所以 ifstream 类的对象可以使用 istream 类中定义的所有公有操作和公有成员函数。

　　(2) ofstream::ofstream(char * name,int mode=ios::out,int file_attrb=filebuf::openprot)；

　　ofstream 类是系统提供给用户处理输出文件流的。因为 ofstream 类从 ostream 类公有派生产生，所以 ofstream 类的对象可以使用 ostream 类中定义的所有公有操作和公有成员函数。

　　(3) fstream::fstream(char * name,int mode,int file_attrb=filebuf::openprot)；

　　fstream 类是系统提供给用户处理输入/输出文件流的。因为 fstream 类从 iostream 类公有派生产生，而 iostream 类从 istream 和 ostream 类公有派生产生，所以 fstream 类的对象可以使用"＞＞"、"＜＜"以及其他 istream 类和 ostream 类中定义的公有成员函数，其中 openprot=0。

　　上述三个构造函数的参数说明如下：

　　(1) 第一个参数为文件名字符串(包括路径)。

　　(2) 第二个参数为对文件进行的 I/O 模式，其值已在 ios 中定义(如表 8-4 所示)。参数 mode 可缺省，文件流为输入文件流时，其缺省值为 in；为输出文件流时，缺省为 out。

表 8-4　文件 I/O 模式

模　式	功　能　说　明
ios::app	追加数据，总是加在源文件的尾部
ios::ate	在打开的文件上找到文件尾
ios::in	为输入打开文件(默认对 ifstream 适用)
ios::out	为输出打开文件(默认对 ofstream 适用)
ios::binary	打开二进制文件
ios::trunc	如果文件存在，则消去原内容
ios::nocreate	如果文件不存在，打开失败
ios::noreplace	如果文件存在，打开失败，除非设置了 ate 和 app

　　(3) 第三个参数为文件属性(可以缺省)，其类型值在 filebuf 类中定义，其值如表 8-5 所示。

表 8-5　文件属性参数

标　志	含　义
0	普通文件
1	只读文件
2	隐藏文件
4	系统文件
8	档案文件

【例 8-4】 创建一个输出文件流并输出一串字符的程序可写为:

```
# include<fstream>
using namespace std;
int main()
{
    ofstream output("hello.dat");        //初始化输出流对象
    output<<"Hello world!"<<endl;
    return0;
}
```

用于输入的文件流和同时读写的文件 I/O 操作类似,只须对 ifstream 类和 fstream 类创建对象即可。

C++的 I/O 系统还为用户提供了 open 函数和 close 函数来完成上述工作,其方式是:用 open()和 close()来代替构造函数和析构函数。其方法是:

```
# include<fstream>
using namespace std;
int main()
{
    ofstream output;
    output.open("hello.dat");
    output<<"Hello world!"<<endl;
    output.close();              //关闭 output 对象
    return0;
}
```

open 函数的参数与关于构造函数的说明一致。

参数中的文件名 name 亦可选用设备文件名,如表 8-6 所示。

表 8-6 设 备 表

设 备	说 明
CON	指输入时的键盘,输出时的显示器
CPT1	指输出的打印机
COM1,COM2	可用于I/O的串行口1、2

例如可定义打印机输出流:

```
ofstream prt("LPT1");
prt<<"to printer"<<endl;
```

如果把流 prt(的地址)赋给流 cout,即

```
cout=prt;
```

则流 cout 不再与显示器相连,而是与打印机相连,这时,

```
        cout<<"Hello world!"<<endl;
```
可由打印机输出。

8.4.3　读/写文本文件(Reading and Writing Text Files)

1．文本文件的读/写

一旦文件被成功打开，文件中的文本数据信息的读/写操作与控制台文件信息的输入/输出操作就完全一致。从流类库的定义说明中可以知道，用于文本数据输入和输出的运算符"＞＞"和"＜＜"分别在输入流类 istream 和输出流类 ostream 中定义，而用于文件读/写的流类 ifstream、ofstream 和 fstream 是 istream 和 ostream 的派生类，它们之间的层次关系是显然的，"＞＞"和"＜＜"也是 ifstream、ofstream 和 fstream 的运算符，但调用时，必须用 ifstream、ofstream 或 fstream 流类对象替代控制台文本信息输入/输出使用的输入流类对象(如 cin)和输出流类对象(如 cout)。

文件读/写的流类层次关系如图 8-6 所示。

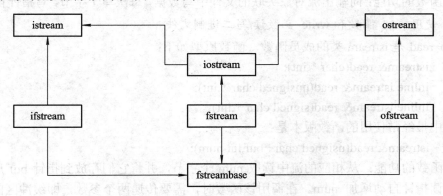

图 8-6　文件读/写的流类层次关系

2．二进制文件的读/写

任何文件中无论包含的是文本数据还是二进制数据，都能以文本方式或二进制方式打开。也就是说，文件的打开方式并不能保证文件数据的形式和含义，而确保文件数据的形式和含义的关键是如何对文件的数据进行读/写。二进制文件中的数据直接将数据在内存中存放的形式映像到文件中，因此在读/写过程中不能发生任何转换。显然，这样的读/写操作不能使用输入运算符"＞＞"和输出运算符"＜＜"完成。

C++的 I/O 系统对二进制文件的读/写操作包括两种类型：

① 使用 get 和 put 函数完成；

② 使用 read 和 write 函数完成。

1) 使用 get 函数和 put 函数读/写二进制文件

(1) get 是 istream 类的成员函数。函数原型如下：

```
        inline istream& get(char *,int, char ='\n');
        inline istream& get(unsigned char *,int, char ='\n');
        inline istream& get(signed char *,int, char ='\n');
```

```
istream& get(char &);
inline istream& get(unsigned char &);
inline istream& get(signed char &);
istream& get(streambuf&,char ='\n');
```

其中最经常使用的函数版本是：

```
istream& get(unsigned char &);
```

该函数的功能：从输入流对象关联的文件中读数据，每次读 1 字节，读指针自动增加 1。

(2) put 是 ostream 类的成员函数。函数原型如下：

```
inline ostream& put(char);
ostream& put(unsigned char);
inline ostream& put(signed char);
```

其中最经常使用的函数版本是：

```
ostream& put(char ch);
```

该函数的功能：向输出流对象关联的文件中写数据，每次写 1 字节，写指针自动增加 1。

2) 使用 read 函数和 write 函数读/写二进制文件

(1) read 是 istream 类的成员函数。函数原型如下：

```
istream& read(char *,int);
inline istream& read(unsigned char *,int);
inline istream& read(signed char *,int);
```

其中最经常使用的函数版本是：

```
istream& read(usigned char *buf,int num);
```

该函数的功能：从相应的流中读取 num 个字节，并将它们存放到指针 buf 所指的缓冲区中，读指针自动增加 num。在调用该函数时，需要传递两个参数，即缓冲区的首地址和从文件中读取的字节数，其调用格式如下：

```
read(缓冲区首址, 读入的字节数);
```

这里需要注意："缓冲区"的数据类型为 unsigned char，如果读取的数据为其他类型时，则须进行类型转换，例如：

```
int array[] = {50, 60, 70};
read((unsigned char*)&array, sizeof(array));
```

如果 num 指定的字节数大于当前读指针到文件尾的字节数，则读指针达到文件尾就自动停止执行。另一个成员函数 gcount 可以告诉用户当前有多少字节被读出。该函数原型如下：

```
int gcount();
```

(2) write 是 ostream 类的成员函数。函数原型如下：

```
ostream& write(const char *,int);
inline ostream& write(const unsigned char *,int);
inline ostream& write(const signed char *,int);
```

其中最经常使用的函数版本是：

　　　　ostream& write(const unsigned char *buf,int num);

　　该函数的功能：从 buf 所指向的缓冲区中将 num 个字节写到相应的文件中，写指针自动增加 num。在调用该函数时，所需参数与 read 类似。

8.5　常见编程错误
(Common Programming Errors)

　　1．使用任何输入/输出流类或系统的不带参数操作符时(例如 endl)，应当至少包含一个输入/输出头文件(例如 iostream)，否则就是错误的。

　　2．使用任何文件输入/输出流类必须包括 fstream 头文件，否则就是错误的。

　　3．使用任何字符流输入/输出类必须包括 sstream 头文件，否则就是错误的。

　　4．使用带参数的系统操纵符必须包括 iomanip 头文件，否则就是错误的。

　　5．当重载的操作符"＞＞"用于读取字符串且域宽设为 n≠0 时，如果你认为无论有没有空格，都会读取并存储下 n 个字符，那就大错特错了。因为在默认情况下，读取操作符将忽略空格，直到读了 n−1 个非空格字符或者遇到下一个空格，然后在最后添加一个 null 结束符。例如，如果输入为(前面三个字符为空格)：

　　　　□□□Pepper

　　如下代码：

　　　　char a[10];

　　　　cin>>setw(6) >>a;

读取并存储："Peppe" 到数组 a 中，并在其后添加 '\0'.

　　如果输入为：

　　　　□□□Dr□Pepper

　　如下代码：

　　　　char a[10];

　　　　cin>>setw(6)>>a;

读取并存储："Dr" 到数组 a 中，并在其后添加 '\0'.

　　6．操作符必须返回更改后的流对象。下面的代码是错误的：

```
    void bell( ostream& os)
    {  //错误：必须返回被修改的流
       os<<"\a";
    }
        应该这样改正：
    ostream&   bell(ostream& os)
    {   return os<<"\a";   }
```

　　7．如果文件未被关闭，则文件输出缓冲区中的数据不会被清空。有两种方式可以关闭文件：显式地调用 close 成员函数关闭或由析构函数间接关闭。

本 章 小 结
(Chapter Summary)

本章介绍了流的概念和流类库的结构及使用。虽然 C++语言没有输入/输出语句，但 C++拥有 I/O 流类库。流是 I/O 流类的核心概念。每个流都是一种与设备相联系的对象。一个输出流对象是信息流动的目标，一个输入流对象是数据流出的源头，输入/输出流对象既可以是源头，也可以是目标。

I/O 流类库含有两个平行的基类：streambuf 和 ios，所有的流类都是由它们派生而来，使用这些流类库时，需要包含相应的头文件。对于系统的基本数据类型，可以用插入运算符"<<"和提取运算符">>"，通过 cin 和 cout 进行输入/输出。对于特殊情况，可以使用格式化输入/输出方法、ios 类成员函数或者操作符。

习 题 8
(Exercises 8)

一、选择题

1. 关于 getline()函数的下列描述中，( )是错误的。
    A. 该函数是用来从键盘上读取字符串
    B. 该函数读取的字符串长度是受限制的
    C. 该函数读取字符串时，遇到终止符时便停止
    D. 该函数中所使用的终止符只能是换行符

2. 下列关于 read()函数的描述中，( )是对的。
    A. 该函数是用来从键盘的输入获取字符串
    B. 该函数所获取的字符多少是不受限制的
    C. 该函数只能用于文本文件的操作中
    D. 该函数只能按照规定读取所指定的字符串

3. 下列输出字符"A"的方法中，( )是错误的。
    A. cout<<put('A');   B. cout<<'A';
    C. cout.put('A');   D. char A = 'A';cout<<A;

4. C++语言本身没有定义 I/O 操作，但 I/O 操作包含在 C++实现中。C++标准库 iostream.h 提供了基本结构。I/O 操作分别由两个类 istream 和( )提供。
    A. iostream   B. iostream.h   C. ostream   D. cin

5. cin 是( )的一个对象，处理标准输入。
    A. isteam   B. ostream   C. cerr   D. clog

6. 在 ios 类中有 3 个成员函数可以对状态标志进行操作，( )函数是用来设置状态标志的函数。

    A. long ios::unsef(long flags)　　　　B. long ios::flags()

    C. long ios::setf(long flags)　　　　　D. long ios::width(int n)

二、填空题

1. 在 C++中"流"是表示_____。从流中取得数据称为_____，用符号_____表示；向流中添加数据称为_____，用符号_____表示。

2. 类_____是所有基本流类的虚基类，它有一个保护访问限制的指针指向类_____，其作用是管理一个流的_____。

3. C++在类 ios 中定义了输入/输出格式控制符，它是一个_____。该类型中的每一个量对应两个字节数据的一位，每一个位代表一种控制，如要取多种控制时可用_____运算符来合成，放在一个_____访问限制的_____数中。所以这些格式控制符必须通过类 ios 的_____来访问。

4. EOF 为_____标志，在 iostream.h 中定义 EOF 为_____，在 int get()函数中读入表明输入流结束标志_____，函数返回_____。

5. C++根据文件内容的_____可分为两类：_____和_____，前者存取的最小信息单位为_____，后者为_____。

6. 当系统需要读入数据时是从_____文件读入，即_____操作。而系统要写数据时，是写到_____文件中，即_____操作。

7. 在面向对象的程序设计中，C++数据存入文件称做_____，而由文件获得数据称做_____。

8. 文件的读/写可以是随机的，意思是_____，也可以是顺序的，意思是_____或_____。

9. 类_____支持输入操作，类_____支持输出操作。

10. C++有两种方式控制格式输出，一种是用流对象的_____，另一种是用_____。

11. C++语言本身没有定义 I/O 操作，I/O 操作包含在 C++实现中。C++标准库 iostream 提供了基本的 I/O 类。I/O 操作分别由两个类_____和_____提供。由它们派生出的类_____，提供双向 I/O 操作。使用 I/O 流的程序需要包含_____。

12. 在 C++中，打开一个文件就是将这个文件与一个_____建立联系；关闭文件，就是取消这种关联。

13 若定义 cin>>str; 当输入 Object Windows Programming!，所得的结果是_____。

14. 在磁盘文件操作中，打开磁盘文件的访问模式常量时，_____是以追加方式打开文件的。

15. 文件的读/写可以是随机的，意思是_____，也可以是顺序的，意思是_____或_____。

三、问答题

1. 下面输出语句正确吗？为什么？

    cout<<x?1:0;

2. 为什么 cin 输入时，空格和回车无法读入？这时可改用哪些流成员函数？

3. 文件的使用有它的固定格式，请作简单介绍。

4. 二进制文件读函数 read()能否知道文件是否结束？应怎样判断文件结束？

5. 文件的随机访问为什么总是用二进制文件，而不用文本文件？

四、给出下列程序的执行结果

1.
```cpp
#include <iostream>
using namespace std;
void main()
{
    cout.fill('*');
    cout.width(10);
    cout<<123.45<<endl;
    cout.width(8);
    cout<<123.45<<endl;
    cout.width(4);
    cout<<123.45<<endl;
}
```

2.
```cpp
#include <iostream.h>
#include <fstream.h>
#include <stdlib.h>
void main()
{
    fstream file;
    file.open("text1.dat",ios::in|ios::out);
    if(!file)
    {
        cout<<"text1.dat can't open"<<endl;
        abort();
    }
    char textline[]="123456789\nabcdefghi\0";
    for(int i=0;i<sizeof(textline);i++)
    file.put(textline[i]);
    file.seekg(0);
    char ch;
    while (file.get(ch))
    cout<<ch;
    file.close();
}
```

3.
```cpp
#include <iostream>
using namespace std;
#include <fstream.h>
#include <stdlib.h>
void main()
```

```
    {
        char ch;
        fstream file;
        file.open("abc.dat",ios::outlios::inlios::binary);
        if(!file)
        {
            cout<<"abc.dat 文件不能打开"<<endl;
            abort();
        }
        file<<"12 34 56"<<endl;
        file.seekg(0,ios::beg);
        while(!file.eof())
        {
            streampos here=file.tellg();
            file.get(ch);
            if(ch==' ')
            cout<<here<<" ";
        }
        cout<<endl;
    }
```

五、编程题

1. 编写程序，通过设置 showbase 标志强制输出整型数值的基数，包括强制整型数按十进制、八进制和十六进制格式输出。

2. 编写一个程序，将 data.dat 文件中的内容在屏幕上显示出来并拷贝到 data1.dat 文件中。

3. 编写一个程序，统计文件 abc.txt 的字符个数。

4. 编写一个程序，将 abc.txt 文件的所有行加上行号后写到 abc1.txt 文件中。

5. 编写一个程序对于上题建立的 data.dat 文件按照记录号进行查询并显示。

6. 编程求 100 以内素数，并将运行结果存入文件。

第9章 异常处理

(Exception Handling)

****

【学习目标】

   📖 理解异常处理的基本概念。

   📖 了解异常处理的运行机制及意义。

   📖 熟悉标准异常处理的使用方法。

   📖 学习并掌握编写异常处理程序。

****

在设计各种软件系统时，处理程序中的错误和其他异常行为是最重要和最困难的部分之一。在设计良好的系统中，异常是程序错误处理的一部分，当程序代码检查到无法处理的问题时，需要程序将控制权转移到可以处理该问题的程序中，以进行处理。使用异常处理，程序中独立开发的各部分能够就程序执行期间出现的问题相互协调，一部分程序无法解决的问题可以将问题传递给其他部分进行解决。这在大型程序开发中尤其重要。

9.1 异常的概念

(Exception Concept)

异常是指程序运行时出现的不正常情况，包括运行时发生的错误，如除数为零、存储空间不足或遇到意外的非法输入等等。异常存在于程序的正常功能之外，并要求程序立即处理。通过异常可以将问题的检测和解决分离，方便了程序的开发和设计。

异常处理提供了一种标准的方法以处理错误，发现可预知或不可预知的问题。这种方法允许开发者识别、查出和修改错漏之处。使用异常处理，程序中独立开发的各部分能够就程序执行期间出现的问题相互通信，并处理这些问题。异常处理是 C++语言的一个重要特征，它提出了出错处理更加完美的方法，且具有以下好处：

(1) 使出错处理代码的编写不再繁琐。在 C++中，不需将出错处理代码与"通常"功能代码紧密结合。在可能发生错误的函数中加入出错代码，并在后面调用该函数的程序中加入错误处理代码。如果程序中多次调用一个函数，在程序中加入一个函数出错处理程序即可。

(2) 错误发生时不会被忽略。如果被调用函数需发送一条出错信息给调用函数，它可向调用环境发送一个描述错误信息的对象。如果调用环境没有捕获该错误信息对象，则该错误信息对象会自动被向上一层的调用环境发送；如果调用环境无法处理该错误信息对象，则调用环境可以将该错误信息对象主动发送到上一层的调用环境中；直到该错误信息对象被捕捉和处理为止。

9.2　异常处理机制及意义

(Mechanism and Significance of Exception Handling)

C++提供了对处理异常情况的内部支持。异常机制提供程序中错误检测与错误处理部分之间的通信。C++的异常处理主要包括以下几部分：

1．try 块(try block)

错误处理部分用 try 块来处理异常。try 语句块以 try 关键字开始，并以一个或多个 catch 子句结束。在 try 块中执行的代码所抛出(throw)的异常，通常会被其中一个 catch 子句处理。由于它们"处理"异常，catch 子句也称为处理代码。

2．throw 表达式(throw expression)

系统通过 throw 表达式抛出异常，错误检测部分使用这种表达式来说明遇到了无法处理的错误。可以说，throw 引发了异常条件。

3．由标准库定义的一组异常类

由标准库定义的一组异常类用来在 throw 和相应的 catch 之间传递有关的错误信息。

C++异常处理机制的意义在于：

(1) 传统的错误处理总是需要用户定义其规则，以手动处理错误，用户没有一种明确的方式在需要捕捉错误的场合使用，应用程序将更为脆弱。

(2) 未捕捉的异常可导致应用程序运行时被终止，传统的错误处理模式经常在错误得不到处理的时候仍继续执行，直到资源被破坏，造成死锁及内存溢出等一系列系统错误。

(3) 通过捕捉、处理异常，应用程序员可依据附加的运行时的信息确定应用程序的后续执行。

(4) 对于传统的错误处理形式，同样的错误码等返回信息在不同的上下文可能表达不同含义，异常处理机制使用派生类型和辅助信息以明确异常的分类。

(5) 抛出的异常表示拒绝了部分不合理的操作，并需要用户指示下一步动作。

9.3　标 准 异 常

(Standard Exception)

在 C++ 标准库中提供了一批标准异常类，用于报告在标准库中的函数遇到的问题，为用户在编程中直接使用和作为派生异常类的基类。

表 9-1 描述了这些标准异常类。

表 9-1 标 准 异 常 类

类　名	说　　明	头文件
exception	所有标准异常类的基类。可以调用它的成员函数what()获取其特征的显示说明	exception
logic_error	exception 的派生类，报告程序逻辑错误，这些错误在程序执行前可以被检测到	stdexcept
runtime_error	exception 的派生类，报告程序运行错误，这些错误仅在程序运行时可以被检测到	stdexcept
ios_base::failure	exception 的派生类，报告I/O操作错误，ios_base::clear()可能抛出该异常类对象	xiosbase

标准异常类只提供很少的操作，包括创建、复制异常类型对象。

9.4　异常的捕获和处理

(Exception Catching and Handling)

异常通过抛出对象引发，该对象的类型决定应该激活哪个处理代码。异常以类似于将实参传递给函数的方式抛出和捕获。函数在发生错误时，能以抛出异常对象的方式结束，故函数执行是建立在假定异常对象能被捕获和处理的前提下的，这也是异常处理的一个优点。完成函数调用时的异常测试，其异常对象的捕获和处理由 try-catch 结构实现，使得处理程序运行错误的编码变得方便、有效，并具有完全的结构化和良好的可读性。try-catch 结构的一般形式如下：

```
try
{
    …  //被测试的程序代码
}
catch(异常类型 异常对象名)
{
    …  //异常处理的程序代码
}
```

在程序中出现的异常，若没有经过 try 块定义，系统将自动调用 terminate 终止程序的运行。

9.4.1　try 块(try Block)

try 块以关键字 try 开始，后面是用花括号括起来的语句序列块。如果在函数内直接使用 throw 抛出一个异常或在函数调用时抛出一个异常，将在异常抛出时退出函数。如果不想退出函数，可以在函数体内创建一个测试块(try 块)。测试块 try 的作用是使该块中的程序代码在执行中可能抛出的异常对象能被后续的异常处理器捕获，从而确定如何进行处理。因此，在调用一个函数，并期望在函数调用者所处的程序运行环境中使用异常处理的方法解决函数可能发生的错误，就必须将该函数调用语句置于测试块 try 中。否则函数所抛出的异常对象就不能被后续的异常处理器捕获，从而使异常对象被自动传递到上一层运行环境，直至被操作系统捕获和处理，这将导致程序被终止执行。try 块的定义格式如下：

```
try
{
    语句
}
```

　　try 子句中的语句就是代码的保护段，这些语句可以是任意 C++语句，包括变量声明，与其他块语句一样，try 块引入了局部作用域，块中声明的变量不能在块外引用。如果预料程序有可能发生异常，则应将其放在 try 块中。

　　【例 9-1】　如果 new 或 new[]不能分配所请求的存储空间，将抛出一个 bad_alloc 异常。可以通过如下方式检测存储空间的分配是否失败：

```
int *ptr;
…        //其他代码
try{       //可能产生异常的语句
    ptr = new int;
}
catch(bad_alloc){
        cerr<<"new:unable to allocate storage…aborting\n";
        exit(EXIT_FAILURE);         //EXIT_FAILURE 定义在头文件 cstdlib.h 中
}
…        //分配成功后执行的代码
```

9.4.2　throw 表达式(throw Expression)

　　抛出异常的定义为 throw 表达式，由关键字 throw 以及尾随的表达式组成。其中，表达式的值称为一个异常，执行 throw 语句就称为抛出异常。抛出异常时，可以抛出任意类型的一个值。throw 的操作数在表示异常类型的语法上与 return 语句的操作数相似，如果程序中有多处要抛出异常，应该使用不同的操作数进行区别。操作数的值本身不能用来区别不同的异常。执行 throw 语句时，try 块会停止执行。如果 try 块之后有一个合适的 catch 块，控制权就会转交 catch 块处理。

　　【例 9-2】　处理除零异常的示例。

```
#include<iostream>
using namespace std;
int Div(int x,int y);
int main()
{
```

```
    try{    //除法可能产生除 0 异常，因此将代码放入 try 块中
        cout<<"5/2="<<Div(5,2)<<endl;
        cout<<"8/0="<<Div(8,0)<<endl;
        cout<<"7/1="<<Div(7,1)<<endl;
    }
    catch(int)
    {
        cout<<"除数为 0"<<endl;
    }
    cout<<"that's ok. "<<endl;
    }
    int Div(int x, int y)
    {
        if(y==0)
            throw y;        //如果除数为 0，抛出整型异常
        return x/y;
    }
```

程序运行结果如下：

```
5/2=2
除数为 0
that's ok.
```

由此程序也可以看出，当异常抛出后，try 块中剩余的语句不再执行，但是并没有退出程序，而是继续执行 try 块之后的内容。

9.4.3　异常处理器(Exception Handler)

异常发生后，被抛出的异常对象一旦被随后的异常处理器捕获到，就可以被处理。根据在当前运行环境中能否解决引起异常的程序运行错误，对异常对象的处理有两种：

(1) 尝试解决程序运行错误，析构异常对象。

(2) 若无法解决程序运行错误，则将异常对象抛向上一层运行环境。为此，异常处理器应该具备捕获一个以上任何类型异常对象的能力，每个异常对象的捕获和处理由关键字 catch 引导。例如：

```
    try
    {
        … //可能产生异常的代码
    }
    catch(type1 id1)
    {
        … //处理类型为 type1 的异常
```

```
      }
      catch(type2 id2)
      {
          … //处理类型为 type1 的异常
      }
      //…
```

在上面的语句中，每个 catch 语句相当于一个以特定的异常类型为单一参数的小型函数，标识符 id1、id2 等如同函数中的参数名，如果对引起该异常对象抛出的程序运行的错误处理中无需使用异常对象，则该标识符可省略；异常处理器部分必须紧跟在测试块 try 之后；catch 语句与 switch 语句不同，即每个 case(情况)引起的执行需以 break 语句结束；测试块 try 中不同函数的调用可能会抛出相同的异常对象，而异常处理器中对同一异常对象的处理方法只需要一个。

异常处理包括两种模式：终止模式和恢复模式。

1. 终止模式

如果引起异常的是致命错误，即表明程序运行进入了无法恢复正常运行的状态，这时必须调用终止模式结束程序运行的异常状态，而不应返回异常抛出之处。

2. 恢复模式

恢复意味着期望能够修复异常状态，然后再次对抛出异常对象的函数进行测试调用，使之能够成功运行。

希望程序具有恢复运行的能力，就需要程序在异常处理后仍能继续正常执行，这时异常处理更像一个被调用的函数。在程序需要进行恢复运行的地方，可以将测试块 try 和异常处理器放在 while 循环中，直到测试调用得到满意的结果。

9.4.4　异常规格说明(Exception Specification)

编写异常处理器必须知道被测试调用的函数能抛出哪些类型的异常对象。C++提供了异常规格说明语法，即在函数原型声明中的参数表列之后，清晰地告诉函数的使用者该函数可能抛出的异常类型，以便使用者能够方便地捕获异常对象进行异常处理。带有异常规格说明的函数原型说明的一般形式为：

　　　返回类型函数名(参数表列) throw　异常类型名[,…]

使用异常规格说明的函数原型有三种：

(1) 抛出指定类型异常对象的函数原型：

　　　void function() throw(toobig, toosmall, divzero);

(2) 能抛出任何类型异常对象的函数原型：

　　　void function();

注意，该形式与传统的函数原型声明形式相同。

(3) 不抛出任何异常对象的函数原型：

　　　void function() throw();

为了实现对函数的安全调用和对函数执行中可能产生的错误进行有效的处理，应该在编写每个有可能抛出异常的函数时都加入异常规格说明。

需要特别注意的是：如果函数的执行错误所抛出的异常对象类型并未在函数的异常规格说明中声明，则会导致系统函数 unexpected()被调用，以便解决未预见错误引起的异常。unexpected()是由函数指针实现函数调用，因此可通过改变函数指针所指向的函数执行代码的入口地址来改变相对应的处理操作。这就意味着用户可以定义自己特有的对未预见错误的处理方法(系统的缺省处理操作将最终导致程序终止运行)。自定义处理方法的设定通过调用系统函数 set_unexpected(…)完成，该函数的原型如下：

```
typedef void (*unexpected_function)();
unexpected_function set_unexpected(unexpected_function unexp_func);
```

该函数可以将一个自定义的处理函数地址 unexp_func 设置为 unexpected 的函数指针新值，并返回该指针的当前值，以便保存，并用于恢复原处理方法。

9.4.5　捕获所有类型的异常(Catching all kinds of Exceptions)

如果函数定义时没有异常规格说明，则在该函数被调用时就有可能抛出任何类型的异常对象。为了解决这个问题，应该在异常处理器中增加一个能捕获任意类型的异常对象的处理分支。例如：

```
catch(…)
{
    cout <<"an unkown exception was thrown"<< endl;
}
```

注意：应将能捕获任意异常的处理分支放在异常处理器的最后，避免遗漏对可预见异常的处理；使用省略号"…"作为 catch 的参数可以捕获所有异常，但无法知道所捕获异常的类型。另外省略号不能与其他异常类型同时作为 catch 的参数使用。

9.4.6　未捕获的异常(Uncaught Exceptions)

如果测试块 try 执行过程中抛出的异常对象在当前异常处理器没有被捕获，则异常对象将进入更高一层的运行环境中。这种异常对象的抛出、捕获、处理过程按照运行环境的调用关系逐层进行，直到在某个层次的运行环境的异常处理器中捕获并恰当处理了异常对象才停止，否则将一直进行至调用系统的特定函数 terminate()终止程序运行。例如，在异常对象的创建过程中、异常对象的被处理过程中或异常对象的析构过程中又抛出了新异常对象，就会产生所抛出的异常对象不能被捕获。

9.5　异常处理中的构造与析构

(Constructor and Destructor in Exception Handling)

C++异常处理具有处理构造函数异常的能力。

9.5.1　在构造函数中抛出异常(Throwing Exceptions in Constructor)

由于构造函数没有返回值，如果没有异常机制，只能按以下两种选择报告在构造期间的错误：

(1) 设置一个非局部的标志并希望用户检查它。

(2) 希望用户检查对象是否被完全创建。

这是一个严重的问题，因为在 C++程序中，对象构造失败后继续执行注定是灾难。所以构造函数成为抛出异常最重要的用途之一。使用异常机制是处理构造函数错误的安全有效的方法。然而用户还必须把注意力集中在对象内部的指针上和构造函数异常抛出时的清除方法上。

9.5.2　不要在析构函数中抛出异常(Not to Throw Exceptions in Destructor)

由于析构函数会在抛出异常时被调用，所以永远不要在析构函数中抛出一个异常或者通过执行在析构函数中的动作导致其他异常的抛出，否则就意味着在已存在的异常到达引起捕获之前又抛出一个新的异常，这会导致对 terminate()的调用。换句话讲，假若调用一个析构函数中的任何函数都有可能会抛出异常，则这些调用应该写在析构函数中的一个测试块 try 中，而且析构函数必须自己处理所有自身的异常，即这里的异常都不应逃离析构函数内部。

【例 9-3】　测试构造函数中抛出异常时析构函数会不会被执行。

```
#include<iostream>
using namespace std;
class MyTest_Base
{
    public:
        MyTest_Base (string name = "")::m_name(name){
            throw std::exception("在构造函数中抛出一个异常，测试！");
            cout<<"构造一个 MyTest_Base 类型对象，对象名为："<<m_name << endl;
        }
        virtual ~ MyTest_Base(){
            cout << "销毁一个 MyTest_Base 类型对象，对象名为："<<m_name << endl;
        }
        void Func() throw()
        {
            throw std::exception("故意抛出一个异常，测试！");
        }
        void Other() { }
    protected:
        string m_name;
```

```
        };
        int main()
        {
                try
                {
                        //对象构造时将会抛出异常
                        MyTest_Base obj1("obj1");
                        obj1.Func();
                        obj1.Other();
                }
                catch(std::exception e)
                {
                        cout << e.what() << endl;
                }
                catch(...)
                {
                        cout << "unknow exception"<< endl;
                }
        Return0;
        }
```

程序的运行结果将会验证："构造函数中抛出异常将导致对象的析构函数不被执行"。

9.6　开　　　销

(Spending)

使用任何一个新特性必然有所开销。异常被抛出需要开销相当的运行时间，这就是不要把异常处理用于程序流控制的原因之一。相对于程序的正常执行，异常偶而发生。因此设计异常处理的重要目标之一是：当异常没有发生时，异常处理代码应不影响运行速度。换句话说，只要不抛出异常，代码的运行速度如同没有添加异常处理代码时一样。这是因为异常处理代码的编译都依赖于使用特定的编译器。异常处理也会引出额外信息(空间开销)，这些信息被编译器置于栈上。

9.7　常见编程错误

(Common Programming Errors)

1. 当有几个 catch 语句块对应于 try 语句块时，catch 语句块捕捉的错误是按序进行的。第一个与异常值相匹配的 catch 语句块总是最先被执行。

```
catch(NegativeNumber e)
{
    cout << "Cannot have a negative number of "
         << e.get_message() << endl;
}
catch(DivideByZero)
{
    cout << "Send for help.\n";
}
catch(...)        //这个 catch 语句块将可以捕捉到任何尚未捕捉到的异常
{
    cout << "Unexplained exception.\n";
}


//如果我们将 catch(…)语句块放在中间位置
catch(NegativeNumber e)         // NegativeNumber 引发的异常仍然可以正常处理
{
    cout << "Cannot have a negative number of "
         << e.get_message( ) << endl;
}
catch(...)       //但所有其他的异常将在这里被捕捉到
{
    cout << "Unexplained exception.\n";
        }
catch(DivideByZero)      // DivideByZero 异常永远也无法捕捉到
{
    cout << "Send for help.\n";
}        //处在 catch(…)语句块下面的异常均将无法正常得到处理。大多数编译器可以"捕捉"到
        //这个错误。
```

2. 代码异常没有被捕捉，所有异常都应在代码的某个地方捕捉，如果异常抛出后没有捕捉到，则程序会终止。

3. 析构函数绝对不能抛出异常。如果一个被析构函数调用的函数可能抛出异常，析构函数应该捕捉任何异常，然后接收它们或结束程序。如果用户需要对某个操作函数运行期间抛出的异常做出反应，那么 class 应该提供一个普通函数执行该操作，而不是在析构函数中。

4. 如果在派生类中覆盖或重定义一个成员函数，就要求在派生类中具有与基类中相同的异常列表，或者异常列表是基类函数中异常列表的子集亦可。请记住，一个基类的对象可以用于派生类对象所使用的所有场合。

5. 程序中扔出的每一个异常都应该在程序中的某个地方能够捕获。系统对未捕获的错

误的默认处理是中止程序的运行。默认情况下会调用 std::terminate()，但可以改变默认行为。

6. 可以将 try-throw-catch 语句嵌套至另一个 try 语句块或者是 catch 语句块中。这种情况可能很少会遇到，但可以尝试这样做，以便寻求一个更好的组织程序的方式。 将内部的 try-catch 语句块放入函数中，并且从想要嵌套的 try 或者 catch 语句块中进行调用，这是一种好习惯。在一个内部 try 语句块中抛出异常，却不在那个属于内部的 try 语句块中的 catch 语句中去捕获它，那么这个异常将会传递到外部的 try 语句块中，而被外部 try 语句块所对应的 catch 语句所捕获。

7. 异常被抛出后，catch 处理程序出现的顺序很重要。因为在一个 try 块中，异常处理程序是按照它出现的次序被检查的。只要找到一个匹配的异常类型，后面的异常处理都将被忽略。例如下面这段程序：

```
//…
try
{
    //…
}
catch(…)
{
    //所有的异常均被接收在此处
}
catch(const char * str)      //该子句不会被执行
{
    cout<<"Caught exception: "<<str<<endl;
}
```

应该将 catch(…)子句放在最后。

8. 建议将异常只用于简单的程序中。

本 章 小 结

(Chapter Summary)

错误的处理和恢复是和用户编写每个程序都密切相关的基本原则，在 C++ 中尤其重要，创建程序组件为其他人重用是开发的目标之一。为了创建一个稳固系统，必须使每个组件具有健壮性。

C++ 中异常处理的目标是简化大型可靠程序的创建，使用尽可能少的代码，使应用中没有不受控制的错误。异常处理几乎不损害性能，并且对其他代码的影响很小。

在 C++的异常处理中，try 块语句包含一个可能抛出异常的语句序列，catch 子句用来处理在 try 块里抛出的异常，throw 表达式用于退出代码块的运行，将控制转移给相关的 catch 子句。

习　题　9

(Exercises 9)

一、填空题

1. C++程序将可能发生异常的程序块放在_____中，紧跟其后可放置若干对应的_____，在前面所说的块中或块所调用的函数中应该有对应的_____，由它在不正常时抛出_____，如与某一条_____类型相匹配，则执行该语句。该语句执行完后，如未退出程序，则执行_____。如没有匹配的语句，则交 C++标准库中的_____处理。

2. 异常也适用类的层次结构，与虚函数的规则_____，基类的异常_____派生类异常 catch 子句处理，而反过来则_____。

3. 异常处理时与函数重载_____，异常处理是由_____ catch 子句处理，而不是由_____catch 子句处理，所以 catch 子句_____是很重要的。

4. 列出五个常见的异常例子：_____、_____、_____、_____、_____。

5. 异常处理中，如果没有匹配所抛出的对象类型的 catch 语句块，这时系统调用默认_____终止程序。

6. 程序的错误一般分为两种，一种是_____，即语法错误；另一种是运行时发生的错误，它又分为不可预料的_____和可预料的_____。

二、问答题

1. 当在 try 块中抛出异常后，程序最后是否回到 try 块中，继续执行后面的语句？

2. 当异常被组织成类层次结构时，对应 catch 子句应怎样排列？为什么？

三、分析运行结果

编译运行以下代码，分析结果。

```
#include<iostream>
using namespace std;
class B{};
class D:public B{};
int main()
{
D derived;
try
{throw derived;}
catch(B b)
{cout<<"Catch a base class\n";}
catch(D d)
{cout<<"Catch a Derived class\n";}
return 0;
```

```
    }
```

四、编程题

1. 编写一个"Pastm"异常类型的处理程序，如果[]运算符在 string 对象中检测到一个按字典顺序在"m"之后的小写字母，该异常处理程序就在屏幕上显示一个错误。

2. 设有下列类声明：

```
    class A{
    public:
    A()    {
        n=new int;
        init();
    }
    private:
    int n;
    };
```

写出 init()引发异常的处理程序。

附录 I 标准字符 ASCII 码表

ASCII 值	控制字符	ASCII 值	控制字符	ASCII 值	控制字符	ASCII 值	控制字符
0	NUT	32	(space)	64	@	96	、
1	SOH	33	!	65	A	97	a
2	STX	34	"	66	B	98	b
3	ETX	35	#	67	C	99	c
4	EOT	36	$	68	D	100	d
5	ENQ	37	%	69	E	101	e
6	ACK	38	&	70	F	102	f
7	BEL	39	,	71	G	103	g
8	BS	40	(	72	H	104	h
9	HT	41	)	73	I	105	i
10	LF	42	*	74	J	106	j
11	VT	43	+	75	K	107	k
12	FF	44	,	76	L	108	l
13	CR	45	–	77	M	109	m
14	SO	46	.	78	N	110	n
15	SI	47	/	79	O	111	o
16	DLE	48	0	80	P	112	p
17	DCI	49	1	81	Q	113	q
18	DC2	50	2	82	R	114	r
19	DC3	51	3	83	X	115	s
20	DC4	52	4	84	T	116	t
21	NAK	53	5	85	U	117	u
22	SYN	54	6	86	V	118	v
23	TB	55	7	87	W	119	w
24	CAN	56	8	88	X	120	x
25	EM	57	9	89	Y	121	y
26	SUB	58	:	90	Z	122	z
27	ESC	59	;	91	[	123	{
28	FS	60	<	92	/	124		
29	GS	61	=	93	]	125	}
30	RS	62	>	94	^	126	~
31	US	63	?	95	—	127	DEL

表中 ASCII 值是十进制数。

附录 II　 C++程序错误提示中英文对照表

Ambiguous operators need parentheses ------------------------- 不明确的运算需要用括号括起

Ambiguous symbol "xxx" --- 不明确的符号

Argument list syntax error -- 参数表语法错误

Array bounds missing -- 丢失数组界限符

Array size too large --- 数组尺寸太大

Bad character in paramenters -- 参数中有不适当的字符

Bad file name format in include directive ---------------------- 包含命令中文件名格式不正确

Bad ifdef directive synatax --- 编译预处理 ifdef 有语法错误

Bad undef directive syntax ----------------------------------- 编译预处理 undef 有语法错误

Bit field too large -- 位字段太长

Call of non-function --- 调用未定义的函数

Call to function with no prototype ------------------------------------ 调用函数时没有函数的说明

Cannot modify a const object --- 不允许修改常量对象

Case outside of switch --- 漏掉了 case 语句

Case syntax error --- Case 语法错误

Code has no effect --- 代码不可述不可能执行到

Compound statement missing{ --- 分程序漏掉 "{"

Conflicting type modifiers --- 不明确的类型说明符

Constant expression required --- 要求常量表达式

Constant out of range in comparison ----------------------------------- 在比较中常量超出范围

Conversion may lose significant digits------------------------------- 转换时会丢失意义的数字

Conversion of near pointer not allowed ----------------------------------- 不允许转换近指针

Could not find file "xxx" --- 找不到 xxx 文件

Declaration missing ; --- 说明缺少 ";"

Declaration syntax error -- 说明中出现语法错误

Default outside of switch---Default 出现在 switch 语句之外

Define directive needs an identifier------------------------------ 定义编译预处理需要标识符

Division by zero--- 用零作除数

Do statement must have while------------------------------ Do-while 语句中缺少 while 部分

Enum syntax error--- 枚举类型语法错误

Enumeration constant syntax error --- 枚举常数语法错误

Error directive :xxx --- 错误的编译预处理命令

Error writing output file-- 写输出文件错误

Expression syntax error --- 表达式语法错误

Extra parameter in call --- 调用时出现多余错误

File name too long	文件名太长
Function call missing	函数调用缺少右括号
Function definition out of place	函数定义位置错误
Function should return a value	函数必须返回一个值
Goto statement missing label	Goto 语句没有标号
Hexadecimal or octal constant too large	十六进制或八进制常数太大
Illegal character "x"	非法字符 x
Illegal initialization	非法的初始化
Illegal octal digit	非法的八进制数字
Illegal pointer subtraction	非法的指针相减
Illegal structure operation	非法的结构体操作
Illegal use of floating point	非法的浮点运算
Illegal use of pointer	指针使用非法
Improper use of a typedef symbol	类型定义符号使用不恰当
In-line assembly not allowed	不允许使用行间汇编
Incompatible storage class	存储类别不相容
Incompatible type conversion	不相容的类型转换
Incorrect number format	错误的数据格式
Incorrect use of default	default 使用不当
Invalid indirection	无效的间接运算
Invalid pointer addition	指针相加无效
Irreducible expression tree	无法执行的表达式运算
Lvalue required	需要逻辑值 0 或非 0 值
Macro argument syntax error	宏参数语法错误
Macro expansion too long	宏的扩展太长
Mismatched number of parameters in definition	定义中参数个数不匹配
Misplaced break	此处不应出现 break 语句
Misplaced continue	此处不应出现 continue 语句
Misplaced decimal point	此处不应出现小数点
Misplaced elif directive	不应编译预处理 elif
Misplaced else	此处不应出现 else
Misplaced else directive	此处不应出现编译预处理 else
Misplaced endif directive	此处不应出现编译预处理 endif
Must be addressable	必须是可以编址的
Must take address of memory location	必须存储定位的地址
No declaration for function "xxx"	没有函数 xxx 的说明
No stack	缺少堆栈
No type information	没有类型信息
Non-portable pointer assignment	不可移动的指针(地址常数)赋值

Non-portable pointer comparison ----------------------------------- 不可移动的指针(地址常数)比较

Non-portable pointer conversion----------------------------------- 不可移动的指针(地址常数)转换

Not a valid expression format type ------------------------------------- 不合法的表达式格式

Not an allowed type-- 不允许使用的类型

Numeric constant too large -- 数值太大

Out of memory --- 内存不够用

Parameter "xxx" is never used-- 参数 xxx 没有用到

Pointer required on left side of ->------------------------------------- 符号 -> 的左边必须是指针

Possible use of "xxx" before definition-------------------------- 在定义之前就使用了 xxx(警告)

Possibly incorrect assignment --- 赋值可能不正确

Redeclaration of "xxx"--- 重复定义了 xxx

Redefinition of "xxx" is not identical ------------------------------------xxx 的两次定义不一致

Register allocation failure-- 寄存器定址失败

Repeat count needs an lvalue --- 重复计数需要逻辑值

Size of structure or array not known----------------------------------- 结构体或数值大小不确定

Statement missing ; --- 语句后缺少";"

Structure or union syntax error-- 结构体或联合体语法错误

Structure size too large -- 结构体尺寸太大

Sub scripting missing]-- 下标缺少右方括号

Superfluous & with function or array --------------------------- 函数或数组中有多余的"&"

Suspicious pointer conversion--- 可疑的指针转换

Symbol limit exceeded -- 符号超限

Too few parameters in call ------------------------------------- 函数调用时的实参少于函数的参数

Too many default cases--- default 太多(switch 语句中一个)

Too many error or warning messages -------------------------------------- 错误或警告信息太多

Too many type in declaration-- 说明中类型太多

Too much auto memory in function ----------------------------------- 函数用到的局部存储太多

Too much global data defined in file ------------------------------------ 文件中全局数据太多

Two consecutive dots --- 两个连续的句点

Type mismatch in parameter xxx -------------------------------------- 参数 xxx 类型不匹配

Type mismatch in redeclaration of "xxx" -----------------------------xxx 重定义的类型不匹配

Unable to create output file "xxx"-- 无法建立输出文件 xxx

Unable to open include file "xxx"---------------------------------- 无法打开被包含的文件 xxx

Unable to open input file "xxx" -------------------------------------- 无法打开输入文件 xxx

Undefined label "xxx" --- 没有定义的标号 xxx

Undefined structure "xxx"-- 没有定义的结构 xxx

Undefined symbol "xxx" -- 没有定义的符号 xxx

Unexpected end of file in comment started on line xxx

--- 从 xxx 行开始的注解尚未结束文件不能结束

Unexpected end of file in conditional started on line xxx

--- 从 xxx 开始的条件语句尚未结束文件不能结束

Unknown assemble instruction-- 未知的汇编结构

Unknown option-- 未知的操作

Unknown preprocessor directive: "xxx"--------------------------------不认识的预处理命令 xxx

Unreachable code --- 无路可达的代码

Unterminated string or character constant ----------------------------------- 字符串缺少引号

User break-- 用户强行中断了程序

Void functions may not return a value---------------------------- void 类型的函数不应有返回值

Wrong number of arguments --- 调用函数的参数数目错误

"xxx" not an argument ---xxx 不是参数

"xxx" not part of structure---xxx 不是结构体的一部分

xxx statement missing (---xxx 语句缺少左括号

xxx statement missing) ---xxx 语句缺少右括号

xxx statement missing ; --xxx 缺少分号

xxx" declared but never used -- 说明了 xxx 但没有使用

xxx" is assigned a value which is never used---------------------------- 给 xxx 赋了值但未用过

Zero length structure--- 结构体的长度为零

参 考 文 献

[1]　马石安，魏文平. 面向对象程序设计教程. 北京：清华大学出版社，2007

[2]　刘天印，李福亮. C++程序设计. 北京：北京大学出版社，2006

[3]　杨进才，等. C++面向对象程序设计教程. 北京：清华大学出版社，2006

[4]　Richard Johnsonbaugh, Martin Kalin. Object-Oriented Programming using C++. 2nd. 北京：清华大学出版社，2005

[5]　陈天华. 面向对象程序设计与 Visual C++6.0 教程. 北京：清华大学出版社，2006

[6]　杜茂康，等. C++面向对象程序设计. 北京：电子工业出版社，2007

[7]　李春葆，等. C++面向对象程序设计. 北京：清华大学出版社，2008

[8]　黄维通. VC++面向对象与可视化程序设计. 北京：清华大学出版社，2000

[9]　吕凤翥. C++程序设计. 北京：清华大学出版社，2001

[10]　Bjarne Stoustrup. The C++ Programming language. Special Edition. 北京：高等教育出版社，2001

[11]　沈显军，杨进才. C++语言程序设计教程. 2 版. 北京：清华大学出版社，2009

[12]　温秀梅，丁学钧. C++语言程序设计教程与实验. 北京：清华大学出版社，2004

[13]　郑莉，董渊. C++语言程序设计. 2 版. 北京：清华大学出版社，2001

[14]　郑莉. C++语言程序设计. 3 版. 北京：清华大学出版，2004

[15]　钱能. C++语言设计教程. 北京：清华大学出版社，1999

[16]　Goran Svenk. Object-Oriented Programming：Using C++ for Engineering and Technology. 北京：清华大学出版社，2003